교과서가 쉬워지는

자신만만
과학 이야기

한 권으로 끝내는 중학 과학

교과서가 쉬워지는

상겹살 기름은
왜 굳어요?

우주는 왜 계속
팽창하나요?

자신만만
과학 이야기

영색체 수는
왜 늘지 않죠?

왜 물체는
수직으로만 떨어지나요?

사과는 왜 빨갛게
보이는 거예요?

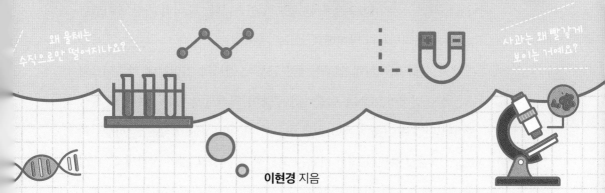

이현경 지음

성림원북스

과학을 좋아하지만 어려워하는 두 딸을 위해

대학 전공을 물리교육과를 선택한 건 물리를 가장 좋아해서도, 교사가 되고 싶어서도 아니었습니다. 고등학교 '물·화·생·지' 과학 네 과목 중에서 물리 성적이 가장 좋았는데, 전교에서 혼자 100점을 맞고도 왜 이 점수가 나왔는지 스스로 어리둥절해 한 적도 있었습니다. 오히려 가장 좋아했던 수업은 생물이었으니 말이에요.

생물 선생님은 의대 연구실에서 근무한 경력이 있었는데 파스퇴르의 저온 살균법이며, DNA 이중나선 구조며 교과서에 없는 이야기도 술술 풀어내 저절로 귀를 기울이게 했습니다. 하지만 생물 성적은 늘 하위권이었죠. 그렇게 흥미나 적성 따위는 고민해 볼 겨를도 없이 성적대로, 내신에 맞춰 대학 입학 원서를 썼습니다.

대학을 졸업하고 과학 기자를 직업으로 삼다 보니 이제는 과학과 함께 살아가는 게 운명처럼 여겨지는 수준이 되었습니다. 결혼 뒤 두 딸을 낳

고, 그 딸들이 이제 중학교 2학년과 초등학교 5학년이 되었습니다. 거의 평생을 과학 근처에서 살아온 엄마를 뒀으니 내 딸들도 당연히 과학을 좋아할 거라고, 잘할 거라고 생각했습니다. 은근히 '유전자의 힘'을 믿었지만, 안타깝게도 그런 건 없었습니다.

중학교 2학년이 된 첫째는 과학이 어렵다고 했고, 1학기 첫 수행평가에서 치러지는 원소의 이온을 잘 못 외었습니다. 두어 개 물어봤을 뿐인데 다 틀리더라고요. 내일이 수행평가라고 하니 원소가 이온 상태가 되는 이유 같은 건 설명할 여력도 없이 일단 무작정 외우게 했습니다. 그리고 한 달쯤 뒤 병렬연결, 직렬연결로 수행평가가 있었죠. 이때 첫째가 전류가 흐르는 게 전자가 이동한다는 것과 같은 말인지도 모르는 걸 보고 '아뿔사! 그냥 외우라고 하면 안 되겠다!'라고 생각했습니다.

중학교 1~3학년 교과서를 훑었습니다. 제 기억에 과학 공부를 이렇게 어렵게 하지 않았던 것 같은데 지금 중학생들이 배우는 과학 난이도가 상당히 높아진 걸 알고 깜짝 놀랐습니다. 대학 전공 서적에서 기본으로 삼는 핵심 개념들이 중학교 3년 과정에 다 나오는 거였어요.

이 책을 구성하기 위해 중학교 3년 과정에서 핵심이 되는 개념을 20개로 추렸습니다. 그리고 이들 개념이 여전히 실생활에서 유효한 것임을 알려 주기 위해 영화, 뉴스 등 가능한 많은 사례를 들었습니다. 역사적으로 유명한 과학자들도 종종 등장시켰죠. 원자 모형이 왜 지금의 형태가 되었는지 시간순으로 살펴보며 기억에 오래 남게 구성했습니다.

과학도 외워야 할 것들이 많습니다. 분자의 정의, 광합성 과정, 운동 방정식 같은 약속과 규칙, 성질에 관한 것들이죠. '침에 들어 있는 효소는 아밀레이스이고, 아밀레이스는 단백질은 분해하지 못하고 녹말만 분해한다.'라는 내용에는 '효소'라는 과학 용어와 '아밀레이스라'는 효소 이름, 침의 특징이 나옵니다. 외워야 할 것이라는 뜻이에요. 이런 사실들 뒤에는 '기억해 놓는 게 좋다.' '외워 놓으면 좋다.'라는 말을 붙여 놨으니 한 번 더 읽고 넘어가면 좋겠습니다.

책을 쓰는 내내 두 딸에게 얼마나 질문을 해댔는지 모릅니다. 둘이 이해할 수 있는 수준이라면 독자에게도 무리가 없을 것이라 생각했으니까요. "RNA 바이러스라고 쓰면 단어가 이해가 돼?" "가속 운동이랑 등속 운동의 차이를 알겠어?" "구름이 왜 생기는지는 배웠어?"

둘째는 영어 지문을 읽을 때 우주나 로봇과 관련된 내용이 나오면 신이 난다고 합니다. 미국항공우주국(NASA)이 화성에 '인제뉴어티'라는 헬리콥터를 띄운 날에는 지구보다 화성에서 비행기가 날기 어려운 이유를 얘기해 줬고, 집 근처 로봇 커피 가게에서는 로봇을 움직이는 알고리즘, 휴머노이드와 사이배슬론(장애인 로봇 올림픽) 얘기를 해줬습니다. 이런 엄마의 이야기가 아마도 딸들에게 조금은 도움이 됐을 거라 믿습니다. 적어도 낯선 단어와 마주쳤을 때 생기는 부담, 불편함, 어려움 같은 것들이 줄어들어도 과학을 호기심 자체로 접근할 테니까요.

이 책도 평소 딸들에게 말해 주던 것들을 조금 더 정갈하게 정리해서

담았습니다. 이런 과학 이야기에 목말랐던 독자라면 누구라도 부담 없이 이 책의 아무 페이지부터 읽어 보길 권합니다.

　업무 시간을 피해 책을 쓰겠다며 주말에도 노트북 앞에 앉아 있는 엄마를 이해해 주고, 귀찮은 질문에도 꼬박꼬박 대답해 준 사랑하는 두 딸에게 이 책을 바칩니다. 더불어 딸이 엄마가 될 때까지 낳아 주고 키워 주신 부모님 이종강, 박숙자 두 분께도 이 책을 바칩니다. 늘 옆에서 든든한 버팀목이 돼 준 남편 이용균에게도 감사하고, 며느리에게 무한한 신뢰를 보내 주며 손녀딸들을 사랑으로 보살펴 주시는 시부모님 이송래, 박인자 두 분께도 감사드립니다.

2021년 8월
이현경

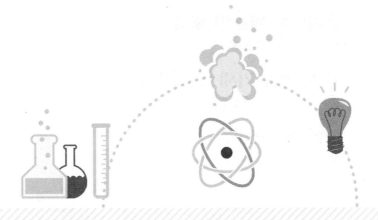

차례

힘

01
만유인력의 법칙이란?
⋮

우리는 모두 중력의 영향을 받고 산다

물체는 왜 수직으로 떨어질까?

1999년은 새로운 2000년대에 접어드는 마지막 시기였기 때문에 세기말 분위기가 강했습니다. 당시 미국 시사 주간지 〈타임〉은 20세기를 돌아보며 지난 천 년간 인류의 발전에 기여한 인물을 선정했는데, 그중 아이작 뉴턴은 17세기를 빛낸 인물로 뽑혔습니다.

우주 정거장에서는 왜 몸이 둥둥 뜰까?

뉴턴이라는 이름을 들으면 어떤 단어가 가장 먼저 떠오르나요? 사과나무에서 사과가 떨어지는 것을 보고 중력(만유인력)의 개념을 생각해 낸 이야기인가요? 뉴턴의 사과 일화는 두 가지 버전으로 알려져 있습니다.

먼저 뉴턴이 1666년 흑사병을 피해 고향에 머물고 있을 때의 일이에요. 뉴턴은 달이 지구 주위를 계속 돌 수 있는 이유가 뭔지 궁금했습니다. 실에 매달려 회전하는 돌은 실 때문에 궤도를 벗어나지 않고 계속 회전할 수 있지만, 달은 실에 묶여 있는 것도 아닌데 어떻게 지구에 떨어지지 않고 계속 일정한 높이에서 회전할 수 있는지 말이에요.

뉴턴이 사과나무 아래에서 이런 생각에 잠겨 있을 때 갑자기 머리 위로 사과 하나가 떨어졌습니다. 그 순간 사과를 떨어뜨리는 중력이 달을 궤도에서 벗어나지 못하게 묶어 둔다는 생각이 들었습니다.

다른 하나는 뉴턴이 노년기에 스스로 한 이야기인데, 달의 운동에 대해 고민하며 정원을 걷다가 떨어지는 사과를 보고 만유인력의 개념을 생각해 냈다는 겁니다. 그러고 보면 뉴턴이 사과를 머리에 맞았든, 떨어지는 사과를 봤든 사과에서 만유인력의 개념이 생겨난 건 사실이네요.

사과 하나만 보고 만유인력의 개념을 바로 생각해 낸 건 아니었습니다. 뉴턴은 1687년 《프린키피아》에서 처음으로 만유인력의 개념을 공개했습니다. 뉴턴이 처음 만유인력을 발견하고 20년 후에나 세상에 공개된 거지요.

뉴턴은 '왜 항상 물체는 땅에 수직으로 떨어져야 하는가?', '왜 사과가 옆으로 가거나 위로 올라가지 않는가?'라는 질문을 끊임없이 했습니다. 생각해 보면 당연한 질문이고 뉴턴 이전에도 이런 물체의 운동을 설명하려는 시도는 많았습니다. 그러나 뉴턴의 만유인력의 법칙은 이전과는 달랐는데, '거리의 제곱에 반비례한다.'라는 식으로 정량화했습니다. 정량화하기 전까지는 힘을 생각할 때 한 물체에 작용하는 하나의 힘만 생각했지만 뉴턴은 항상 두 물체 사이에 작용하는 힘으로 다뤘습니다. 천상계와 지상계를 각각 다른 방식으로 설명하는 것이 아닌 천상계의 달이든, 지상계의 사과든 둘 다 만유인력이라는 공통의 법칙으로 설명한 거죠.

과학에서 힘의 개념은 정말 오랫동안 중요했습니다. 뉴턴이 힘이 작용하는 세계를 하나의 법칙으로 나타내 깔끔하게 정리한 셈이죠. 그래서 힘을 나타내는 단위도 뉴턴(N)을 씁니다. 손바닥에 사과를 올려놨다가 사과를 놓으면 사과가 하늘로 올라가지도, 옆으로 날아가지도 않고 땅으로 떨어지는 이유를 이제는 모두 압니다. 지구가 사과를 끌어당기는 힘인 중력이 작용하기 때문이죠.

만유인력의 법칙에서 힘은 두 물체가 서로 주고받는 것이니 사과도 지구를 끌어당깁니다. 그런데 왜 항상 사과만 아래로 지구의 중심을 향해 떨어질까요? 지구는 꼼짝도 안 하는데 말이죠. 지구의 질량이 사과에 비해 어마어마하게 크기 때문입니다. 중력은 물체의 질량이 클수록 크고, 작을수록 작습니다. 사과도 지구를 끌어당기긴 하지만, 지구가 끌어당기는 힘에는 비교가 안 될 만큼 작아서 사과가 지구의 중심을 향해 끌려가는 거지요.

중력은 거리에도 비례합니다. 지구와 물체의 사이가 가까울수록 더 큽니다. 즉, 지표면에서 높이 떠 있을수록 중력의 영향을 덜 받게 되죠. 달은 지구에서 평균 38만 4,400km 떨어져 있는데, 이 지점이 바로 지구가 달을 끌어당기는 힘과 달이 지구를 끌어당기는 힘이 정확히 일치합니다. 그래서 달이 지구로 떨어지지도 더 바깥으로 밀려나지도 않는 거죠. 지구 중력의 영향권을 벗어나려면 얼마나 높이 올라가야 하는지 짐작이 되나요?

　일상생활에서 중력이 작용하는 예는 무수히 많습니다. 수돗물을 틀면 아래로 흐르고, 놀이공원에서 놀이 기구를 타면 아래로 떨어지죠. 식물의 뿌리가 아래를 향해 자라고, 처마에서 고드름이 얼어도 아래로 뾰족하게 자랍니다. 이 모든 것이 중력 때문입니다. 중력의 방향은 항상 지구 중심을 향합니다.

　물체에 작용하는 힘을 이야기할 때 한 가지 기억할 것이 있습니다. 물체의 '질량'과 '무게'입니다. 일상생활에서 질량과 물체는 동일한 개념처럼 사용되는데, 과학적으로는 엄밀히 다른 개념입니다.

　무게는 물체에 작용하는 중력의 크기이지만 질량은 물체가 가진 고유한 양입니다. 쉽게 말해 무게는 중력의 크기에 따라 달라질 수 있지만, 질량은 중력에 상관없이 항상 일정하다는 뜻이죠.

　대표적인 사례가 달과 지구에서의 몸무게 비교입니다. 달은 지구 중력의 6분의 1 정도로 지구보다 작습니다. 그래서 만약 지구에서 몸무게가 60kg인 사람이 달에 가면 10kg이 됩니다. 정확히 표현하자면 지구에서 몸무게가 60N인 사람은 달에서 10N이 되는 겁니다. 반대로 질량은 변하지 않아요. 지구에서 질량이 60kg인 사람은 달에서도 60kg입니다. 지구에서 질량 1kg인 물체의 무게는 약 9.8N으로 계산합니다. 무게는 용수철저울과 체중계로 측정하는데, 질량은 윗접시저울과 양팔저울로 측정합

중력과 만유인력

중력은 보통 '지구가 물체를 당기는 힘'으로 설명합니다. 만유인력은 '떨어진 거리의 제곱에 반비례하고 질량의 곱에 비례하는, 물체끼리 잡아당기는 힘'으로 정의합니다. 사실 중력과 만유인력은 같은 개념입니다. 중력을 좀 더 보편적인 두 물체 사이에 작용하는 힘으로 확장한 개념이 만유인력입니다.

니다. 이 또한 무게와 질량의 차이를 확인하기 위한 과학 문제에 단골로 등장하는 내용이죠.

중력이 존재하는 지구와 중력이 거의 없는 장소를 비교할 때 등장하는 대표적인 장소가 국제우주정거장입니다. 지구 상공 300~400km 궤도에서 지구 주변을 돌고 있죠. 대개 지구의 중력이 미치는 대기권과 우주의 경계를 지상 약 100km로 보는데, 100km 이상 올라가면 사실상 중력이 거의 없는 상태가 됩니다. 대기권에 대해서는 뒤에 나오는 대기 단원에서 더 자세히 이야기할게요.

지상 100km를 벗어나 더 높이 올라가면 공기가 없고 지구 중력도 미치지 않는 무중력 상태의 우주 공간이 나옵니다. 정확히 표현하면 중력이 매우 작은 '미세 중력' 상태라고 할 수 있죠. 국제우주정거장에 머무는 우주인들은 걸어 다니고 싶어도 걸을 수 없는데, 중력이 거의 없기 때문입니다. 중력이 없으면 마찰력도 없기 때문에 마치 날아다니는 것처럼 움직여야 하죠.

우주인들이 국제우주정거장에 한번 올라가면 평균 6개월가량 머물며 각종 임무를 수행합니다. 중력이 없는 환경에서 장시간 머물고 지구에 돌아오면 몸에 어떤 일이 벌어질까요? 우주인들이 지구에 도착하면 우주선 문을 열고 멋있게 걸어 나올 것 같지만 그렇지 않습니다. 중력이 없는 환경에서 몇 개월간 지내면 지구에 돌아왔을 때 몸의 근육이 중력을 견디지 못해 제대로 걷지 못합니다. 지구에 도착해서는 주변 사람들의 부축을 받아 움직여야 하죠. 그래서 우주인이 국제우주정거장에서 꼭 해야 하는 가장 중요한 임무 중 하나가 바로 운동입니다. 무중력 상태에서 근육이 손실되지 않도록 꾸준히 운동을 해야 하죠.

만유인력의 법칙

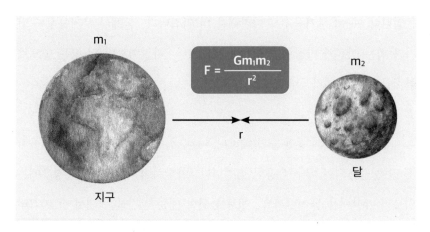

마찰력은 '나쁜' 힘일까?

중력만큼 중요한 힘이 바로 마찰력입니다. 사과가 중력 때문에 땅으로 낙하하면 처음에 떨어질 때 속력과 땅에 부딪힐 때 속력이 같을까요? 거리가 짧으면 큰 차이가 없겠지만 떨어지면서 공기와 부딪히기 때문에 바닥에 닿기 직전 속력이 처음 떨어질 때 속력보다 작습니다. 이렇게 운동을 방해하는 힘을 '마찰력'이라고 부릅니다. 마찰력은 물체에 작용하는 힘과 반대 방향으로 작용하는 힘이죠.

우리가 일상적으로 쉽게 볼 수 있는 낙하 운동에서 마찰력이 작용한다고 해도 쉽게 이해되지 않습니다. 대신 물체를 끌거나 밀 때는 확실히 느낄 수 있죠. 바닥에서 공을 굴려 봅시다. 공이 영원히 무한정으로 굴러가지 않죠. 이유는 공을 밀어주는 힘과 반대 방향으로 마찰력이 작용하기 때문입니다. 공이 무거울수록 마찰력은 더 커집니다. 물체가 무거울수록 밀기가 힘든 이유가 마찰력이 크기 때문입니다. 마찰력보다 더 작은 힘으로 물체를 밀면 물체가 꿈쩍도 안 합니다.

마찰력은 물체의 운동을 방해하니 '나쁜' 힘인 것 같지만, 사실 이곳저곳 많이 활용되는 매우 유용한 힘입니다. 마찰력이 커야 유리한 경우에는 일부러 마찰력을 높이니까요. 예로 등산할 때는 안전을 위해서 잘 미끄러지지 않는 신발이 좋습니다. 그래서 등산화 바닥은 마찰력을 높이기 위해 일부러 울퉁불퉁하게 디자인합니다. 눈이 내리면 자동차 바퀴에 체인을 감는 것도 마찰력을 키워 눈길에서 미끄러지지 않게 하기 위해서죠.

바이올린을 켤 때도 활과 현 사이에 마찰력이 작으면 아름다운 소리가 나지 않습니다. 그래서 마찰력을 키우려고 활에 송진을 바르기도 합니다. 또 운동화 끈을 묶는데 끈의 마찰력이 작으면 묶어놔도 쉽게 풀립니다. 그래서 운동화 끈은 마찰력이 좋은 소재를 사용하고, 표면도 일정한 패턴이 있어서 매끈하지 않게 만듭니다.

마찰력이 작은 게 유리한 경우도 있습니다. 놀이터에서 미끄럼틀을 타고 내려올 때 옷과 미끄럼틀 바닥 사이에 마찰력이 생겨 중간에 멈춘 경험이 있을 겁니다. 엉덩이가 불타듯 아픈 느낌도 기억하나요? 그래서 수영장 미끄럼틀에는 일부러 물을 조금 흘려줘서 미끄럼틀 바닥과 수영복 사이의 마찰을 줄입니다. 또 스키나 스케이트를 탈 때도 마찰력이 가능한 작아야 잘 미끄러집니다. 기계에서 회전축을 중심으로 움직일 때 마찰력이 크면 잘 안 움직이죠. 기름칠을 해 주는 이유도 마찰력을 줄이기 위해서랍니다.

만약 우리에게 마찰력이 없다면 땅에서 제대로 걸어 다닐 수 없을 겁니다. 달리다가 갑자기 멈출 수 있는 것도, 자동차가 브레이크를 밟으면 도로에서 설 수 있는 것도 모두 마찰력이 존재하기 때문입니다.

키보드와 볼펜의 공통점

일상생활에서 가장 잘 느낄 수 있는 힘을 꼽으라고 하면 탄성력일 겁니다. 중력을 느끼고 보는 건 쉽지 않고, 마찰력은 태어날 때부터 보고 겪는 일이라 당연하게 받아들입니다. 그런데 탄성력은 다릅니다. 교과서에는 용수철 실험이 등장하는데, 용수철에 추를 달아서 얼마나 늘어나는지 측정합니다. 용수철을 잡아당겼다가 놓거나 달았던 추를 빼면 용수철이 다시 원래 모양으로 돌아갑니다. 이런 힘이 탄성력입니다. 용수철을 잡아당기는 힘에 반대 방향으로 작용하는, 원래대로 돌아가려고 하는 힘이죠. 그래서 탄성력은 탄성체(용수철)를 변형시킨 힘과 크기는 같고 방향만 반대입니다.

주변을 둘러보면 탄성력을 활용한 사례를 많이 찾을 수 있습니다. 문구류부터 한번 볼까요. 스테이플러, 집게, 클립, 볼펜도 모두 탄성력을 이용합니다. 스테이플러로 종이를 찍은 뒤 원래 상태로 돌아갈 때, 볼펜 머리를 누른 뒤 머리가 다시 위로 튕겨 나올 때 모두 반발력을 이용한 겁니다. 실제로 내부를 열어 보면 작은 용수철이 들어 있죠.

키보드에도(자판을 눌렀다가 다시 튕겨 나오는 원리), 침대에도(누웠다가 일어나도 다시 원래 모양이 되는 원리) 탄성력이 적용됐습니다. 자전거 안장도 밑을 살펴보면 용수철이 있을 겁니다. 꼭 용수철 형태가 아니더라도 양궁의 활, 장대높이뛰기의 장대, 수영복, 물안경 등 운동용 소재에는 모두 탄성력이 좋은 소재가 사용됩니다. 자동차의 타이어, 운동화 밑창에도 탄성력이 좋은 소재를 사용하는 게 기술의 핵심입니다.

자전거나 자동차가 울퉁불퉁한 길을 달린다고 생각해 볼까요? 만약 타이어의 탄성력이 떨어지거나 자전거 안장 밑에 용수철이 달려 있지 않다면 자동차나 자전거가 길의 상태에 따라 덜컹거리는 진동(물리에서는 이를 충격량이라고 부릅니다)을 고스란히 받게 됩니다. 이 진동이 그대로 우리 몸에 전달되는 거죠. 그래서 탄성이 있는 고무로 자동차 타이어를 만들고, 타이어를 다는 바퀴의 축과 차체는 용수철로 연결합니다. 자동차가 과속 방지 턱을 지나면 바퀴와 용수철이 변형되면서 충격을 흡수해 차체의 진동이 감소하는 원리입니다.

탄성력과 관계된 물리 법칙이 하나 있습니다. 17세기 영국의 물리학자인 로버트 훅이 발견했다고 해서 '훅(Hook)의 법칙'이라고 부르는 것인데, 용수철이 원래의 위치로 돌아오는 힘은 처음 위치에서 이동한 거리에 비례한다는 것이죠. 즉, 용수철의 탄성력의 크기는 용수철이 늘어난 거리에 비례한다는 겁니다.

훅과 관련한 흥미로운 에피소드가 있습니다. 만유인력의 법칙을 발견한 아이작 뉴턴이 1676년 훅에게 편지를 보냈는데, 거기에 이런 말을 적었습니다. '내가 더 멀리 보았다면 이는 거인들의 어깨 위에 서 있었기 때문이다.'

이 문장은 위대한 과학자인 뉴턴의 겸손함을 보여 주는 사례로 꼽히기도 하지만, 실제로 뉴턴과 훅은 만유인력의 법칙을 두고 편지를 주고받으며 치열하게 논쟁을 벌였다고 합니다. 이 문장도 그 과정에서 뉴턴이 쓴 것이라고 해요. 뉴턴이 언급한 '거인'은 플라톤, 코페르니쿠스 등 자신보다 앞선 과학자들을 지칭한 것으로 알려져 있습니다.

쇳덩이로 만든 배가 어떻게 물에 뜰까?

중력에 반대 방향으로 작용하는 힘이 있습니다. 바로 물속에서 물체를 띄우거나 공기 중에서 물체를 띄우는 힘인 부력입니다. 중력이 지구의 중심을 향하는 아래쪽이라면 부력은 이와는 반대로 위쪽으로 작용합니다. 그래서 배가 물 위에 뜰 수 있고, 풍선이 하늘로 올라갈 수 있죠.

물에서 물체가 갖는 부력의 크기는 물체가 밀어낸 물의 양만큼의 무게입니다. 물체가 밀어낸 물의 무게와 같다는 뜻이에요. 아르키메데스가 목욕탕에 사람이 들어갈 때 넘치는 물을 보고 "유레카!"라고 외치며 알아낸 것이 부력 개념의 시초입니다.

나무토막을 물에 넣으면 물 위에 뜨는데, 쇠못을 물에 넣으면 물속으로 가라앉습니다. 나무토막이 쇠못보다 더 가볍기 때문일까요? 그런데 쇠로 만든 배는 쇠못보다 훨씬 무거운데도 물에 뜹니다. 이를 설명하는 게 부력입니다. 쇠못이 물에 완전히 잠겨 있다면 쇠못 때문에 밀려난 물의 부피가 잠겨 있는 쇠못의 부피와 같다는 뜻이에요. 즉 쇠못의 무게가 부력보다 크다는 뜻이겠죠. 그래서 쇠못이든 쇳덩어리든 물에 넣으면 바로 가라앉습니다.

그런데 배는 아주 무거운 쇳덩이지만 이를 넓게 펴서 부피를 늘리면 무게는 변하지 않는 대신 밀도가 물보다 작아집니다. 그래서 배의 무게를 지탱할 만큼 부력이 생겨서 물에 뜨게 되는 거죠. 아르키메데스의 유레카 발견도 순금의 밀도와 무게는 같지만, 순금이 아닌 물체의 밀도가 서로 다르면 물을 밀어내는 부피가 다르다는 걸 알아낸 거니까요.

물체가 물에 떠 있다는 것은 물체에 작용하는 중력과 부력이 균형을 이루고 있다는 뜻입니다. 물에 뜬 배에는 물 아래쪽으로 작용하는 중력과 물 위쪽으로 작용하는 부력이 균형을 이루고 있다는 거예요. 배에 화물을 실었을 때와 싣지 않았을 때 둘 중 언제 부력이 더 클까요? 당연히 화물을 실은 배의 부력입니다. 화물을 실은 무게만큼 물속에 잠긴 부위가 많아지고 그만큼 부력을 더 받기 때문이죠. 반대로 화물을 싣지 않으면 배가 가벼워져 그만큼 부력은 더 작아집니다. 물속에 들어가면 물체의 무게가 더 가벼워지는데, 이는 부력에 의해 밀려난 물의 무게만큼 가벼워지기 때문입니다. 무게가 500g인 물체를 물에 넣었더니 무게가 400g이 됐다면 100g 무게만큼의 물이 밀려난 것입니다.

부력은 기체에도 적용됩니다. 헬륨은 목소리를 우스꽝스럽게 바꾸어 놓아서 '웃음 가스'라고도 불리는데 이 헬륨을 풍선에 넣고 손을 놓는 순간 하늘로 올라갑니다. 그런데 입으로 분 풍선은 위로 잘 뜨지 않습니다. 헬륨의 밀도가 입김에 들어 있는 공기의 밀도보다 작기 때문에 부력이 풍선의 무게보다 커서 위로 뜨는 겁니다.

잠수함이 물속을 자유자재로 돌아다닐 수 있는 이유도 부력을 조종하기 때문입니다. 정확히는 밀도를 조종하기 때문이죠. 물속으로 들어갈 때는 잠수함의 탱크 속에 물을 집어넣습니다. 그러면 밀도가 커져서 물에 서서히 가라앉죠. 물 위로 나와야 할 때는 탱크 속에 있는 물을 빼내어 무게를 가볍게 만들어 밀도를 작게 만듭니다.

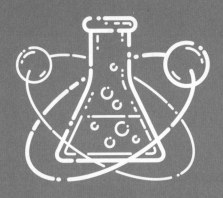

에너지

02

물체를 움직이는 힘

:

롤러코스터와 시소의 숨은 법칙

무거우면 왜
빨리 떨어질까?

물체에 힘을 주면 어떤 일이 생기나요? 책상에 놓인 교과서를 들어서 가방에 넣으면 교과서가 움직인 것이죠. 물체가 운동을 한 겁니다. 물리학적으로 물체가 운동하는 것은 일을 한 것과 같은 뜻입니다. 그리고 이런 일을 할 수 있는 능력을 '에너지'라고 부릅니다. 특히 물리에서는 힘을 가한 방향이 중요한데, 일을 했다는 건 힘을 가한 방향으로 물체가 움직이는 걸 말합니다. 이런 일을 할 수 있는 에너지는 딱 두 가지만 기억하면 됩니다. 운동 에너지와 위치 에너지입니다.

속도에는 있는데 속력에는 없는 것

중학교 과정에서는 등속 운동, 즉 일정한 속도로 움직이는 운동만 나옵니다. 자동차가 시속 50km의 일정한 속도로 이동한다고 생각하면 됩니다. 하지만 현실에서 자동차가 30분 동안 계속 50km로 움직이는 건 불가능하죠. 신호등에 빨간불이 걸리면 멈췄다가 다시 속도를 내고, 앞에 차가 있으면 속도를 줄이기도 해야 하니까요. 우리는 시시각각 변하는 운동을 해야 하는 셈입니다. 이런 운동을 가속 운동(속도가 증가할 때)이나 감속 운동(속도가 감소할 때)이라고 합니다.

현실에서는 등속 운동을 하는 사례가 많이 없지만, 가장 쉬운 예를 찾아보면 무빙워크나 스키 리프트, 모노레일 정도일 겁니다. 안전을 위해서 항상 일정한 속도로 움직이도록 설계되어 있죠. 여기에 운동이 나오면 구분해서 기억해야 할 개념이 있습니다. 속력과 속도입니다. 일반적으로 속력과 속도는 같은 단어로 쓰이는 경우가 많은데, 물리에서는 무게와 질량이 다른 것처럼 다른 개념입니다.

속도에는 방향 개념이 포함되어 있지만 속력에는 방향 개념이 없습니다. 즉 속력 개념에서는 자동차가 동쪽으로 시속 50km로 움직이든, 서쪽으로 시속 50km로 움직이든 속력은 둘 다 시속 50km로 같습니다. 그런데 속도로 표현할 때는 다릅니다. 만약 기준을 동쪽으로 잡으면 시속 50km(동쪽으로 움직일 때)와 −50km(서쪽으로 움직일 때)로 표기해야 합니다. 방향을 화살표로 생각하고 수직선에 나타내면 머릿속에 쉽게 그려질 겁니다.

속도를 방향까지 고려한 개념으로 정의하는 이유는 상대 속도와 같은 개념 때문입니다. 동쪽으로 시속 50km로 움직이는 자동차에 탄 사람이 같은 방향으로 가는 시속 30km의 버스를 볼 때 이 버스의 상대 속도는 시속 20km가 됩니다.

반면 동쪽으로 시속 50km로 움직이는 자동차에 탄 사람이 반대 방향인 서쪽으로 시속 30km로 움직이는 버스를 보면, 버스에 대한 자동차의 상대 속도는 동쪽으로 시속 80km(50km−(−30km)로 계산)가 됩니다. 상대 속도는 고등학교 과정에서 등장하니 지금은 속력과 속도가 서로 다른 개념이라는 정도만 기억하겠습니다.

여기서는 속력이라는 단어로 통일합니다. 속력은 단위 시간 동안 이동한 거리를 말합니다. 식으로 나타내면 〈속력=이동 거리÷걸린 시간〉이 됩니다. 과학에서뿐만 아니라 수학에서도 일차 방정식 활용에서 이 식을 이용한 문제가 많이 등장하니 속력의 정의를 꼭 식으로 기억해 둬야 합니다.

1시간 동안 30km를 이동한 자동차와 60km를 이동한 자동차 중 어떤 자동차가 속력이 더 빠른가요? 앞의 속력은 30km/h, 뒤의 속력은 60km/h가 되니 뒤가 더 빠릅니다. 같은 시간 동안 이동 거리가 길면 당연히 속력이 더 빠르다는 뜻이겠죠.

등속 운동은 30km/h, 60km/h 등 일정한 속력으로 움직이는 운동입니다. 30km/h로 등속 운동을 하는 경우 1시간이 지나면 30km를 이동했을 것이고, 2시간이 지나면 60km를 이동합니다. 시간에 따라 이동한 거리를 그래프로 나타내면 시간이 지날수록 이동 거리가 늘어나는 비례 관계인 직선 그래프가 나오죠. 이 그래프의 기울기가 바로 속력입니다.

만약 문제에서 그래프를 주고 속력을 구하라고 하면 원점에서 그래프의 한 지점을 골라서 기울기만 찾으면 됩니다. 자, 그래프 2개를 그려 놓고 속력이 더 빠른 것 혹은 더 느린 것을 찾아야 한다면 기울기가 클수록 속력이 빠른 것이고, 기울기가 작을수록 느리다는 뜻이겠죠. 만약 등속 운동에서 시간과 속력 사이의 그래프를 그리라고 하면 어떤 모양이 나타날까요? 속력이 항상 같으니 시간이 아무리 지나도 속력은 일정합니다. 즉 시간 축과 평행한 직선이 그려질 겁니다. 그래프는 한두 개 점을 찍어서 직접 그려 보면 이해도 쉽게 되니 꼭 그려 보세요.

깃털과 돌멩이 중 뭐가 먼저 바닥으로 떨어질까?

우리가 쉽게 해 볼 수 있는 운동 하나를 생각해 볼까요? 손에 공을 쥐고 자리에서 일어선 뒤 팔을 바닥과 평행하게 만들어 보세요. 그리고 손에 쥐고 있던 공을 그대로 놓습니다. 공은 어떻게 움직일까요? 너무 빨리 떨어져서 이 공이 시간에 따라 어떻게 움직였는지 눈으로 분석하기란 어렵습니다. 우리가 슈퍼맨도 아니고, 1~2초 안에 떨어지는 공의 움직임을 0.1초 단위로 분석하는 건 불가능하니까요.

이번에는 해발 1000m쯤 되는 산의 정상에 올라가 똑같은 방식으로 공을 떨어뜨린다고 생각해 볼게요. 실제로 산에 올라가는 게 아니라 머리로 상상해 보세요. 수백 년 전 과학자들은 이를 '사고 실험'이라고 불렀습니다. 직접 손으로 해보는 대신 머리로, 생각만으로 실험하는 거죠. 공이 떨어질 때 나무나 바위에 부딪히는 일은 없다고 가정해야 합니다. 공은 어떻게 될까요?

지구가 끌어당기는 중력에 의해 아래로 떨어질 것이고, 시간이 지날수록 점점 속력이 붙어 1초마다 이동한 거리는 더 길어집니다. 그런데 이때 공기가 없다면 어떻게 될까요? 공기 저항이 없는 높은 곳에서 물체를 가만히 놓은 뒤 중력만으로 떨어지게 만드는 운동을 '자유 낙하 운동'이라고 부릅니다. 여기서 주목해야 할 것은 바로 '공기 저항이 없는'이라는 부분이에요.

우리 주변에서 공기 저항이 없는 곳을 찾을 수 있을까요? 사실 일부러 공기를 없애 진공 상태를 만든 곳이 아니고서는 지구에서 공기 저항이 없는 곳이란 존재하지 않습니다. 스카이다이빙이나 번지 점프를 할 때도 공기 저항이 없다면 자유 낙하 운동을 할겁니다. 지표면에 가까워질수록 속력이 더 빨라진다는 뜻이에요. 그런데 실제로는 속력이 빨라질수록 공기 저항도 커져서 속력이 무한정 증가하지 않습니다.

이를 바꿔 말하면 공기 중에서 낙하하는 물체는 중력과 공기 저항을 동시에 받습니다. 그래서 물체가 무거울수록 땅에 더 빨리 떨어지죠. 하지만 진공 상태에서는 물체에 가해지는 힘이 중력뿐입니다. 공기가 없으니 공기 저항이 없겠죠. 진공에서는 물체의 무게(질량)에 상관없이 모든 물체는 동시에 떨어집니다. 지구가 물체를 끌어당기는 중력의 크기는 물체 질량에는 전혀 영향을 받지 않고 일정한 값을 유지하니까요. 이런 값을 '상수'라고 부르는데, 중력 가속도 상수는 보통 9.8로 씁니다. 단위는 m/s^2입니다.

이제 진공 상태에서 깃털과 주먹만 한 돌멩이를 동시에 떨어뜨리면 어떻게 될지 짐작이 되나요? 둘은 동시에 바닥에 떨어집니다. 이 법칙이 바로 수백 년 전 이탈리아의 갈릴레오 갈릴레이가 주장한 '등가 원리'입니다. 그러나 공기 중에서는 어떤 것이 먼저 떨어질까요? 당연히 돌멩이가 먼저 떨어지겠죠.

고대 그리스의 철학자이자 과학자인 아리스토텔레스는 무거운 물체가 더 빨리 떨어진다고 주장했고, 이는 아주 오랫동안 사실로 받아들여졌습니다. 하지만 같은 종이인데 펼쳐서 떨어뜨릴 때와 공처럼 뭉쳐서 떨어뜨릴 때의 속도가 달랐기 때문에 이 이론이 들어맞지 않는 모순이 발생했습니다. 갈릴레오는 사고 실험을 통해 모순되는 이론을 바로잡았습니다.

여기서 하나만 더 생각해 볼까요? 만약 이 돌멩이를 지구가 아니라 달에 가져가서 자유 낙하 운동을 시키면 지구에서보다 더 빨리 떨어질까요, 아니면 더 천천히 떨어질까요? 달은 중력 가속도가 지구의 6분의 1 정도로 더 작습니다. 그만큼 달이 돌멩이를 끌어당기는 힘(중력)이 약하다는 뜻입니다. 그러니 떨어질 때 속력이 증가하는 정도도 지구에서보다 더 작겠죠. 그래서 답은 '달에서 더 천천히 떨어진다.'입니다.

롤러코스터에서 비명을 지르는 이유

물체에 힘이 작용해서 그 방향으로 물체가 이동할 때 과학적으로 '일을 했다.'라고 말합니다. 물체에 힘을 작용했는데 물체가 꿈쩍도 하지 않았다면, 즉 이동 거리가 0이라면 과학적으로 일이 0이라는 뜻입니다. 나는 비록 힘을 줬지만, 물리적으로는 일을 하지 않은 겁니다.

수레를 밀었을 때 힘을 준 방향으로 수레가 움직이거나, 힘을 줘서 화분을 들었다면 일을 한 겁니다. 하지만 공을 가만히 들고 있으면 공을 들고 있기 위해 힘을 쓰고 있더라도 공의 위치가 변하지 않았기 때문에(이동 거리가 0이다) 일을 하지 않았고, 결국 일은 0이 됩니다. 이런 점들이 일상생활과 물리에서 서로 달라 헷갈리기 쉬운 부분이니 꼭 기억해 두길 바랍니다.

일의 단위는 줄(J)로 나타내며 힘의 크기(N)와 이동 거리(m)의 곱으로 나타냅니다. 즉, 1N의 힘을 가해 1m를 이동하면 1J의 일을 한 겁니다. J과 N·m는 같은 단위라는 것도 알겠죠. 에너지도 바로 이 단위인 줄(J)로 나타냅니다. 에너지는 일을 할 수 있는 능력이어서 일과 에너지는 서로 전환할 수 있습니다.

바닥에 있던 추에 일을 가하면(힘을 가해 위로 들어 올려요) 추는 에너지를 갖게 되고, 위에 있던(에너지를 가진) 추가 낙하하면서 바닥에 있던 말뚝을 박는다면 에너지가 일로 전환된 것입니다. 힘을 가해 말뚝이 아래로 이동했으므로 일을 한 것이죠. 일상생활에서는 이런 사례가 많고, 더욱이 일과 에너지의 개념을 구분하지 않지만, 물리에서는 이 둘이 서로 전환할 수 있는 관계라는 점을 꼭 알아야 합니다.

위치 에너지라는 단어를 들으면 중력을 먼저 떠올려 보세요. '위치=높이=중력'과 같은 식으로 연상해도 좋습니다. 위치 에너지는 기준면에서 높은 곳에 있는 물체가 가지고 있는 에너지입니다. 정확히 표현하면 위치 에너지 앞에는 '중력에 의한'이 생략돼 있습니다. 중력에 의한 위치 에너지인 것이죠.

바닥에 있는 택배 상자를 들어서 옮긴다고 생각해 볼게요. 바닥에 있는 질량(m)의 택배 상자를 높이(h)만큼 들어 올립니다. 이때 한 일은 힘의 크기(9.8×질량(m))에 이동 거리(높이 h)를 곱한 것이니 $9.8 \times m \times h$, 즉 $9.8mh$가 됩니다. 여기서 질량(m)의 단위는 킬로그램(kg), 높이(h) 단위는 미터(m)를 기준으로 합니다. 질량이 그램(g)이나 높이가 킬로미터(km) 등으로 단위가 달라지면 변환해야 하니 기준 단위도 꼭 알아둬야 합니다.

물체를 높은 곳에서 가만히 놓으면 자유 낙하할 때 중력이 물체에 한 일은 위치 에너지와 동일합니다. 그리고 이 위치 에너지는 자유 낙하하는 물체의 운동 에너지로 바뀝니다. 운동 에너지라는 단어를 들으면 '운동=속력'으로 연상하면 좋습니다. 운동 에너지의 크기는 식으로 ($\frac{1}{2} \times 질량 \times$ 속력^2)으로 나타냅니다.

위치 에너지와 운동 에너지는 서로 전환이 됩니다. 우리 주변에서 쉽게 찾을 수도 있죠. 놀이공원에 있는 롤러코스터가 위치 에너지와 운동 에너지의 관계를 가장 쉽게 직관적으로 이해할 수 있습니다.

롤러코스터는 일단 높은 곳에서 정지해 있다가 출발하죠. 이때는 높은 곳에 가만히 서 있으니 위치 에너지만 가집니다. 움직이지 않아 속력이 0이니 운동 에너지는 0으로 없습니다. 여기까지는 소리를 지를 이유도 없죠. 하강을 앞두고 심장이 두근거릴 뿐입니다. 그러다가 롤러코스터가 하강하기 시작하면 기준면보다 높은 곳을 지날 때 위치 에너지를 가지면서 특정 속력으로 움직이기 때문에 운동 에너지도 갖습니다. 비명이 절로 나오는 이유죠. 기준면을 지날 때는 높이가 0이어서 위치 에너지는 0이 되고, 운동 에너지만 갖습니다. 이런 식으로 롤러코스터는 위치에 따라 위치 에너지와 운동 에너지가 달라지지만, 어느 지점에서나 두 에너지의 합은 같습니다.

역학적 에너지 보존 법칙

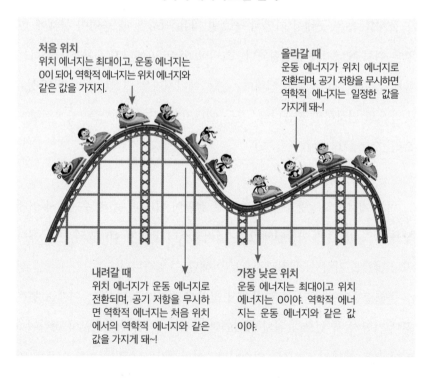

처음 위치
위치 에너지는 최대이고, 운동 에너지는 0이 되어, 역학적 에너지는 위치 에너지와 같은 값을 가지지.

올라갈 때
운동 에너지가 위치 에너지로 전환되며, 공기 저항을 무시하면 역학적 에너지는 일정한 값을 가지게 돼~!

내려갈 때
위치 에너지가 운동 에너지로 전환되며, 공기 저항을 무시하면 역학적 에너지는 처음 위치에서의 역학적 에너지와 같은 값을 가지게 돼~!

가장 낮은 위치
운동 에너지는 최대이고 위치 에너지는 0이야. 역학적 에너지는 운동 에너지와 같은 값이야.

펭귄은 왜 뒤뚱거리면서 걸을까?

역학적 에너지 보존 법칙은 (출발 시 위치 에너지)=(중간 지점에서 위치 에너지+운동 에너지)=(기준면에서 운동 에너지)입니다. 위치 에너지와 운동 에너지를 통틀어 역학적 에너지라고 부르는데, 움직이는 물체의 역학적 에너지는 모든 지점에서 같습니다. 이를 역학적 에너지 보존 법칙이라고 부릅니다. 역학적 에너지는 위치 에너지와 운동 에너지를 합한 값이죠. 처음에 위치 에너지가 10만큼 있었다면, 하강하면서 (위치 에너지, 운동 에너지)가 (9, 1) (8, 2) (7, 3)과 같은 식으로 위치 에너지에서 운동 에너지로 전환되다가 기준면에서는 운동 에너지가 10, 위치 에너지는 0이 됩니다.

위치 에너지와 운동 에너지를 이용해 역학적 에너지 보존을 설명하는 사례는 많습니다. 댐에 물이 고여 있으면 기준면을 댐 하류 바닥으로 잡을 때 댐에 고인 물은 위치 에너지만 가집니다.

놀이터에서 시소를 탄다고 가정해 볼게요. 기준면이 바닥일 때 시소가 위로 올라가면 최고점에서는 위치 에너지만 있고, 바닥으로 내려오면 운동 에너지만 있습니다. 또 축구공을 땅에서 굴릴 때 기준면이 땅이라면 위치 에너지는 없고 운동 에너지만 있을 겁니다. 야구공을 던질 때도 기준면이 땅바닥이라면 야구공은 위치 에너지와 운동 에너지를 모두 가집니다.

줄 끝에 추를 매달아 놓은 진자 운동도 역학적 에너지를 이야기할 때 자주 거론되는 사례입니다. 진자 운동은 진자가 좌우로 왔다 갔다 하며 주기적으로 움직이는 운동을 말합니다. 공기 저항이나 마찰을 무시할 경우 추를 한 지점까지 들었다가 가만히 놓으면 반대편 지점까지 오가는 왕복 운동을 무한히 합니다.

처음 추를 든 지점에서는 위치 에너지밖에 없고, 운동 에너지는 0입니다(움직이기 전이라 속력이 0). 추가 움직이다가 가장 아래 지점에 도달했을 때는 위치 에너지가 작아지고, 운동 에너지가 최대가 됐다가 반대편 지점에 도달했을 때는 다시 위치 에너지가 가장 커지고 운동 에너지는 0이 됩니다.

진자 운동이 나왔으니 펭귄 걸음걸이도 이야기해 볼게요. 펭귄의 걸음 걸이를 진자 운동의 위치 에너지와 운동 에너지로 설명할 수 있습니다. 인간이나 동물의 몸은 위치 에너지와 운동 에너지를 최대한 효율적으로 사용하는 방식으로 움직입니다. 펭귄은 뒤뚱거리면서 걷는데, 몸에 비해 다리가 턱없이 짧기 때문에 가장 에너지를 적게 쓰기 위해 뒤뚱거리게 됐다는 연구 결과가 있습니다.

펭귄은 걸을 때 한쪽으로 쏠리면 순간적으로 정지하고 다시 반대편 다리로 걷는데, 이 걸음걸이는 추가 움직일 때와 비슷합니다. 한쪽으로 쏠렸을 때 일시 정지 상태에서 생긴 위치 에너지를 반대편으로 움직일 때 운동 에너지로 전환하는 겁니다. 과학자의 연구 결과에 따르면 펭귄은 두 걸음을 걷는 동안 80%의 위치 에너지를 비축했고, 이 에너지는 다음 걸음을 걷는 데 사용됐습니다. 사람은 65%의 위치 에너지를 비축한다고 합니다.

자유 낙하하는 물체의 역학적 에너지와 위로 던져 올린 물체의 역학적 에너지를 비교하면 매우 재미있습니다. 자유 낙하하는 물체의 경우 물체가 처음에 최고 높이에 있으니 이때는 위치 에너지가 최대이고, 운동 에너지는 정지 상태이기 때문에 0이 됩니다. 그러다가 아래로 떨어질수록 높이가 낮아지면서 위치 에너지는 줄어들고, 줄어든 위치 에너지는 운동 에너지로 전환됩니다. 바닥에 떨어지면 위치 에너지는 0이 되고 운동 에너지가 최대가 됩니다.

위로 던져 올린 물체는 이와 정확히 반대입니다. 처음 던져 올릴 때는 높이가 0이니 위치 에너지는 0이고, 속력이 가장 빠르니 운동 에너지가 가장 큽니다. 그러다가 위로 올라갈수록 속력이 줄어들면서 운동 에너지가 감소하고, 이렇게 줄어든 운동 에너지만큼 위치 에너지는 늘어납니다. 그러다가 최고점에 도달하면 위치 에너지는 최대가 되고 운동 에너지는 0이 되죠. 그런 다음 다시 자유 낙하 운동을 합니다.

일상생활에서는 역학적 에너지 보존 법칙이 교과서 공식처럼 잘 지켜지지 않습니다. 롤러코스터가 하강할 때 바퀴와 레일 사이의 마찰력이나 공기 저항도 생기기 때문에 손실되는 에너지가 생깁니다. 교과서에서 나오는 사례는 마찰력에 의한 에너지 손실이 없는 이상적인 상황을 전제로 한 것입니다. 운동하는 물체에 작용하는 힘이 중력만 있고 다른 힘이 없을 때만 역학적 에너지가 보존된다고 기억하면 됩니다.

휴대전화 진동 모드에는
어떤 에너지가 쓰였을까?

위치 에너지나 운동 에너지 같은 역학적 에너지는 인간의 문명 발전에 매우 중요한 역할을 했습니다. 이것을 전기 에너지로 바꾼 덕분에 인간은 전기를 사용할 수 있게 되었고, 현대의 과학 기술을 이루었습니다.

발전기는 글자 그대로 전기를 만들어 내는 장치입니다. 발전기의 세부 구조는 다르겠지만 이론적으로는 자석과 코일만 있으면 발전기를 만들 수 있습니다. 자석이 코일 근처에서 움직이면 코일에 전류가 만들어져서 흐르는데, 이는 자석이 움직일 때 생긴 역학적 에너지가 전기 에너지로 전환되었기 때문입니다.

풍력 발전은 바람의 운동이 발전기를 돌려 전기를 만들어 내는 것이고, 수력 발전은 물의 운동이 발전기를 돌려 전기를 만드는 것입니다. 과학관 체험실에서 자전거 페달을 밟으면 자전거에 연결된 전구에 불이 들어오는 걸 본 적이 있을 거예요. 페달을 밟을 때 해 준 일이 바퀴의 운동 에너지로 전환되고, 이 운동 에너지가 발전기를 통해 전기 에너지로 전환되었기 때문에 전구에 불이 들어오는 거죠. 역학적 에너지가 전기 에너지로 바뀌는 순간을 눈으로 확인한 겁니다.

자전거에 달린 전조등은 배터리가 없는데도 야간에 자전거를 타면 불이 켜집니다. 바퀴가 움직이면 바퀴와 접촉한 회전축이 돌아가고 이때 회전축과 연결된 자석이 회전하면서 코일에 전류가 유도되어 전기 에너지로 전환됩니다. 전구에서 전기 에너지는 다시 빛 에너지로 바뀌어 불이 켜지죠. 역학적 에너지가 전기 에너지로 바뀌는 원리를 잘 이용한 사례입니다. 불이 들어오는 인라인스케이트도 있는데, 여기에도 바퀴를 굴리는 역학적 에너지가 바퀴에 연결된 발전기를 돌려 빛을 냅니다.

발전기가 역학적 에너지를 전기 에너지로 바꿔 주는 장치라면, 거꾸로 전기 에너지를 역학적 에너지로 바꿔 주는 장치도 있겠죠. 그것이 바로 전동기입니다. 전동기도 자석과 코일로 구성되어 있습니다. 전동기 코일에 전원을 연결하면 전류가 흐르고, 전류가 흐르면서 자기장이 생기죠. 자기장 속에서 코일이 힘을 받으면 회전하면서 움직여 역학적 에너지를 만듭니다.

선풍기, 세탁기, 진공청소기는 모두 전기 에너지를 운동 에너지로 전환한 대표적인 사례입니다. 스마트폰이 울릴 때 진동 모드도 전기 에너지를 운동 에너지로 바꾼 사례이며, 스피커에서 소리가 나는 것도 전기 에너지를 운동 에너지로 바꾼 겁니다. 전기난로, 전기 주전자는 전기 에너지를 열 에너지로 바꾸었고, 전구와 텔레비전은 전기 에너지를 빛 에너지로 바꾼 대표적인 사례입니다. 스마트폰 충전기, 노트북 충전기 등 각종 디지털 기기의 배터리 충전기는 전기 에너지를 화학 에너지로 바꾼 사례라고 하니 우리의 일상생활과 밀접한 연관이 있죠?

앞에서 역학적 에너지가 보존된다는 역학적 에너지 보존 법칙을 이야기했는데, 더 큰 개념으로 에너지가 서로 전환이 일어날 때 에너지 전환전과 후의 에너지 총량은 같다는 에너지 보존 법칙도 있습니다. 전기 에너지가 운동 에너지로 바뀌어도 에너지 총량은 같습니다. 다만 선풍기의 경우 오랫동안 돌리면 열이 나는데(저항), 전기 에너지가 선풍기 날개를 돌리는 운동 에너지로 대부분 전환되고 나머지는 열 에너지로 바뀝니다. 선풍기의 운동 에너지와 열 에너지를 더하면 전기 에너지와 같습니다.

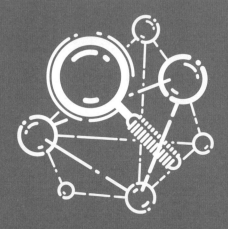

전기

03

전기는 어떻게 만들어질까?
⋮

정전기로 공을 굴릴 수 있다

일상생활에서
꼭 필요한 전기

인류는 전기를 만들기 위해 화력 발전소와 원자력 발전소를 지었고, 이곳에서 생산되는 전기 에너지로 생활합니다. 그러나 화력 발전소에서 나오는 온실가스가 지구를 숨 쉬지 못하게 만들자 더 깨끗한 방법을 생각하기 시작했고, 태양 전지, 풍력 발전 같은 신재생 에너지를 이용한 발전 방식이 생겼습니다.

개구리 다리가 왜 움찔하며 수축했을까?

인류가 전기의 존재를 제대로 인식하기 시작한 건 사실 얼마 안 되었습니다. 뉴턴이 만유인력의 법칙을 발견한 것보다 먼저일까요, 나중일까요? 고대 그리스에도 전기와 자기(자석)는 알려져 있었습니다. 자성을 띤 광물을 가지고 놀면서, 아니면 우연한 계기로 철에 달라붙는 현상을 관찰한 거지요. 정전기 현상도 발견했을 수 있고요.

전기를 모아 놓은 라이덴병 같은 기구가 만들어지기도 했는데, 전기가 과학으로 발전한 건 뉴턴 이후였습니다. 사과가 바닥으로 떨어지고, 공을 위로 던져도 올라가다가 다시 아래로 떨어지는 현상은 눈에 보이기 때문에 더 많은 과학자들의 관심을 끌었습니다. 그래서 움직임에 관한 이론이 발전하게 되었고 결국 뉴턴이 만유인력의 법칙을 정립하게 되었습니다.

전기는 어떤가요. 눈에 보이나요? 보이지 않으니 전기의 정체가 뭔지, 어떻게 만들어지는지 궁금증만 늘었습니다. 1700년대 과학자들은 여러 가지 현상을 보고 다양한 이론을 만들었습니다.

1700년대 중반 미국의 벤자민 프랭클린은 번개가 치는 것을 보고 처음으로 전기에 대한 이론을 생각했습니다. 전깃줄 한쪽 끝에 번개가 치니 전깃줄 반대쪽 끝에 스파크가 일어나는 것을 확인한 거죠. 이걸 보고 프랭클린은 모든 물질에 매우 가벼운 전기적 유체 같은 것이 존재할 것이라고 생각했습니다.

비슷한 시기에 프랑스 과학자들도 전기의 정체를 확인하는 실험을 했습니다. 나중에 한 번은 이름을 듣게 될 텐데, 바로 '쿨롱의 법칙'입니다. 전하 사이에 작용하는 힘을 법칙으로, 즉 수식으로 만들었죠. 이 수식은 전하에도 뉴턴의 만유인력의 법칙이 그대로 적용된다는 것을 보여 주었습니다. 이후 자연계의 기본이 되는 네 가지 힘(중력, 전자기력, 강한 상호 작용, 약한 상호 작용)을 이해하는 토대를 마련했습니다.

1780년에는 전하의 존재를 아는 것을 넘어 전하가 흘러서 전류가 만들어진다는 것을 발견했습니다. 이탈리아의 해부학 교수였던 갈바니는 개구리를 해부하다가 뒷다리 근육이 두 금속(아연과 구리)에 붙었는데 갑자기 수축하는 것을 보고 이상하게 생각했습니다. 이후 전류가 흐른다는 사실이 확인됐습니다.

손대지 않고 은박 구를 굴릴 수 있을까?

전기력은 전기를 띤 두 물체 사이에 작용하는 힘입니다. 같은 종류의 전기를 띤 물체끼리는 밀어내고(척력), 다른 종류의 전기를 띤 물체끼리는 끌어당깁니다(인력). 전기는 두 종류밖에 없어요. (+)이거나 (−)예요. 이를 전하라고 부르며, 양전하(+)와 음전하(−)로 이야기합니다. 음전하는 전자와 같은 말이에요.

전기에서 꼭 기억해야 할 가장 중요한 사실이 있습니다. 양전하와 음전하 중에 움직일 수 있는 존재는 음전하, 즉 전자뿐입니다. 전자를 뺏기면 상대적으로 (+)가 많아져서 양극을 띠고, 전자를 얻으면 상대적으로 (−)가 많아져서 음극을 띕니다.

우리 주변에 있는 물체는 대부분 가만히 있는 상태에서는 전기를 띠지 않습니다. 그런데 두 물체를 문지르면 전기가 생기는데, 이를 마찰 전기라고 합니다. 마찰 전기가 생기는 이유도 전자가 움직였기 때문이지요. 플라스틱 막대와 털가죽을 서로 문지르면 플라스틱 막대는 (−)전기를 띠고, 털가죽은 (+)전기를 띠는데, 이는 털가죽에 있던 전자가 플라스틱 막대로 이동했기 때문입니다.

　전기를 만드는 방법은 마찰을 일으키는 것 외에 또 있습니다. 접촉하지 않고 가까이 두는 것만으로도 물체가 전기를 띠게 만들 수 있습니다. 이런 현상을 '정전기 유도'라고 말합니다.

　(−)를 띠고 있는 물체가 있다고 합시다. 이렇게 (−)나 (+)를 띤 물체를 대전체라고 부릅니다. (−)를 띤 대전체를 한 물체에 가까이 갖다 댑니다. 그러면 대전체와 가까운 쪽에는 양전하들이 몰려들고, 반대쪽에는 음전하들이 몰리게 됩니다. 같은 극끼리는 밀어내고, 다른 극끼리는 끌어당기는 원리 때문이죠.

　이때 대전체를 갖다 대는 물체가 금속이면 좋습니다. 금속은 음전하(전자)의 이동이 자유롭거든요. 그래서 대전체의 극에 따라 전자들이 이리저리 잘 움직입니다. 만약 대전체를 금속에 완전히 접촉하면 금속은 대전체와 같은 전하로 대전됩니다.

　정전기 유도로 마술도 부릴 수 있습니다. 정전기 유도가 접촉하지 않고도 일어난다는 점을 이용하는 겁니다. 알루미늄 포일을 뭉쳐서 은박 구를 만들어 볼게요. 손을 대지 않고 은박 구를 굴러가게 할 수 있습니다. (−)를 띤 대전체(빨대도 좋고 주변에서 쉽게 구할 수 있는 것이면 뭐든 좋습니다)를 은박 구에 가까이 하면 은박 구가 대전체 쪽으로 끌려옵니다. 정전기 유도에 의해 대전체에 가까운 은박 구에 (+)가 몰리면서 서로 끌어당기는 힘이 작용하기 때문이죠. 마찬가지로 알루미늄 캔 가까이 (−)를 띤 대전체를 대면 알루미늄 캔이 대전체 쪽으로 움직입니다.

교과서에는 검전기라는 게 나올 겁니다. 검전기는 정전기 유도를 눈으로 확인할 수 있도록 만든 실험 기구인데, 금속판과 금속 막대기가 연결되어 있고, 금속 막대 끝에 가벼운 금속박 두 장이 붙어 있습니다. 금속판 가까이에 (-) 대전체를 가까이 하면 검전기에 어떤 일이 생길까요?

금속판은 (+)극이 되고, 전자는 대전체의 (-)와 멀어지기 위해 금속 막대를 통해 금속박으로 이동합니다. 결과적으로 금속박 두 장에는 (-)극이 분포하게 되고, 이로 인해 서로 밀어내는 힘이 작용하면서 양쪽으로 벌어지게 됩니다. (+) 대전체를 가까이 하면 금속판에는 (-)극이, 금속박에는 (+)극이 생기지만 금속박이 서로 밀어내면서 벌어지는 현상은 동일하게 나타납니다.

검전기로 알아보는 정전기 유도

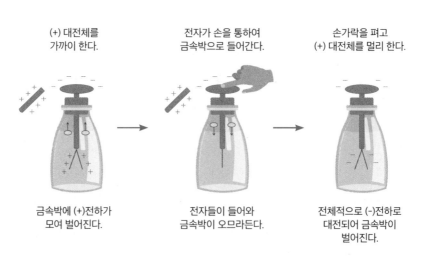

(+) 대전체를 가까이 한다.
금속박에 (+)전하가 모여 벌어진다.

전자가 손을 통하여 금속박으로 들어간다.
전자들이 들어와 금속박이 오므라든다.

손가락을 펴고 (+) 대전체를 멀리 한다.
전체적으로 (-)전하로 대전되어 금속박이 벌어진다.

이제 전하가 움직여서 만들어지는 전류를 봅시다. 앞에서도 이야기했지만, 양전하와 음전하(전자) 중에서 움직일 수 있는 건 전자뿐입니다. 그러니 전류는 전자의 흐름입니다. 전지에서는 전자가 어느 방향으로 움직일까요. (+)극에서 (−)극으로 움직입니다.

그런데 자꾸 헷갈리게 만드는 요인이 하나 있습니다. 전류의 방향은 전자가 움직이는 방향과 같아야 하는데, 몇백 년 전에는 전자가 움직이는 게 전류라는 사실을 몰랐기 때문에 양전하가 움직인다고 생각했습니다. 그래서 양전하의 이동 방향을 전류의 방향으로 정했죠. 그러다 보니 전지에 도선을 연결하고 전류의 방향을 표시하면 전지의 (+)극에서 나와 도선을 지나 (−)극으로 들어가는 방향으로 표시했습니다. 사실 전자의 흐름은 이와 반대이죠.

개인적으로 지금 교과서에서 굳이 전류의 방향과 전자의 이동 방향이 반대라는 사실을 알려 주는 건 큰 의미가 없다고 생각하지만, 전류의 방향에는 전류라는 존재를 알아내기 위한 과학자들의 역사가 담겨 있으니 '전류의 방향과 전자의 이동 방향은 반대다.'라고 기억하면 됩니다.

전류의 단위는 암페어(A)로 표시합니다. 프랑스 물리학자인 앙드레 마리 앙페르의 이름을 딴 것입니다. 전류가 나오면 필연적으로 같이 나오는 전압은 볼트(V), 도선의 저항은 옴(Ω)이라는 단위를 씁니다. 모두 과학자의 이름에서 따온 거예요. 볼트는 이탈리아 물리학자 알렉산드로 볼타에서, 옴은 독일의 물리학자 게오르크 옴이랍니다.

전압은 전류를 흐르게 하는 능력이에요. 전지가 전류를 흐르게 하잖아요. 전자를 계속 움직이게 해서 전류를 만드는 것이죠. 그래서 전지의 단위는 볼트(V)로 나타냅니다. 전지 수명이 다했다는 뜻은 전자를 더는 흐르게 만들지 못한다는 뜻과 같은 말입니다.

전류와 전압이 나오면 저항도 알아야 합니다. 저항은 말 그대로 무엇인가를 못하게 만드는 정도를 말합니다. 바닥에 공이 굴러가다가 멈추는 것은 마찰력이 저항으로 작용하기 때문이죠. 전기에서는 전류의 흐름을 방해하는 게 저항입니다. 저항이 생기는 이유는 전자가 움직일 때 방해물이 있기 때문이에요. 전자가 도선을 따라서 아무런 방해 없이 움직일 수 있다면 저항은 0일 겁니다. 그런데 일단 (+)전하가 자기 자리에 버티고 있죠. 이게 모두 저항의 요소입니다. 그래서 도선에 전압을 걸어 전류를 흐르게 하면 무조건 저항이 생깁니다.

전압, 전류, 저항의 관계는 식 하나만 기억하면 됩니다. 오랫동안 실험한 결과 V(전압)=I(전류)×R(저항)으로 나타났습니다. 이 식만 있으면 전류= $\frac{전압(V)}{저항(R)}$, 저항= $\frac{전압(V)}{전류(I)}$ 이렇게 필요한 상황에 맞춰서 바꾸면 됩니다. 이 식은 '옴의 법칙'으로 불리는데, 그만큼 저항이 중요하다는 뜻이지요.

옴의 법칙을 한번 해석해 볼까요? 저항이 일정할 때 전압이 커지면 전류의 세기도 커집니다. 회로에서 저항을 나타내는 것은 불이 들어오는 전구(필라멘트)로 생각하면 돼요. 전류의 세기는 전압에는 비례하지만, 저항에는 반비례합니다. 또 저항은 전압에는 비례하지만, 전류에는 반비례해요.

멀티탭은 직렬연결일까, 병렬연결일까?

옴의 법칙이 나오면 항상 따라 나오는 게 있습니다. 직렬연결과 병렬연결입니다. 전압(전지)과 저항(전구)에 도선(전류)을 어떤 방식으로 연결하느냐에 따라 전구가 밝아지기도 어두워지기도 합니다. 직렬연결은 말 그대로 일렬로 연결하는 겁니다. 병렬연결은 층층이 쌓는 것처럼 연결한다고 생각하면 되고요.

직렬연결부터 살펴볼게요. 전구 2개나 3개를 직렬로 연결합니다. 직렬연결에서는 전구가 늘어날수록 회로 전체의 저항은 커집니다. 전구가 2개면 저항은 2배, 전구가 3개면 저항도 3배가 되는 거지요. 전지의 전압은 변하지 않고 그대로이니 저항이 커지면 회로의 전체 전류는 작아집니다. 그래서 전구가 1개일 때보다 2개, 3개로 전구 개수가 늘어날수록 전구의 밝기는 어두워집니다. 전구가 전압을 나눠 갖는다고 기억하세요. 또 전구와 전구 사이에 회로를 끊으면 모든 전구의 불이 꺼집니다. 도선이 중간에서 끊어져 전자가 이동하지 못하기 때문이에요.

이번에는 병렬연결을 살펴볼게요. 전구를 병렬로 2개, 3개 연결하면 각 전구에 걸리는 전압은 모두 똑같습니다. 그래서 병렬연결은 전구를 몇 개 연결하더라도 전구의 밝기는 변하지 않아요. 회로 전체에 걸리는 저항은 작아집니다. 그래서 회로 전

옴의 법칙과 체지방 측정

옴의 법칙을 실제로 활용한 사례가 있습니다. 체지방 측정기예요. 체지방 측정기는 기기에 올라가서 양쪽 손잡이를 잡고 1~2분 정도 서 있으면 화면에 지방, 근육 등이 얼마나 있는지 나타내는 숫자가 뜹니다. 그냥 손잡이만 잡고 있었을 뿐인데 어떻게 이런 숫자들이 측정되는 걸까요. 우리 몸의 70% 정도가 물로 이루어져 있습니다. 그 외에는 지방 세포 등 물이 없는 다른 성분들로 이뤄져 있죠. 그래서 몸에 아주 약한 전류를 흘려주면 물이 있는 부위는 전류가 쉽게 흐르는데(감전이 될 수 있으니 조심해야 해요) 수분이 없는 지방에는 전류가 흐르기 어려워 저항이 커집니다. 저항이 크다는 것은 지방이 많다는 뜻이에요. 근육은 70% 이상이 수분이어서 저항이 작으면 근육이 많은 것이고요. 이렇게 저항을 이용해 몸의 체지방을 측정합니다.

체의 전류는 커지죠. 병렬연결의 특성상 전구 1개를 지나는 도선을 끊어도 그 전구만 불이 꺼질 뿐 다른 도선에 있는 전구는 계속 불이 켜져 있습니다.

직렬연결과 병렬연결의 특성은 실생활에 바로 활용됩니다. 집에서 사용하는 전기 기구들은 어떻게 연결해야 할까요? 우리나라는 220V를 표준 전압으로 사용하고 있습니다. 텔레비전, 냉장고, 세탁기도 모두 220V일 때 정상적으로 작동하죠. 이 이야기는 집에서 사용하는 전기 기구들의 플러그를 꽂는 회로는 모두 병렬로 연결되어 있다는 뜻입니다. 멀티탭도 병렬연결을 활용한 사례입니다. 만약 직렬연결이라면 멀티탭 구멍 수만큼 220V 전압을 나눠 가져야 하니 제대로 사용할 수 없겠죠.

직렬연결은 안전이 중요한 경우에 주로 쓰입니다. 회로가 끊어지면 전구가 모두 나가잖아요. 집마다 '두꺼비집'이라고 불리는 전기 개폐기가 설치되어 있습니다. 여기에 퓨즈가 있는데, 퓨즈가 끊어지면 집 안의 모든 가전 기구에 전달되는 전기가 한꺼번에 끊어집니다. 바로 직렬연결이 되어 있기 때문이죠. 퓨즈는 전류가 과하게 흐르면 가장 먼저 끊어져서 화재가 나는 것을 예방합

한국은 220V, 미국은 110V

해외여행을 갈 때 다른 나라의 전압을 확인해야 합니다. 나라마다 표준 전압이 다르기 때문이에요. 우리나라는 220V를 표준 전압으로 사용하고 있습니다. 송전선에서 집으로 들어오는 전압의 크기가 220V라는 뜻이에요. 그런데 미국은 110V를, 일본도 110V를, 영국은 240V를 표준 전압으로 쓰고 있습니다. 110~250V까지 나라마다 달라요.

나라마다 표준 전압이 다른 이유는 기술 발전에 따른 역사적인 상황의 결과물입니다. 200V대의 높은 전압이 에너지 효율이 높습니다. 쉽게 말해 송전선을 타고 들어올 때 저항 때문에 전기가 어느 정도는 손실될 수밖에 없는데, 110V일 때보다 220V일 때 전기 손실이 적습니다.

처음 전력 산업이 발전한 미국에서는 110V를 사용했습니다. 일본도 마찬가지였고요. 우리나라도 처음에는 미국과 일본의 영향을 받아 110V를 표준 전압으로 사용했는데, 에너지 효율이 낮아 220V로 높이는 작업을 했습니다. 이 작업이 1973년부터 2005년까지 이뤄졌고, 비용만 1조 4,000억 원이 들었습니다.

미국은 지금도 110V를 사용하고 있는데, 200V대로 높이고 싶어도 모든 시설을 높은 전압에 맞춰야 하고 세탁기, 냉장고, 텔레비전, 휴대전화 등 전기 제품을 만드는 기업도 이를 맞추려면 천문학적인 비용이 들어가기 때문에 쉽게 할 수 없는 상황입니다.

니다. 또 크리스마스트리에 설치하는 전구는 직렬연결이 되어 있죠. 그래서 한꺼번에 켜고 끌 수 있습니다.

이제 이렇게 기억해 볼게요. 저항(전구)을 직렬로 여러 개 연결하면 회로 전체에 흐르는 저항의 크기는 커지고(저항을 더한 것처럼) 전류의 세기는 작아진다. 저항(전구)을 병렬연결하면 저항에 걸리는 모든 전압의 크기는 같고, 그래서 전체 저항은 작아지고 전체 전류의 세기는 커진다. 전압이 일정할 때 저항과 전류가 반비례 관계라는 점을 기억해 두세요.

직렬연결과 병렬연결

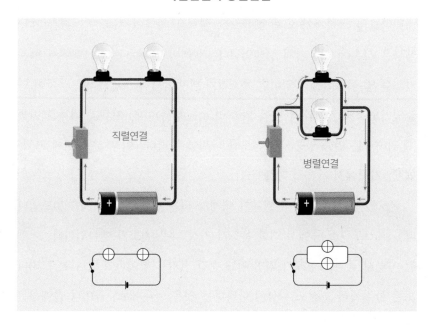

'웃음 가스'로 저항을
없앨 수 있을까?

전류가 흐르면 저항이 생길 수밖에 없습니다. 자연의 법칙입니다. 그런데 과학은 항상 더 이상적인 발전을 거듭해 왔습니다. 과학자들은 저항을 없애는 방법을 오랫동안 고민했죠. 저항만 없다면 전기 손실이 없으니 발전 효율도 높아지고 모든 게 이득일 테니까요. 그래서 연구되기 시작한 게 초전도입니다.

초전도는 전기 저항이 0에 가까워지는 현상입니다. 초전도는 1911년 네덜란드의 과학자가 액체 헬륨으로 실험을 하다가 처음 발견했습니다. 헬륨은 상온에서는 기체 상태입니다. 텔레비전 예능 프로그램에서 헬륨 가스를 넣은 풍선을 흡입하면 목소리가 바뀌어서 우스꽝스러운 상황이 연출되기도 하죠? 그래서 '웃음 가스'라고도 부릅니다. 기체를 액체로 만들기 위해서는 열을 방출시켜 온도를 낮춰야 합니다. 이 부분은 뒤에 고체, 액체, 기체에서 자세히 다룰게요.

온도를 낮추고 낮춰서 헬륨이 액체가 되는 온도가 영하 약 270도입니다. 참고로 원소 중에서 액화 온도가 가장 낮은 원소가 헬륨입니다. 어쨌든 이렇게 극저온 상태가 되면 어느 순간 전기 저항이 0이 됩니다. 그러나 모든 물질에서 초전도 현상이 나타나는 것은 아니에요. 금이나 은에서는 초전도 현상이 나타나지 않습니다.

과학자들은 온도를 극도로 낮췄을 때 초전도 현상이 나타나는 물질을 찾아냈고, 이를 이용해 저항이 없이 전류를 흘리기 위한 기술도 개발했습니다. 발전소에서 만든 전기 에너지는 송전선을 통해 일반 가정집까지 보내는 과정에서 저항 때문에 전기 손실이 많이 일어납니다. 만약 이를 초전도 케이블로 바꾸면 저항을 대폭 줄일 수 있답니다.

이미 국내에서는 이런 초전도 송전 기술이 일부 구간에 적용되어 있습니다. 일반 송전선인 구리 케이블 대신 초전도 케이블을 써서 전기를 보내면 낮은 전압으로 훨씬 많은 전력을 보낼 수 있습니다. 전선의 저항을 0에 가깝게 없앴기 때문이에요. 우리나라의 초전도 케이블 기술은 세계 최고 수준으로 꼽힙니다. 수십 년 뒤에는 모든 송전선이 초전도 케이블로 바뀔지도 모릅니다. 그러면 지금보다 전기 사용 효율이 좋아지고, 궁극적으로 발전소에서 생산한 같은 양의 전기를 더 많이 쓸 수 있게 되어 친환경적인 일입니다.

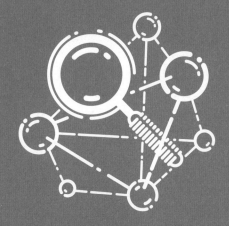

자기

04

전류는 자기장을 형성한다

⋮

자석의 힘

전기와 자기는
한 몸처럼 움직인다

전기와 한 몸처럼 붙어 다니는 존재가 있습니다. 바로 자기입니다. 전기가 있는 곳에 자기가 있고, 자기가 있는 곳에 전기가 있습니다. 그래서 '전자기'라는 한 단어로도 불립니다. 영국의 제임스 맥스웰은 전기와 자기를 통합한 과학자랍니다.

자기장이 지구를 지켜줘요

자기는 말 그대로 자성을 띤 상태를 말합니다. 그리고 자기장은 이런 자성을 띤 물체가 만드는 자기력이 작용하는 공간입니다. 자기력에 대한 개념은 나침반을 만들어 사용했을 때부터 알려져 있었습니다. 15세기 말 콜럼버스가 아메리카 신대륙을 발견할 수 있었던 가장 큰 이유 중 하나는 나침반이었습니다.

나침반은 어디에 놓든지 상관없이 정확히 동서남북을 알려줍니다. 나침반의 바늘은 어떻게 방향을 가리킬 수 있는 것일까요? 지구가 하나의 거대한 자석이기 때문입니다. 콜럼버스가 망망대해에서 나침반을 이용해 방향을 찾을 수 있었던 것도 사실은 지구가 자석이기 때문에 가능했던 거죠.

지구가 자석의 성질을 갖고 있다고 하니 흥미롭죠? 과학자들은 오랫동안 그 이유를 궁금해 했고, 정말 많은 연구가 이뤄졌습니다. 지구의 내부 구조는 안쪽에서부터 고체 상태의 내핵과 액체 상태의 외핵, 그리고 딱딱한 맨틀과 지각으로 이뤄져 있습니다. 현재는 액체 상태의 외핵을 이루는 성분이 대부분 금속이고 이들이 지구 자전에 의해 회전하면서 지구 자기장을 만드는 것으로 생각하고 있습니다.

지구가 하나의 거대한 자석이어서 지구 주변에는 자기장이 형성됩니다. 이를 지구 자기장, 줄여서 '지자기'라고 부릅니다. 지자기는 인류가 생명을 유지하는 데 없어서는 안 될 존재입니다. 태양에서 날아오는 엄청나게 빠르고 많은 입자를 지구 자기장이 막아주고 있으니까요. 만약 지구에 이런 입자를 막아 줄 보호막이 없다면 인류는 살아남지 못했을 것이고, 진화하지도 않았을 거예요.

태양에서 입자들이 지구를 향해 날아온다는 걸 알 수 있는 방법이 있습니다. 지구 북극 근처에서는 하늘에 오로라가 종종 나타나는데, 오로라가 바로 태양 입자와 지구 자기장이 충돌해서 생긴 현상입니다. 대부분의 태양 입자는 지구 자기장에 부딪치면 다시 우주로 튕겨 나가는데, 극히 일부가 북극이나 남극에 형성된 골짜기를 통해 들어오면서 지구 대기권과 충돌해서 오로라를 만듭니다.

지구 자기장

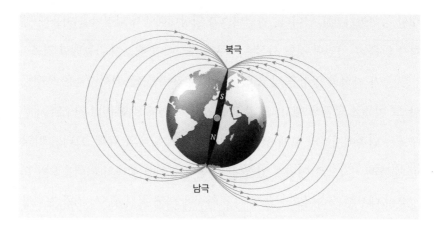

지구의 위성인 달은 어떨까요. 달은 이런 자기장을 갖고 있지 않습니다. 그래서 달에 가면 태양에서 날아오는 각종 입자에 그대로 노출됩니다. 숨을 쉬기 위해서라도 우주복을 입어야 하지만 이런 입자로부터 몸을 지키기 위해서라도 우주복은 필요하죠.

또 한 가지, 지금은 지구의 북극(N)과 남극(S)이 현재와 같은 모습이지만 아주 오래전 지구 자기장의 N극과 S극이 뒤바뀐 적이 있었던 것으로 추정됩니다. 이를 '지구 자기장 역전'이라고 부릅니다. 암석을 연구하던 과학자들이 암석의 자력을 조사했는데, 이 암석에서 자력이 역전된 현상을 발견하면서 지자기 역전이라는 현상도 알려졌습니다. 게다가 연구를 거듭하면서 지구가 생긴 이래 지자기 역전이 한 번이 아니라 여러 번 있었다는 사실도 확인되었죠.

한때 종말론자들은 지구 자기장이 바뀌면서 보호막의 두께가 약해져 태양에서 날아오는 입자들이 곧바로 지구로 날아오고, 이로 인해 지구가 멸망할 것이라고 주장하기도 했습니다. 하지만 과학자들의 연구에 의하면 지구 자기장 역전은 단 몇 달, 몇 년의 짧은 기간에 발생하는 것이 아니라 수천 년 혹은 그 이상의 오랜 시간에 걸쳐서 나타나는 거라고 합니다. 종말론에는 아무런 과학적 근거가 없는 셈이에요.

선풍기 날개는 어떻게 돌아갈까?

자기장은 나침반 바늘의 N극이 가리키는 방향이고, 자기장은 N극과 S극에 가까워질수록 커집니다. 막대자석 주변에 철가루를 뿌리면 N극과 S극 주변에는 철가루가 빽빽하게 붙고 그 외에는 이보다 덜한데, 이를 통해 극 주변에서 자기장이 더 세다는 사실을 알 수 있습니다. 자기장 역시 눈에 보이지 않기 때문에 철가루처럼 눈에 보이는 물질을 이용해야 확인할 수 있고, 간단히 선으로 나타내기도 합니다.

전기와 자기가 한 몸이라고 이야기했는데, 전류가 흐르고 있으면 그 주변에는 자기장이 생깁니다. 도선을 나선 모양이나 원통형으로 감아 놓은 것을 코일 또는 솔레노이드라고 부르는데, 코일에 전류가 흐르면 그 주위에 자기장이 생깁니다. 코일에 흐르는 전류의 방향이 바뀌면 자기장의 방향도 바뀌죠. 즉 N극의 방향이 바뀐다는 뜻입니다. 나침반에서 바늘의 방향을 확인하면 금방 알 수 있습니다.

전기와 자기가 서로 관련이 있다는 사실은 1800년대에 처음 확인되었습니다. 덴마크의 물리학자인 한스 외르스테드가 철사에 전류를 흘렸더니 주위에 있던 나침반 바늘이 움직이는 현상을 발견했습니다. 철사에 전류가 흐르지 않으면 나침반 바늘도 움직이지 않죠. 전류가 흐르면, 즉 전자가 움직이면 자기장이 생깁니다. 여기서 핵심은 전자가 움직인다는 겁니다. 전자가 가만히 있으면 자기장은 생기지 않습니다. 전자가 움직여야, 전류가 흘러야 자기장이 생깁니다.

자기장이 있는 곳에 전류가 흐르는 도선을 놓으면 도선이 힘을 받아 움직입니다. 콘센트에 플러그를 꽂아 선풍기에 전기를 흘렸을 뿐인데 선풍기 날개는 어떻게 돌아가는 걸까요. 자기장에서 전류가 흐르는 도선을 놓으면 힘을 받는데, 자기장이 클수록, 전류가 세게 흐를수록 이 힘도 커집니다. 자기장의 방향과 전류의 방향을 조정하면 힘을 받는 방향도 바뀌는데, 바로 전동기(모터)입니다.

선풍기의 날개에 연결된 목 부위를 분해하면 전동기를 확인할 수 있습니다. 전동기를 간단히 설명하면 자석 사이에 코일을 넣어 놓은 구조입니다. 전기를 꽂아 코일에 전류가 흐르면 코일 사이에 작용하는 자석의 자기로 코일이 회전하면서 날개가 돌아갑니다. 선풍기뿐 아니라 세탁기, 엘리베이터에도 같은 원리의 전동기가 사용됩니다.

영국의 과학자인 마이클 패러데이가 전동기를 처음 발명했습니다. 그는 19세기를 대표하는 과학자인데, 정규 교육을 받지 않고 독학으로 천재적인 발견을 해 낸 인물로도 유명합니다. 실험을 좋아해서 당시 유명한 화학자의 조수로 들어갔고, 외르스테드의 실험을 보고 전류가 흘러서 자기장이 생겼다면 거꾸로 자기장도 전류에 영향을 미치지 않을까 생각하기 시작했습니다. 그리고 결국 전자기 유도라는 엄청난 업적을 세웁니다. 전지(전류)가 자기를 만든다면 자석도 어떤 방법으로든 전기장을 만들 것이라고 생각했고, 결국 이런 전자기 유도가 일어난다는 사실을 확인한 겁니다.

전자기 유도 역시 '움직인다'는 사실이 중요합니다. 즉 전류는 전하의 흐름(운동하는 전하)이며, 전하가 자기장을 만들 때 운동이 결정적인 요소입니다. 마찬가지로 전기 회로 옆의 자석이 정지하고 있으면 아무 일도 일어나지 않지만, 자석을 조금이라도 움직여 주면 그 회로에 전류가 생깁니다.

간이 발전기는 이를 이용해 만들었습니다. 자석 사이에 코일을 감은 철심을 놓고 이 철심을 회전시키는 것만으로도 전류가 생깁니다. 전기가 만들어지는 거지요. 우리가 사용하는 수많은 가전제품이 패러데이의 전자기 유도를 이용한 셈입니다.

패러데이의 업적은 이후 맥스웰에 의해 완성됩니다. 맥스웰은 전자기장 이론을 정립한 과학자로 평가받습니다. 전자기 법칙을 수식으로 만들었고, 이를 통해 빛도 전자기파라는 사실을 입증했습니다. 이 이야기는 뒤에 빛을 다루면서 좀 더 자세히 다루겠습니다.

시속 1000KM로 달리는
열차가 있을까?

전기에서 초전도 현상을 이용한 초전도 케이블이 있는데 자석에서도 초전도 자석이 있습니다. 자석은 같은 극끼리 밀어내고, 다른 극끼리는 잡아당깁니다. 열차 바닥과 선로를 같은 극의 자석으로 만들면 열차와 선로가 서로 밀어내서 열차가 떠서 달릴 수 있지 않을까 하며 시작된 게 자기 부상 열차입니다.

수백 톤이 넘는 열차를 선로에 띄우려면 엄청나게 강한 자석이 필요할 것입니다. 쇠막대를 코일로 감싼 전자석에 엄청나게 센 전류를 흘려보내야 하는데, 코일이 녹기 쉬우니까요. 이를 해결한 것이 초전도 자석입니다. 초전도 자석에 사용되는 코일은 전기 저항이 거의 없어 아무리 강한 전기를 보내도 저항이 생기지 않아 전선이 녹지 않습니다.

열차를 앞으로 달리게 만드는 것도 초전도 자석입니다. 열차 바닥에는 선로와 같은 극의 초전도 자석을 붙이고, 열차 앞의 선로에는 다른 극의 초전도 자석을 붙이는 겁니다. 이렇게 하면 서로 다른 극에 이끌려 계속 앞으로 움직일 수 있지만, 선로에는 붙지 않고 떠서 갈 수 있습니다.

인천공항 주변에는 무인으로 운행하는 자기 부상 열차가 다니고 있습니다. 테슬라와 스페이스X의 최고경영자(CEO)인 일론 머스크는 진공 상태의 터널에서 공기 저항마저 없애고 여기에 초고속 자기 부상 열차를 띄워 시속 1000km로 달리는 '하이퍼루프' 개발을 추진하고 있습니다. 국내에서도 한국철도기술연구원이 '하이퍼튜브'라는 초고속 자기 부상 열차를 개발하고 있습니다.

초전도 자석은 병원에도 있습니다. 온몸을 구석구석 스캔하는 자기공명영상장치(MRI)는 초전도 자석 덩어리입니다. MRI 안에는 초전도 자석이 들어 있는데, 자석이 자기장을 형성하면 우리 몸의 70%를 차지하는 물에 들어 있는 수소 원자핵(양성자)이 변화(자기공명)를 일으키고 그 변화를 사진으로 기록한 게 MRI입니다. 2003년에는 이렇게 초전도체의 원리를 이론적으로 규명한 물리학자들이 노벨 물리학상을 받기도 했습니다.

빛

05

빛과 색의 연관성

:

알록달록한 색은 어떻게 만들어지는 걸까?

빛은
색깔이 있나요?

색이란 무엇일까요? 왜 사과는 빨갛고, 귤은 주황색이며, 물은 투명할까요? 빛의 본질과 관련된 이 질문은 2000년 전 고대 그리스 시대부터 이어졌습니다. 이 질문에 대한 만족스러운 답은 1700년대에 이르러서야 나왔습니다.

사과는 왜 빨강게 보일까요?

그리스 철학자 아리스토텔레스는 물체를 볼 수 있는 이유가 빛과 눈이 있기 때문이라고 생각했습니다. 눈을 감으면 아무것도 보이지 않듯 어둠 속에서는 어떤 물체도 보이지 않을 뿐 색 자체가 사라지는 건 아니라는 거였죠. 색이 없어지는 게 아니라 빛이 없어서 우리 눈에 보이지 않는 것이라는 설명이었습니다.

당시 아리스토텔레스와 완전히 다른 설명을 하는 철학자도 있었습니다. 데모크리토스는 빛이 없으면 색깔도 없어진다고 주장했습니다. 세상이 원자와 진공으로만 이뤄져 있다고 설명해 원자론자로 불렸는데, 이런 관점에서는 색은 원자가 감각 기관(눈)과 상호 작용으로 생긴 결과여야 했습니다. 빛을 이루는 원자가 물체에 부딪치고, 그것이 다시 눈에 들어와 우리 눈을 자극해서 색이 보인다는 겁니다. 그러니 빛이 없는 캄캄한 어둠에서는 물체의 색도 존재할 수 없는 것이죠.

현대 물리학에서는 물체를 보려면 눈과 빛이 있어야 한다고 설명합니다. 태양, 촛불, 형광등처럼 스스로 빛을 내는 물체(광원)는 이 빛이 눈에 직접 들어와서 그 물체를 볼 수 있지요. 스스로 빛을 내지 못하는, 광원이 아닌 물체의 경우에는 광원에서 나온 빛 중에서 물체에 반사된 빛이 눈에 들어와서 물체가 보이는 겁니다. 색도 이때 빛이 반사되는 정도에 따라서 생기지요. 우리가 책을 읽을 수 있는 이유는 햇빛이 책에 반사된 뒤 눈에 들어오기 때문에 책에 있는 글씨를 볼 수 있는 겁니다.

태양처럼 달도 늘 우리 눈에 보이기 때문에 스스로 빛을 낸다고 생각하기 쉽지만, 달이나 지구는 모두 스스로 빛을 낼 수 없습니다. 이런 천체를 행성이라고 부릅니다. 반면 태양은 스스로 빛을 내는 별, 즉 항성입니다. 달이 밝게 빛나는 이유는 태양 빛에 반사된 부분이 우리 눈에 보이기 때문이죠.

현대 물리학의 관점에서는 데모크리토스의 설명이 훨씬 더 근대적입니다. 하지만 당시 데모크리토스와 같은 원자론을 펼치던 사람들은 무신론자로 낙인찍혀 위험한 부류로 인식되었고, 시간이 지나면서 이들의 주장도 잊혀졌습니다. 대신 아리스토텔레스의 주장대로 색은 물체의 본질적인 성질이 되었지요. 안타깝게도 아리스토텔레스주의가 오랫동안 과학의 주류로 인정받으면서 1600년대 과학 혁명이 시작돼서야 빛에 대한 제대로 된 과학적 논의가 이뤄졌습니다.

참고로 그간 아리스토텔레스주의를 포함해 절대적인 진실처럼 받아들여지던 이론들이 산산이 부서지고 엄밀하고 수식으로 설명 가능한 법칙들만이 자연과 우주를 설명하게 되었습니다. 이는 당시 사회적, 인식론적으로도 혁명에 비유될 만큼 엄청난 변화를 불러일으켰기 때문에 후대에서는 '과학 혁명'으로 부르고 있습니다. 과학 혁명의 정점을 찍은 인물이 뉴턴입니다.

과학 혁명이 시작되면서 아리스토텔레스주의에 대한 공격이 시작되었습니다. 천동설(지구가 우주의 중심이고 정지해 있으며 태양을 포함해 다른 모든 천체들이 지구 주위를 돈다는 이론)은 코페르니쿠스의 지동설(태양이 우주의 중심이며 지구도 태양 주위를 돈다는 이론)이 등장하면서 산산이 부서졌습니다. 물체의 운동 법칙은 갈릴레오 갈릴레이가 뒤집었고, 피가 간에서 만들어진다는 가설 대신 피가 순환한다는 주장이 등장해 생리학과 의학에서도 새로운 과학이 등장했습니다.

아리스토텔레스가 무너지면서 데모크리토스의 학설이 다시 주목받기 시작했습니다. 특히 과학 혁명을 주도했던 과학자들은 기계적 철학이라는 체계를 토대로 세상에 존재하는 모든 것은 물질과 운동이며, 따라서 모든 현상을 물질과 운동으로 설명할 수 있다고 주장했습니다.

갈릴레오도 이런 초기의 기계적 철학자에 해당합니다. 갈릴레오는 아리스토텔레스주의자들의 설명이 틀렸다며, 색은 물체에 존재하는 성질이 아니라 물체에서 반사된 빛이 인간의 눈에 들어와 일으키는 감각이라고 주장했습니다. 하지만 천문학과 역학에 집중한 갈릴레오는 빛과 색에 대한 이론을 더 발진시키지는 않았습니다.

'보일의 법칙'으로 유명한 영국의 화학자 로버트 보일도 아리스토텔레스를 비판하며 원자론적 관점을 지지했습니다. 특히 실험을 통해 증거를 들이대며 조목조목 반박했지요. 만약 색이 물체에 내재한 고유한 성질이라면 불의 뜨겁다는 성질도 고유한 성질이어야 하는데, 뜨겁다는 것은 인간이 불에 신체를 가까이 댔을 때만 생기는 것인 만큼 인간이 없으면 뜨거움도 사라지는 감각일 뿐이라고 주장했습니다. 마찬가지로 색도 빛을 비춰야 물체에 생기는 것이지 어둠 속에서는 색이 존재하지 않는다고 주장했습니다.

'나는 생각한다, 고로 존재한다.'라는 명언으로 유명한 프랑스의 르네 데카르트는 색에 대해서 가장 체계적이고 이론적인 설명을 시도했습니다. 지금은 색이 빛의 굴절과 반사에 의해 만들어진다는 사실을 알고 있지만, 그 당시 데카르트는 무엇 때문에 물체마다 서로 다른 색이 존재하는지 설명하기 위해 오랜 시간 고민했습니다.

그리고 마침내 빛을 일종의 테니스공과 같은 입자에 비유해 흰색은 테니스공이 바닥에 닿은 뒤 튀는 것처럼 빛을 전부 반사해서 나타나는 색이라고 설명했습니다. 빛을 입자로 본 뒤 입자가 물체에 부딪힌 뒤 얻는 속도에 따라 눈의 망막을 자극하는 정도가 달라지고, 이에 따라 서로 다른 색으로 보인다는 겁니다.

뉴턴은 만유인력의 법칙으로 더 많이 알려져 있지만, 사실 빛과 색의 문제를 해결한 사람으로도 유명합니다. 뉴턴이 이 문제를 해결하기 위해 고안한 프리즘 실험은 과학의 역사에서 가장 결정적인 실험 중 하나로 꼽히는데, 그는 이 실험을 통해서 처음으로 빛이 스펙트럼을 이루고 있다는 사실을 알아냈습니다. 즉 햇빛이나 전등 같은 빛에는 모든 색의 빛이 혼합해서 포함돼 있는데, 이를 프리즘 실험을 통해 알아낸 것이지요.

뉴턴의 프리즘 실험은 검은색 종이에 구멍을 뚫어 이 구멍을 통과한 빛이 프리즘을 통과하게 했습니다. 이를 통해 빛이 스펙트럼을 이루고 있다는 사실이 확인됐죠. 이 스펙트럼 중 단색광(가령 보라색)을 다시 검은 종이의 작은 구멍으로 통과시키고 이를 두 번째 프리즘까지 통과시켜 단색광의 색에 따라 빛이 꺾이는 정도가 다르다는 사실도 확인했답니다.

뉴턴의 프리즘 실험 이후 오랫동안 과학자들을 괴롭혔던 색 문제는 해결됐습니다. 붉은색은 물체에 닿은 빛 중 붉은색을 유발하는 빛만 반사하고 나머지는 흡수하기 때문에 붉은색으로 보이고, 노란색은 노란색을 유발하는 빛만 반사하고 나머지를 흡수하기 때문에 노란색으로 보인다는 방식으로 모든 색을 설명할 수 있게 되었습니다.

그런데 사실 색에 대한 논쟁은 이후에도 계속 이어지기는 했습니다. 도대체 붉은색을 유발하는 빛이란 무엇인지, 푸른색에 해당하는 빛은 무엇인지와 같은 논의들이 다시 고개를 들었지요. 결국 색의 문제는 이후 빛의 본질에 대한 논의로 이어졌습니다. 그러면서 빛은 입자인지, 파동인지와 같은 문제를 놓고 과학자들 사이에 많은 논의가 오갔답니다.

뉴턴의 프리즘 실험

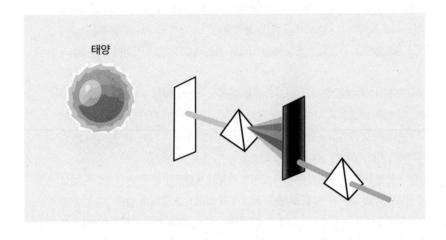

무지개와 프리즘 실험

모든 현상을 설명하는 것처럼 보였던 아리스토텔레스 이론이 유일하게 설명하지 못 하는 현상이 있었습니다. 바로 무지개입니다. 무지개는 한 가지 색이 아니라 여러 색이 동시에 나타납니다. 색이 물체의 본성이라고 설명하던 아리스토텔레스주의자들에게 무지개는 설명 불가능한 현상이었습니다.

물론 아리스토텔레스는 설명을 찾아내긴 했습니다. 공기 중의 물방울에 빛이 반사돼 무지개가 생기며, 무지개의 색이 붉은색에서 푸른색 순으로 점점 어두워진다는 점을 확인했습니다. 그래서 이를 토대로 무지개의 색은 빛과 물방울의 그림자가 적당히 혼합돼서 만들어진 것이라고 설명했지요. 그림자가 가장 조금 섞이면 붉은색, 가장 많이 섞이면 푸른색이라는 것입니다.

뉴턴도 무지개에 관심이 많았습니다. 자신의 몸을 이용해 직접 위험할 수도 있는 실험을 하기도 했습니다. 한쪽 눈을 감고 다른 눈으로 태양을 계속 쳐다보거나 자신의 눈 뒤를 뜨개질용 바늘로 꾹 눌러서 망막의 굴곡을 잠시나마 바꾼 뒤 시각에 왜곡이 일어나는지 겪어 본 겁니다. 그러다가 드디어 프리즘 실험을 하게 되었죠.

검은 종이에 구멍을 뚫고 이 구멍을 통과한 빛이 프리즘을 통과하게 한 뒤 여기서 얻은 빛을 다시 종이 구멍에 통과시켜 두 번째 프리즘을 지나게 했습니다. 그 결과 두 번째 구멍을 통과한 빛이 보라색이면서 붉은색보다 더 많이 꺾인 형태로 스크린에 나타났습니다. 이 실험을 통해 뉴턴은 프리즘을 통과할 때 꺾이는 정도에 따라 빛의 색이 다르다는 사실을 알아냈습니다. 그리고 이번에는 프리즘에 볼록 렌즈까지 추가해 실험을 했습니다.

첫 번째 프리즘에서 나누어진 빛을 볼록 렌즈를 이용해 다시 합쳤다가 이 빛이 두 번째와 세 번째 프리즘을 연속해서 지나게 했습니다. 그랬더니 세 번째 프리즘을 통과한 빛도 무지개 색으로 나뉘었습니다. 이는 첫 번째 프리즘을 통과한 빛과 똑같았습니다. 이를 통해 뉴턴은 햇빛에는 여러 색의 빛이 섞여 있다고 결론을 내렸죠. 또 아리스토텔레스주의자들의 주장처럼 색이 물체에 원래부터 있는 고유한 특성이 아니라 빛에 의해 나타나는 성질이라고 확신하게 되었습니다.

인간의 눈은
몇 가지 색을 구분할까?

서로 다른 색의 단색광을 적절히 합치면 여러 색을 만들 수 있습니다. 빨간색, 초록색, 파란색을 빛의 삼원색이라고 부르며, 이들 셋을 어떻게 조합하는지에 따라 여러 색이 만들어집니다. 빨간색과 초록색을 합치면 노란색이, 초록색과 파란색이 섞이면 청록색이, 파란색과 빨간색을 합치면 자홍색이, 빨간색과 초록색, 파란색을 모두 합치면 흰색인 백색광이 됩니다. 빨강, 파랑, 초록 세 가지 색이 빛을 구성하는 가장 기본적인 색이지요.

사실 이렇게 세 가지 색이 삼원색이 된 이유가 있습니다. 우리 눈의 망막에는 색을 감지하는 세 종류의 세포가 있는데, 이들이 각각 빨간색, 초록색, 파란색 빛에 반응하기 때문입니다. 이 세포 이름이 원추 세포입니다. 이들 원추 세포는 외부에서 빛이 들어오면 각각 색을 인식한 뒤 뇌로 신호를 보내고, 뇌가 이들 신호를 토대로 색을 합성해 다양한 색으로 인식합니다.

원추 세포 3개가 어떤 이유에서인지 제대로 역할을 못해 색을 구분하지 못 하는 사람이 있습니다. 이를 색각 이상이라고 부릅니다. 그중에서도 원추 세포 3개 중 1개가 기능을 상실해 원추 세포 2개로만 색을 구분하는 경우 색맹이라고 부릅니다.

적록 색맹의 경우 초록색을 인지하는 원추 세포가 적색과 가까운 빛을 인지하도록 변형돼 빨간색과 초록색을 구분하지 못합니다. 마찬가지로 청황 색맹의 경우 푸른색과 노란색을 구분하지 못하죠. 그래서 적록 색맹인 사람 중 일부는 운전 면허증을 받을 수 없습니다. 신호등에 사용되는 초록색과 빨간색을 구분하지 못하면 사고 위험이 커지니까요. 색약인 경우도 이 원추 세포 3개의 기능이 떨어져 상황에 따라 색을 잘 구분하지 못하는 경우를 말합니다.

인간의 원추 세포는 가시광선 영역의 빛만 감지할 수 있습니다. 하지만 인간 외에 다른 생명체는 종에 따라 적외선이나 자외선을 감지하는 경우도 있습니다. 뱀의 눈은 가시광선보다 파장이 긴 적외선 영역대를 볼 수 있습니다. 적외선은 보통 열선으로 불리는데, 뱀은 먹이가 발산하는 열을 느끼고 접근합니다. 벌은 가시광선보다 파장이 짧은 자외선 영역의 빛을 인식합니다. 또 벌을 포함한 곤충은 눈이 겹눈인데, 하나의 영상을 수천 개의 모자이크 형태로 봅니다.

또 어류, 양서류, 파충류, 조류 등 낮에 활동하는 주행성 척추동물은 색을 구분하지만, 포유류의 대부분은 색맹입니다. 말이나 소도 색을 구별하지 못하죠. 스페인 투우사가 빨간 망토를 휘둘러 소를 흥분시킨다고 하는데, 실제로 소는 빨간색과 검정색, 초록색을 구별하지 못합니다. 개도 마찬가지예요. 개는 연하고 짙은 회색과 밝은 초록색만 알아볼 수 있습니다. 개에게 총천연색 텔레비전을 보여줘도 개는 흑백 텔레비전을 보고 있는 셈입니다.

색의 삼원색은 빛의 삼원색과는 다릅니다. 잉크나 페인트 같은 물감은 시안(파란색과 초록색의 중간색), 마젠타(빨간색과 파란색의 중간색), 노란색이 삼원색입니다. 시안(Cyan), 마젠타(Magenta), 노랑(Yellow)의 앞글자를 따 이를 'CMY'라고 부르기도 합니다.

빛의 삼원색은 디스플레이 기술의 발전과도 깊은 관련이 있습니다. 휴대전화에 사진을 한 장 띄어 놓고 확대경으로 보면 검은색 바탕에 빛의 삼원색인 빨간색, 초록색, 파란색을 확인할 수 있습니다. 흰색 부분을 확대하면 빨강, 초록, 파랑 3가지 색이 다 들어 있지요. 또 노란색 부분을 확대하면 빨강과 초록을 볼 수 있습니다. 우리가 휴대전화 화면을 포함해 텔레비전 등 각종 전자 기기의 화면에서 선명한 총천연색을 볼 수 있는 건 디스플레이가 이런 빛의 삼원색을 이용해 다양한 색을 구현하기 때문입니다.

디스플레이는 전기 신호로 된 영상 정보를 빛의 신호로 변환하는 기기입니다. 물질은 에너지를 받으면 구성 원자의 전자들이 궤도를 옮기면서 에너지를 저장해요. 이렇게 되면 불안정한 상태이기 때문에 다시 안정적인 상태로 바뀌면서 에너지를 빛으로 내놓습니다. 디스플레이는 이런 빛을 이용해 다양한 모양을 표현하죠.

이 빛을 어떻게 만드는지에 따라 디스플레이의 종류가 결정됩니다. 우리가 LED(엘이디)라고 부르는 소자는 정식 명칭이 발광 다이오드인데, 전류를 빛으로 바꿔 주는 반도체 소자입니다. 'LE'가 빛을 방출한다(Light-Emitting)라는 뜻입니다.

LED는 질화갈륨 같은 화합물을 이용해 빛을 만드는데, 인류가 개발한 광원 중에서 가장 획기적인 발명품으로 불릴 만큼 쓰임새가 많습니다. 특히 기존의 백열등이나 형광등에 비해 전력 소모가 적고 수명이 길어서 요즘에는 대부분 LED 등을 씁니다. 디스플레이에 쓸 수 있도록 LED를 작게 만들면 훌륭한 광원이 되지요. LED-TV라고 불리는 제품은 빛을 내는 소자, 즉 광원으로 LED를 사용했다는 뜻입니다.

최근에는 이런 광원 기술이 발전을 거듭해 스스로 빛을 내는 소자도 개발되었습니다. LED에 유기 화합물이 붙은 OLED('올레드' 또는 '오엘이디')는 소자 자체가 빛을 만듭니다. 빛의 삼원색인 빨강, 초록, 파랑의 세 가지 형광체 유기 화합물을 사용해 스스로 빛을 내는 소자를 만든 것입니다. 애플의 아이폰 12 시리즈에는 OLED 디스플레이가 탑재됐죠.

지름이 머리카락의 1000분의 1 정도로 작은 나노 입자를 이용한 양자점(quantum dot; 영어를 한글로 그대로 읽어 '퀀텀닷'으로 부르기도 합니다)도 요즘 학계와 산업계에서 관심이 매우 뜨거운 최신 기술입니다. 양자점은 스스로 빛을 낼 수 있을 뿐만 아니라 매우 작은 나노 입자를 이용하기 때문에 색상을 섬세하게 표현할 수 있어 화질이 매우 뛰어난 디스플레이를 만들 수 있습니다.

LED와 OLED, 양자점이 등장하기 전에 디스플레이의 대세는 LCD('엘시디' 또는 '액정')였습니다. 처음으로 LCD를 적용하면서 디스플레이 두께가 얇아졌고 화면이 평평해졌죠.

LCD가 나오기 전인 1980년대 이전에는 '브라운관'으로 불리던 뒤가 뚱뚱한 텔레비전인 CRT밖에 없었습니다. CRT의 화면은 평평하지 않고 양 끝으로 갈수록 둥글게 휘어졌습니다. 또 '뚱뚱한 텔레비전'으로 불릴 만큼 부피가 컸습니다. 이를 획기적으로 바꾼 게 LCD였습니다. 지금도 여전히 노트북이나 텔레비전 등 전자 기기의 디스플레이에 LCD를 적용한 제품이 많습니다.

해리포터와 메타 물질

세계적으로 엄청난 인기를 끈 '해리 포터' 시리즈에는 눈을 번쩍 뜨이게 하는 마법 도구가 많이 나옵니다. 그중에서도 투명 망토는 주인공인 해리 포터를 위기의 상황에서 숨겨 주는 역할을 합니다. 투명 망토는 해리 포터 시리즈 외에도 여러 SF 소설에서 자주 등장할 만큼 인간의 상상력을 자극하는 대표적인 기술입니다.

투명 망토도 빛과 관련이 있습니다. 우리가 물체를 보는 것은 물체에서 반사된 빛을 보는 거예요. 만약 빛을 휘어지게 만들어 물체에 닿지 않는다면 그 물체를 볼 수 없을 겁니다. 즉 그 물체 뒤에 있는 물체에 닿은 빛만 우리 눈에 들어오게 하면 마치 물체에 투명 망토를 씌운 것처럼 그 물체는 보이지 않고 주변의 배경만 보일 거예요. 빛이 물체를 만나지 않고 지나갈 수 있도록, 마치 냇물이 돌을 만나면 휘돌아 흘러나가는 것처럼 빛이 물체 주변을 휘어 감듯이 굴절시키면 이론적으로 투명 망토를 만들 수 있습니다.

그런데 빛을 굴절시키는 물질은 자연에는 없습니다. 빛이 이렇게 움직이기 위해서는 음(-)의 굴절률을 가져야 하기 때문이지요. 그래서 과학자들은 인공적으로 음의 굴절률을 갖는 물질을 개발했습니다. 이를 '메타 물질'이라고 부릅니다. 메타 물질을 이용해 빛이 심하게 꺾어지게 만들어 음의 굴절률을 만드는 거지요. 2006년 영국 과학자가 처음으로 메타 물질을 만드는 데 성공했고, 지금도 메타 물질 기술은 계속 발전하고 있습니다.

만약 메타 물질을 이용한 투명 망토 기술이 나온다면 활용도는 어마어마할 겁니다. 군 기술에 적용한다면 적으로부터 몸을 은폐하는 첨단 군복이 나올 수도 있겠지요. 이미 적에게 들키지 않는 스텔스 기술은 개발되어 사용되고 있습니다. 스텔스 기술은 적의 레이더에 발견되지 않게 하는 기술인데, 실제로 레이더에 잡히긴 하지만 신호가 너무 약해서 확인이 불가능합니다. 보통 레이더에서 발사된 전파가 몸체에 부딪치면 되돌아가고 이를 통해 레이더망에 포착이 됩니다. 스텔스 기술은 이렇게 되돌아가는 레이더 전파 비율을 최소한으로 만든 거지요. 스텔스 기술을 탑재한 미사일이나 전투기는 하늘에서 사실상 투명 망토를 입고 있는 셈입니다.

달 표면을 처음 관측한 사람은 누구일까?

빛에 대한 탐구와 함께 발전한 기술이 있습니다. 바로 거울과 렌즈이지요. 먼저 거울부터 살펴보겠습니다. 우리가 타고 다니는 자동차에도 거울이 많이 쓰입니다. '백미러'로 불리는 룸 미러와 좌우에 달린 사이드 미러는 모두 거울이죠. 거울의 면의 모양에 따라 볼록, 오목, 평면으로 나뉩니다.

룸 미러는 보통 평면거울을 씁니다. 평면거울은 물체의 크기를 바꾸지 않고 그대로 보여 주며 거울에 맺히는 상도 뒤집히지 않습니다. 다만 좌우가 바뀌어서 거울에 비친 상이 물체와 대칭을 이루지요. 전신 거울에도 평면거울을 많이 씁니다.

우리나라처럼 운전자가 왼쪽에 앉는 경우 오른쪽 사이드 미러에는 볼록 거울을 씁니다. 시각의 범위가 넓어져 옆에서 다가오는 차를 쉽게 볼수 있기 때문이죠. 볼록 거울은 위치에 상관없이 항상 물체보다 작고 바로서 있는 상이 만들어집니다. 넓은 범위를 볼 수 있어서 편의점 보안용 거울과 도로에서 굽은 길에 서 있는 안전 거울에도 볼록 거울이 쓰입니다. 운전자 왼쪽의 사이드 미러는 볼록 거울을 쓰지 않고 평면거울을 씁니다. 요즘에는 사이드 미러 아래에 소형 카메라를 달아 사각지대를 없애는 등 각종 기술이 적용되어 안전성을 높이고 있습니다.

오목 거울의 특징은 가까이 있으면 물체보다 크고 바로 서 있는 상이 보이며, 멀리 있으면 물체보다 작고 거꾸로 서 있는 상이 생깁니다. 오목 거울에 반사된 빛은 한 점에 모을 수 있습니다. 올림픽 성화를 채화하는 거울은 오목 거울로 만들어 빛이 한 점에 모이게 하죠.

오목 거울의 또 다른 특징 중 하나는 빛을 곧게 내보냅니다. 그래서 자동차에서는 전조등에 오목 거울을 쓰지요. 전조등은 밤중에 빛을 평행하게 멀리 내보내 운전자의 안전을 지킵니다. 바로 오목 거울이 이를 가능하게 했죠. 오목 거울의 초점에 전구를 놓으면 초점에서 나간 빛이 오목 거울에서 평행 광선으로 반사됩니다. 초점면에서 전구가 약간 아래쪽에 있으면 평행 광선을 위쪽으로 뻗고, 반대로 전구가 약간 위쪽에 있으면 아래쪽으로 뻗습니다.

렌즈도 빼놓을 수 없지요. 렌즈는 빛의 굴절을 이용한 도구로 렌즈 모양에 따라 볼록 렌즈(렌즈 가운데 부분이 가장자리보다 두꺼운 모양)와 오목 렌즈(렌즈 가장자리가 가운데 부분보다 두꺼운 모양)로 나닙니다.

빛의 반사와 굴절을 화살표로 그려 보면 쉽게 이해할 수 있습니다. 볼록 렌즈는 오목 거울과, 오목 렌즈는 볼록거울과 성질이 비슷합니다. 즉, 볼록 렌즈는 가까이 있으면 물체보다 크고 바로 서 있는 상이 보이고, 멀어지면 물체보다 작고 거꾸로 서 있는 상을 만듭니다. 반대로 오목 렌즈는 위치에 상관없이 항상 물체보다 작고 바로 서 있는 상을 만듭니다. 이때문에 망원경이나 쌍안경, 현미경, 돋보기 등에는 볼록 렌즈를 사용하지만 근시 교정용 렌즈에는 오목 렌즈를 쓰지요.

볼록 렌즈의 발전은 망원경을 통한 천문학의 발전에도 크게 기여했습니다. 볼록 렌즈로 별빛을 모아 별을 더 선명하게 관측할 수 있게 되었죠. 빛의 근원인 태양과 밤하늘의 별을 관측하기 위해 배율을 높인 렌즈가 개발되면서 천문학의 발전이 이루어졌습니다. 근대에 들어와서는 망원경이 점점 대형화되면서 우주의 나이가 약 138억 년이라는 사실을 알아냈습니다.

초기 망원경을 이야기할 때 빠지지 않고 등장하는 인물이 갈릴레오 갈릴레이입니다. 갈릴레오는 지동설을 끝까지 지키다가 당시 국가 권력이나 마찬가지였던 교회에서 재판을 받았습니다. 재판이 끝나고 "그래도 지구는 돈다."라는 말을 남겼다는 일화는 유명하지요. 물론 지금은 갈릴레오가 실제로 이런 이야기를 중얼거렸을 리가 없다는 이야기가 더 힘을 얻고 있습니다.

갈릴레오가 지동설을 주장할 수 있었던 것은 직접 제작한 망원경으로 밤하늘을 관측했기 때문입니다. 그는 사물을 코앞에 있는 것처럼 보이게 하는 망원경이라는 기구가 있다는 소문을 듣자마자 원리를 알아낸 뒤 직접 볼록 렌즈와 오목 렌즈를 조립해 3배율로 망원경을 만들었습니다. 그리고 이후 배율을 20배까지 높인 망원경을 제작해 달을 관측하기 시작했지요.

달 표면이 매끈하지 않고 지구 표면처럼 울퉁불퉁하다는 것도 갈릴레오가 망원경 관측을 통해 처음 알아낸 사실입니다.

광학 망원경과 전파 망원경

망원경은 어떤 빛을 이용하는지에 따라 구분됩니다. 가시광선을 이용하면 광학 망원경이라고 부르고, 전파를 이용하면 전파 망원경이라고 부릅니다. 적외선을 이용하는 적외선 망원경도 있습니다.

가시광선을 이용하는 광학 망원경의 성능은 거울(렌즈)의 크기에 비례합니다. 거울이 클수록 관측 능력(분해능)이 좋아지죠. 또 대기의 영향을 받아 흔들린 이미지를 보정하는 기술도 개발됐습니다. 우리나라가 참여하고 있는 거대 마젤란 망원경(GMT)은 2025년 완공 예정인데, 대표적인 광학 망원경이며 거울 지름이 25m에 이릅니다.

전파 망원경은 가시광선보다 파장이 긴 전파를 이용합니다. 최근에는 전파 망원경의 성능을 향상시키기 위해 전파 망원경 여러 대를 하나의 거대한 전파 망원경처럼 만들어 관측하는 기법을 사용하고 있습니다. 2019년 인류는 처음으로 블랙홀의 모습을 직접 관측했는데, 이때도 전 세계 각지에 흩어진 전파 망원경 8기를 하나로 연결해 지구만한 초거대 전파 망원경을 만들었습니다. 이 관측에 결정적인 역할을 한 것이죠.

갈릴레오가 만든 망원경은 60개쯤 될 만큼 그의 열정은 대단했습니다. 특히 이를 통해 목성이 적어도 4개의 위성을 갖고 있다는 사실도 확인했으니까요.

사실 갈릴레오가 만든 망원경은 구경이 1.5cm 수준으로 지금 기준에서는 장난감처럼 보입니다. 시야도 선명하지 않으니까요. 하지만 이후 망원경 기술이 점차 발전해 1900년대에 이르러서는 1917년 미국의 윌슨산에 구경 2.5m인 후커 망원경이 세워졌고, 1948년에는 구경 5m의 헤일 망원경도 생겼습니다.

망원경 역사에서 절대 빼놓을 수 없는 망원경이 있죠? 바로 허블 우주 망원경입니다. 현재 전 세계는 지상에 구경 30m급의 초대형 망원경을 건설해 우주의 기원과 우주가 탄생한 직후 태어난 은하를 관측하고 있습니다. 그런데 지상에서 우주를 보려면 대기가 방해가 되는 경우가 많습니다. 대기에 의한 산란, 날씨의 영향 등으로 관측의 정확도가 떨어지기 때문입니다. 그래서 우주에 직접 망원경을 띄워 우주를 관측하는 우주 망원경이 등장했습니다. 그중 가장 유명한 우주 망원경이 허블 망원경입니다.

1990년 우주에 올라간 뒤 설계 수명을 넘겨 지금도 활발히 활동하고 있습니다. 그간 허블 망원경을 이용한 관측은 수많은 성과를 냈지만, 그중에서도 우주가 약 138억 년 전 대폭발을 즉, 빅뱅을 일으켰고 이후 계속 팽창하고 있다는 빅뱅 이론을 뒷받침할 결정적인 증거들을 대거 찾아냈습니다.

파동과 입자

06

빛의 성질

빛은 파동일까? 입자일까?

빛과 소리에 어떤 연관성이 있을까?

과학자들은 빛의 본성이 입자인지 파동인지를 놓고 오랫동안 논쟁을 벌였습니다. 뉴턴부터 20세기 최고의 지성으로 칭송받는 아인슈타인까지 빛의 입자와 파동에 관한 논의는 역사상 유례를 찾기 힘들 정도의 논쟁거리였습니다. 당시 실험 기술로는 빛을 조작하기가 매우 어려웠기 때문에 논리적으로 설득하는 수밖에 없었고, 그래서 논쟁이 300년이나 이어졌죠. 이 논쟁의 결론은 빛은 입자이자 동시에 파동이라는 거예요.

빛은 입자일까, 파동일까?

뉴턴을 포함해 당대 명성을 얻었던 과학자들은 모두 빛이 입자라고 주장했습니다. 빛의 가장 확실한 성질은 빛이 직진한다는 거지요. 당시에도 빛이 파동일 것이라고 주장하는 과학자들이 있었지만, 파동으로는 빛의 직진을 설명하기가 쉽지 않았습니다. 하지만 빛이 입자라면 직진을 설명하기가 한결 명확했습니다.

뉴턴의 운동 법칙 중 관성의 법칙에 따르면 물체는 외부에서 추가로 힘을 받지 않는 한 계속 같은 속도로 직선 운동을 하려고 합니다. 마찬가지로 빛 입자도 직선으로 운동할 수밖에 없겠죠. 파동설을 주장하는 과학자들은 파도가 해안가에 직각 방향으로 밀려온다는 점을 들어 파동의 기본적인 성질이 직진 운동이며, 빛의 파동도 당연히 직진한다며 파동설을 옹호했습니다.

빛의 굴절에서도 두 이론이 부딪쳤습니다. 수면에서 빛이 굴절하는 현상을 어떻게 설명할 것인가 하는 문제였습니다. 빛이 입자라면 입자의 운동 방향은 외부에서 힘을 받으면 변합니다. 그래서 입자설을 주장하는 학자들은 빛 입자가 수면에서 아래 방향으로 힘을 받아 굴절한다고 설명했습니다. 힘이 아래 방향으로 작용하는 이유는 공기 분자가 빛 입자를 끌어당기는 힘보다 물 분자가 빛 입자를 끌어당기는 힘이 크기 때문이라는 거였죠.

파동설 학자들도 설명을 찾아냈습니다. 공기와 물의 경계면에서 파장이 짧아져 굴절이 생긴다는 겁니다. 하지만 빛이 수면에서 굴절하는 이유에 대해서는 양쪽 다 명확한 근거를 대지 못해 무승부나 마찬가지였습니다.

빛의 반사 법칙을 둘러싸고도 입자설과 파동설이 맞섰습니다. 빛은 거울에 부딪칠 때 입사각과 부딪친 뒤 반사되는 반사각이 같은 반사 법칙을 따라 움직입니다. 입자설은 빛 입자가 거울과 같은 물체 표면에서 탄성 충돌을 하기 때문에 입사각과 반사각이 같다고 설명했습니다.

파동설에서는 빛의 파동이 물체 표면에서 그대로 진행하지만, 거울이 있는 경우 거울 면을 중심으로 파동이 위로 뒤집혀 입사각과 반사각이 같게 된다고 주장했습니다.

입자설이나 파동설 설명은 양쪽 다 그럴듯하지만 입자설이 훨씬 단순하고 명료했습니다. 무엇보다 뉴턴 같은 당대의 거장이 입자론을 지지했습니다. 이에 따라 빛이 무엇인지를 놓고 처음으로 입자와 파동이 맞붙었던 17세기와 18세기 전반까지는 입자설이 우세했습니다.

그러다가 입자설을 곤경에 빠뜨리는 사건이 등장했습니다. 바로 회절이라는 현상이었지요. 빛이 직진하다가 중간에 장애물을 만나면 그 뒤에까지 돌아 들어갔습니다. 입자론에서는 빛 입자가 중간에 장애물에 부딪치면 반발력을 받아 휘어진다고 설명했지만, 반발력은 확인되지 않은 가상의 힘이었기 때문에 큰 설득력은 없었습니다.

그리고 결정적인 현상이 나타납니다. 바로 빛의 간섭 현상이었습니다. 비눗방울이나 기름막에 아름다운 색깔의 줄무늬가 나타납니다. 이는 두 종류의 빛이 합쳐져 생기는 현상인데, 파동설은 이를 멋지게 설명했습니다. 파동의 마루(가장 높은 지점)와 마루, 골(가장 낮은 지점)과 골이 겹치면 파동이 더 커지거나 상쇄해서 빛이 밝아지거나 어두워진다는 겁니다. 그 결과 밝고 어두운 여러 색의 줄무늬가 나타나는 것이죠.

그런데 입자설에서는 아무리 설명을 하려고 해도 빛의 간섭 현상을 설명하기가 쉽지 않았습니다. 그래서 좀 구차하지만 빛 입자가 주기적으로 진동한다는 파동의 특성을 빌려와 빛 입자의 진동이 어떻게 조합하는지에 따라 바뀐다고 설명했습니다.

결국 빛의 간섭 현상은 죽어가던 파동설을 부활시켰는데, 여기서 핵심적인 역할을 한 과학자가 영국의 토머스 영입니다. 영은 두 개의 틈에서 나온 빛이 간섭을 일으킨다는 것을 실험으로 증명해 입자설을 제치고 파동설을 정설로 만들었습니다. 교과서에 빛의 간섭 실험이 나오는데, 이는 영의 간섭 실험이 그만큼 결정적이었다는 뜻이기도 합니다.

토머스 영의 빛의 간섭 실험

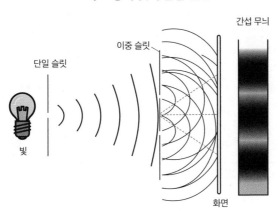

아인슈타인이 왜 거기서 나와

과학자들은 이제 빛은 입자가 아니라 파동이라고 생각했지만 광전 효과라는 새로운 문제에 직면했습니다. 광전 효과는 금속에 빛을 쪼이면 금속에서 전자가 튀어나오는 현상입니다. 이때 전자가 갖는 에너지는 빛의 세기와 무관하다는 것은 이미 실험으로 밝혀졌습니다.

파동설에 따르면 빛의 파동이 셀수록(진폭이 커질수록) 에너지가 커지기 때문에 튀어나오는 전자의 에너지도 커져야 합니다. 그런데 아무리 빛을 세게 쪼여도 전자 에너지는 변하지 않았습니다. 튀어나오는 전자의 개수만 늘어났지요. 이에 대해 아인슈타인은 빛은 그 진동수에 비례하는 에너지를 가진 입자로 구성되어 있다는 '광양자설'을 제안했고, 광전 효과를 훌륭하게 설명했습니다. 그 업적으로 아인슈타인은 노벨상을 받았죠.

아인슈타인은 1905년 3월 광양자설을 설명한 논문을 발표했습니다. 빛이 연속적인 파동으로 공간에 퍼지는 것이 아니라 입자, 즉 광자로서 마치 불연속적인 입자처럼 운동한다고 주장했습니다. 아인슈타인의 이런 주장은 빛의 입자설과 파동설에 다시 한 번 논쟁의 불씨를 던졌습니다.

아인슈타인은 광자를 광양자라고 불렀는데, 이는 독일의 물리학자인 막스 플랑크의 에너지 양자 개념에 영향을 받았기 때문입니다. 플랑크는 복사 에너지가 연속적이지 않고 빛의 진동수에 따라 2배, 3배처럼 정수배로 표시된다고 주장했습니다. 에너지가 연속적이지 않고 불연속적이라는 개념은 당시에는 받아들이기 매우 힘든 주장이었습니다. 에너지는 흐르는 것인데, 어떻게 불연속적일 수 있을까요?

플랑크는 이런 학계의 분위기에 위축되어 양자 개념을 발전시키지 못했지만, 아인슈타인은 이를 이용해 광양자 개념을 끌어내고, 광전 효과도 설명했습니다. 전자가 금속 표면에서 튀어나오는 이유는 전자를 붙잡아 두고 있는 사슬을 끊을 만큼 충분한 에너지를 흡수하기 때문이라는 거지요. 다만 이때 아인슈타인이 빛을 입자처럼 해석한 것은 뉴턴식 해석과는 다릅니다.

뉴턴은 입자를 물체의 질량이 집중된 하나의 점처럼 생각했는데, 아인슈타인은 진동수에 비례하는 에너지 입자로 생각했습니다. 그래서 광자라는 새로운 개념을 제시한 것이지요.

아인슈타인의 주장대로 빛을 광자로 보면 빛의 세기를 결정하는 것은 광자의 개수입니다. 그래서 금속 표면에 가시광선이든 적외선이든 자외선이든 빛을 쪼이면 한 개의 전자는 한 개의 광자만 흡수할 수 있다고 설명할 수 있습니다. 빛을 세게 쪼이면 튀어나오는 전자의 개수가 늘어나는 것도 완벽하게 설명할 수 있는 것이죠.

아인슈타인의 이런 이론은 매우 파격적이었습니다. 파동설이 지배적인 상황에서 다시 빛이 입자라고 주장한 셈이었기 때문입니다. 그러나 아무리 아인슈타인의 광양자 이론이 완벽한 것처럼 보여도 여전히 빛의 회절과 간섭 현상을 설명할 수는 없었습니다. 아인슈타인은 상대성 이론으로 가장 유명하지만, 그에게 1922년 노벨 물리학상을 안겨 준 것은 광양자설이었습니다.

기적의 해, 1905년

1667년 영국 시인 존 드라이든은 <기적의 해>라는 시에서 흑사병과 런던 대화재, 네덜란드와의 전쟁으로 점철된 1666년이 악몽의 해가 아니라 런던의 재건과 미래의 승리를 기약하는 경이로운 해라고 해석했습니다.

그해는 흑사병으로 케임브리지대가 휴교하면서 뉴턴이 고향에 내려와 만유인력 개념을 탄생시켰고, 프리즘 실험을 통해 빛의 본성에 대한 탐구도 이뤄졌으니 과학적으로 보면 기적의 해라고 할 수도 있습니다.

1905년도 '기적의 해'라고 불립니다. 대학을 졸업하고 스위스 특허국에서 일하던 알베르트 아인슈타인은 26세의 젊은 나이인 1905년 3월 광양자 이론에 대한 논문을 발표했고, 5월에는 브라운 운동에 관한 논문을, 그리고 6월에는 특수 상대성 이론에 관한 논문을 발표했습니다. 한 해에 총 3편의 역사적인 논문을 낸 것이지요. 특수 상대성 이론을 담은 논문은 당시에 과학계에서 무명이었던 아인슈타인을 일약 세계적인 과학자로 만들어 놓았습니다. 또한 브라운 운동을 다룬 논문도 매우 중요한 것으로 평가받는데, 이를 통해 원자의 존재를 수학으로 입증했기 때문입니다.

빛의 본질만큼 과학자들은 원자의 존재에 대해서도 오랫동안 논의했습니다. 1800년대 초 영국의 과학자 존 돌턴이 원자설을 내놓으며 원자에 대해 체계적인 접근을 시작했습니다. 그러나 여전히 저명한 과학자들조차 원자가 실제로 존재한다고 생각하면 안 된다고 주장했죠. 아인슈타인이 브라운 운동에 관한 논문을 낼 때까지도 원자의 존재에 대해서는 논란이 있었습니다. 브라운 운동은 현미경으로 물에 뜬 꽃가루의 움직임을 관찰하던 스코틀랜드의 식물학자인 로버트 브라운의 이름을 딴 것입니다. 브라운은 꽃가루가 처음에는 한 방향으로 움직이다가 점차 다른 방향으로 움직이는 것을 보고 왜 그런지 궁금해졌습니다. 브라운은 처음에 꽃가루에 생명력이 있어서 이런 운동을 한다고 생각했죠.

아인슈타인은 꽃가루의 움직임을 입자의 운동으로 보고 수식을 이용해 브라운이 관찰한 것과 똑같이 꽃가루가 움직일 것이라는 것을 수학으로 증명했습니다. 꽃가루에 생명력이 있어서 그렇게 움직이는 것이 아니라 물 분자가 움직이면서 꽃가루가 따라서 움직인다는 사실을 알아낸 것입니다. 물론 아인슈타인은 수식을 통해 이론으로 설명을 했을 뿐이었고, 3년 뒤 프랑스의 과학자가 이를 실험으로 검증해 결국 원자가 실제로 존재한다는 사실을 입증했습니다.

적외선과 자외선의 차이는 뭘까?

영국의 과학자 제임스 맥스웰은 빛이 전자기파라는 사실을 처음으로 확인했습니다. 전자기파는 파장이나 진동수에 따라 X선, 자외선, 가시광선, 적외선, 전파 등으로 부릅니다. 그중에서 사람이 눈으로 인식할 수 있는 전자기파는 가시광선입니다. 이를 우리가 흔히 빛이라고 부르는 거지요. 이런 사실을 알게 된 것은 170년 정도밖에 안 되었습니다.

1700년대에는 전기와 자기 중에서도 정전기 현상만 연구했습니다. 그러다가 1800년대 들어 볼타 전지가 발명되면서 전류를 만들 수 있게 되었고, 이를 통해 전기와 자기 연구가 본격적으로 시작되었습니다. 앞에서도 한번 언급했지만, 지금 전류의 단위로 쓰이는 암페어는 당시 프랑스 과학자인 앙드레 마리 앙페르의 이름을 딴 것이고, 볼트도 이탈리아의 과학자 알렉산드로 볼타의 이름을 딴 것입니다. 지금도 전기와 자기에 쓰이는 장 (field·場) 개념은 당시 영국의 과학자 마이클 패러데이가 처음 도입했습니다. 그만큼 1800년대는 전기와 자기 분야에서 과학적인 발전이 비약적으로 이뤄진 시기였습니다.

1850년대 맥스웰이 등장합니다. 맥스웰은 전기와 자기를 연구하면서 전자기학을 수학 이론으로 정교화시킨 '맥스웰 방정식'을 만들었습니다. 4개의 방정식으로 이뤄진 맥스웰 방정식이 의미하는 것 중 가장 놀라운 것은 광속으로 퍼져 나가는 전자기적 요동(파동)이 존재한다는 점이었습니다. 이는 결국 빛이 전자기파의 일종임을 의미하는 것이었지요.

과학 이론이 과학계에서 정설로 자리 잡기 위해서는 이론과 실험이 모두 필요합니다. 앞에서 아인슈타인이 광양자 이론을 제기하고 몇 년 뒤 실험으로 입증이 되면서 원자의 존재가 받아들여진 것처럼 말이지요. 이는 현재 과학 기술 연구에도 동일하게 적용됩니다. 이론이나 실험 둘 중 한 가지 방식으로만 확인된 내용은 가능성이 큰 가설일 뿐 완벽한 이론으로 인정받지 못합니다.

맥스웰 방정식도 20년쯤 뒤 독일의 과학자 하인리히 헤르츠가 전자기파를 검출하면서 비로소 의미를 갖게 되었습니다. 우리가 요즘 전자기파의 진동수 단위로 쓰는 헤르츠(Hz)가 이 과학자의 이름을 딴 것입니다. 헤르츠가 전자기파를 검출하기 위해 쓴 장치에 큰 관심을 갖고 있던 이탈리아의 구글리엘모 마르코니는 전파를 이용해 처음으로 무선 통신에 성공했습니다. 우리가 오늘날 사용하는 전파의 역사는 이렇게 시작됐습니다.

전파는 가시광선보다 파장이 긴 전자기파입니다. 가시광선보다 긴 전자기파는 전파 외에도 적외선, 레이더 등이 있습니다. 가시광선에서 빨간색의 바깥, 즉 빨간색 빛보다 파장이 긴 전자기파가 적외선입니다. 적외선 중에서도 파장이 더 긴 영역을 원적외선이라고 부르지요. 파장이 수 μm(마이크로미터; 1μm는 100만 분의 1m) 수준인데, 피부가 따뜻함을 느낍니다. 전파와 레이더는 적외선보다 파장이 더 긴 전자기파입니다.

전자레인지가 음식을 데우는 데 사용하는 전자기파는 마이크로파입니다. 마이크로파는 적외선보다 파장이 길고 전파보다는 파장이 짧습니다. 대략 1mm~1m에 해당하지요. 전자레인지가 음식을 데우는 원리는 마이크로파를 쪼여 음식 속에 들어 있는 물 분자를 빨리 움직이게 만드는 겁니다. 분자의 운동이 활발해지면 온도가 올라가는 원리를 이용한 거지요.

자외선은 가시광선에서 보라색 바깥쪽으로 파장이 짧은 영역에 해당합니다. 피부를 그을리는 성질이 있고 살균력을 가져 인공 선탠이나 살균용으로도 사용됩니다. 특히 자외선 중에서 파장이 짧은 영역은 지구 대기의 오존층에 존재하는 오존에 의해 집중적으로 흡수되어 지표에 거의 도달하지 않습니다.

자외선은 생명체의 DNA를 변형시켜 유전자에 돌연변이를 일으킬 수 있습니다. 따라서 오존층이 파괴되어 지표에 도달하는 자외선이 증가하면 인간을 포함한 육상 생물 전체에 심각한 위협이 됩니다.

자외선보다 파장이 더 짧은 전자기파로는 X선, 감마선 등이 있습니다. X선의 발견은 독일의 빌헬름 뢴트겐이라는 과학자가 음극선을 연구하다가 눈에 보이지 않는 광선을 발견한 뒤 이름을 붙이게 되었습니다.

폴란드의 퀴리 부부가 우라늄과 라듐에서 방사선을 발견하면서 가시광선보다 훨씬 짧은 파장의 감마선 같은 빛이 존재한다

쇠라의 점묘화와 원자론

조르주 쇠라는 1880년대 후반 점묘법이라는 화풍을 만든 화가입니다. 그의 그림은 뚜렷한 선 대신 캔버스 위에 무수한 점을 찍어 사물을 표현해 점묘법으로 불립니다. 쇠라가 이런 화풍에 심취한 이유는 당시 화학자와 친분이 있어 화학 원리를 공부했고 화학자에게서 아이디어를 빌려 왔기 때문이라고 합니다.
색에 대한 고정관념을 버리고 눈에 보이는 그대로 빛을 표현하기 위해 원자 개념을 도입했고, 여러 물감을 섞어 만드는 대신 모든 그림을 빨강, 파랑, 노랑의 세 가지 점을 조합해 묘사했습니다. 이처럼 한 시대의 과학 사상은 사회뿐만 아니라 예술에도 큰 영향을 미쳤습니다.

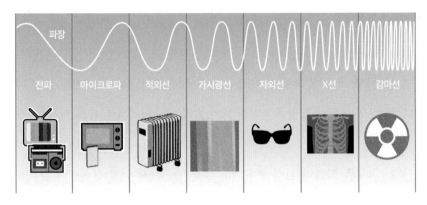

파장에 따른 전자기파 종류

파장

전파　　마이크로파　적외선　　가시광선　　자외선　　　X선　　　감마선

음파와 층간 소음

빛 외에 소리도 파동으로 전달됩니다. 소리의 파동을 음파라고 부르지요. 소리는 주변의 공기를 진동시키고 공기가 진동하면서 멀리까지 전달됩니다. 빛과 마찬가지로 소리도 파동이어서 소리의 높낮이는 진동수(Hz)로 나타냅니다. 여성의 목소리는 일반적으로 남성의 목소리보다 높은데, 이는 진동수 차이 때문입니다. 인간이 들을 수 있는 소리는 20~2만Hz입니다.

소리의 세기는 데시벨(dB)로 나타냅니다. 우리가 소음이라고 부르는 것이 소리의 세기에 따른 크기를 말합니다. 층간 소음이 사회적인 문제가 될 만큼 소음은 일상생활과 인간의 신체에 큰 영향을 미칩니다. 그래서 우리나라는 소음 진동 기준을 정해 놓고 있습니다. 낮과 밤에 따라, 또 전용 주거지인지, 녹지인지, 도로변인지에 따라 소음 기준이 모두 다릅니다. 대개 40~75dB이 최대치인데, 철로변에서 100dB, 자동차 경적이 110dB, 전투기가 이착륙할 때는 120dB 수준입니다. 보통의 대화가 이뤄질 때 60dB 정도입니다.

는 사실을 확인했죠. X선과 감마선은 진동수가 크고 투과력이 강해서 의료용 촬영, 암 치료, 비파괴 검사 등에 사용됩니다. 또 DNA를 손상시킬 수 있어 암의 원인이 되기도 합니다.

X선은 물질 내부의 결정 구조에 따라 회절을 일으킵니다. 이를 통해 내부 구조를 알 수 있어 X선 결정학이라는 학문을 탄생시켰습니다. X선 회절법을 이용해 물질의 구조를 알아내는 연구 분야입니다.

가장 대표적인 사례가 인간 DNA가 두 가닥의 나선형으로 꼬인 이중나선 구조라는 것을 발견한 일입니다. 1950년대 초 영국 과학자인 로잘린 프랭클린이 DNA의 X선

사진을 찍었고, 1953년 제임스 왓슨과 프랜시스 크릭이 이 회절 패턴을 해석해 이중나선 구조임을 알아냈습니다. 그 유명한 이중나선 구조가 확인되었고, 이를 통해 생명체의 비밀이 한 꺼풀 벗겨졌습니다.

원소

07

원소 구조가 도대체 뭘까?

⋮

원소, 원자, 분자를 구별하는 법

연금술은 은을 금으로
바꾸어 놓을 수 있을까?

오래전부터 과학자들은 세상을 이루는 기본 물질이 무엇인지 궁금했습니다. 옛날에는 과학자를 '자연 철학자'라고 불렀습니다. 근대 과학을 탄생시킨 아이작 뉴턴도 그 시절에는 자연 철학자로 분류되었으니까요. 뉴턴은 《프린키피아》라는 책에 운동 제1 법칙인 관성의 법칙, 제2 법칙인 가속도의 법칙, 제3 법칙인 작용·반작용의 법칙을 기술하면서 근대 과학의 시작을 알렸습니다. 프린키피아의 원제가 라틴어로 '자연 철학의 수학적 원리'입니다.

물은 원소일까, 아닐까?

자연 철학의 시작은 고대 그리스로 거슬러 올라갑니다. 당시 자연 철학자들은 세상이 무엇으로 이루어져 있는지 사색하고 탐구했습니다. 피타고라스는 직각 삼각형에서 빗변의 길이 제곱은 다른 두 변의 길이 제곱을 합한 것과 같다는 '피타고라스의 정리'를 발견했습니다. '유클리드 기하학'이라는 이름으로 남아 있는 유클리드도 그리스 자연 철학자입니다.

데모크리토스는 모든 물질은 크기, 질량, 색깔 등 여러 가지 특징으로 구별되고 더 나눠질 수 없는 입자(원자)들로 구성되었다고 주장했습니다. 그 입자들이 결합해서 우주에서 보이는 만물을 이룬다는 원자론을 발견했죠. 다만 데모크리토스의 원자론은 물질의 성질을 계산하거나 다른 모르는 현상을 예측할 수 있는 방법이나 수학적 공식을 제시하지 않았습니다. 그래서 이후 쓸모가 없어졌고 현대의 원자론으로 발전할 수 없었지요.

그리스 최초의 자연 철학자로 불리는 탈레스는 모든 물질의 근원은 물이라고 주장했지만, 지금 기준에서는 수학자로 불릴 만한 업적을 더 많이 남겼습니다. 지름은 원을 이등분하고, 직선 2개가 만나서 생긴 맞꼭지각은 서로 같으며, 한 변의 양 끝 각이 같은 두 삼각형은 합동이며, 이등변삼각형의 두 밑각은 서로 같다는 사실을 발견했지요.

물질의 근원에 대한 탐구는 아리스토텔레스가 등장하면서 다른 방향으로 바뀝니다. 그는 물질이 불, 공기, 물, 흙으로 이뤄졌다는 '4원소설'을 주장합니다. 이들은 각각 따뜻함, 차가움, 습함, 건조함의 성질을 띠고 있으며, 이들 성질의 조합에 의해 다른 물질로 변할 수 있다고 주장했습니다.

이후 1600년대 영국의 로버트 보일이 등장할 때까지 세상을 이루는 기본 물질에 대한 논의는 아리스토텔레스의 4원소설에서 큰 발전이 없었습니다. 보일은 모든 물질은 더 이상 분해되지 않는 원소로 이뤄져 있다고 주장했고, 실험을 통해 이를 입증하는 등 근대 화학의 초석을 다졌습니다.

보일은 특정 온도에서 기체의 압력과 부피는 서로 반비례한다는 '보일의 법칙'도 발견했습니다. 쉽게 말해 온도가 일정하게 유지될 때 압력을 높이면 부피는 줄어드는 거지요.

비행기 고도가 높아지면 귀가 잠깐 먹먹해집니다. 고도가 높아지면 공기 양이 적어져 대기압이 낮아지면서 몸 밖의 압력이 몸 안의 압력보다 낮아집니다. 고막이 바깥으로 부풀어 올라 고막의 진동 기능이 잘 일어나지 않으면서 먹먹함을 느끼게 되는 거지요. 보일의 법칙에 따라 압력(대기압)이 낮아져서 부피(고막의 부피)가 늘어난 사례입니다.

높은 산에 올라가면 과자 봉지가 빵빵하게 부풀어 오르는데, 이 역시 높은 곳에서는 기압이 낮아져 과자 봉지 속의 기체 부피가 늘어났기 때문입니다.

보일의 법칙이 나왔으니 '보일-샤를의 법칙'도 살펴봅시다. 보일의 법칙이 기체에서 온도가 일정할 때 압력과 부피의 관계라면, 보일-샤를의 법칙은 온도가 높을수록 기체의 부피가 커진다는 온도와 부피에 관련된 법칙입니다. 이때 압력은 일정해야 합니다. 찌그러진 탁구공을 뜨거운 물에 넣으면 다시 원래 상태로 돌아오는데, 온도가 높아져 탁구공 내부 공기의 움직임이 활발해지면서 부피가 커지고 그 힘에 의해 찌그러졌던 부분이 펴지는 거죠.

1700년대 프랑스에서는 앙투안 라부아지에라는 과학자가 나타납니다. 뉴턴이 과학 혁명을 이끌었다면 라부아지에는 '화학 혁명'을 이끌었다는 평가를 받을 만큼 현대 화학의 토대를 닦은 인물로 평가받고 있습니다.

보일이 원소의 기본 개념을 제시했지만, 그때까지만 해도 아리스토텔레스의 4원소설은 오랫동안 받아들여지고 있었습니다. 이 상황에서 라부아지에가 실험을 통해 아리스토텔레스의 4원소설이 틀렸음을 보였습니다.

가장 유명한 실험이 공기가 원소가 아님을 증명한 것입니다. 당시 기술로 공기를 몇 종류의 기체로 분리할 수 있었는데, 라부아지에는 공기가 물질의 근간을 이루는 근본적인 원소가 아니라고 반박했습니다. 원소는 어떤 수단을 사용하더라도 더 이상 다른 것으로 분해할 수 없는 것이라고 정의했지요. 또 물을 수소와 산소로 분해해 더 이상 물도 원소가 아니라는 것을 증명했습니다. 이로써 아리스토텔레스의 시대는 막을 내리게 되었죠.

이후 1800년대 초 영국의 존 돌턴은 라부아지에의 원소 개념을 토대로 화학을 체계화합니다. 이 과정에서 '돌턴의 원자설'로 불리는 원자에 대한 정의도 내놓습니다. 모든 물질은 더 이상 쪼개지지 않는 원자로 이뤄져 있다, 같은 종류의 원자는 질량, 성질 등이 같고 서로 다른 종류의 원자는 질량, 성질 등이 다르다, 원자는 화학 반응을 거치더라도 새로 생기거나 없어지지 않는다는 것입니다.

현대 화학에서 원소의 정의는 '더 이상 다른 물질로 분해되지 않으면서 물질을 이루는 기본 성분'으로 정의합니다. 물은 수소와 산소로 분해되기 때문에 원소가 아니지만, 수소와 산소는 더 이상 다른 물질로 분해되지 않기 때문에 원소에 해당합니다.

수소, 산소뿐만 아니라 탄소, 질소, 나트륨, 철, 구리, 금,

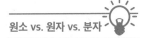

원소 vs. 원자 vs. 분자

원소와 원자는 같은 뜻일까요? 원자와 분자는 같은 걸까요, 다른 걸까요? 원소는 영어로 'element'입니다. 원자는 'atom', 분자는 'molecule'이에요. 영어 단어로 써놓고 보면 단어 자체가 완전히 달라서 헷갈릴 일이 없는데, 한글로는 원소와 원자가 둘 다 '원'으로 시작해서인지 꽤히 헷갈리는 것 같더라고요.

원소는 입자(물질)의 종류라고 기억하면 쉽습니다. 그래서 수소, 산소, 질소 등 이름이 붙어요. 원자는 입자를 쪼개고 쪼개다가 더는 쪼갤 수 없는 상태가 됐을 때를 말합니다. 대개 물질의 가장 기본적인 단위를 원자라고 합니다. 수소, 산소 등의 원소는 원자 상태를 지칭하는 경우가 많아 혼용되는데, 엄밀하게는 더 쪼갤 수 없는 상태일 때 수소 원자로 부르는 게 맞습니다.

수은 등이 모두 원소에 해당하지요. 이런 원소는 화학 반응을 거치더라도 다른 종류의 원소로 바뀌지 않습니다. 나트륨이 금이 되거나 하지 않는다는 뜻이에요. 이런 원소는 지금까지 총 118개가 발견되었습니다. 이를 표처럼 정리해 놓은 게 주기율표입니다. 주기율표는 다음 장에서 더 자세히 이야기하겠습니다.

원자 구조는 노벨상을 몇 번이나 받았을까?

원자는 모든 물질을 이루는 기본 성분입니다. 더 이상 분해되지도 않지요. 하지만 19세기의 과학자들은 화학이 발전하면서 원자 내부가 어떻게 생겼는지 궁금해졌습니다. 산소 원자라고 할 때 산소라는 성분 하나로 이뤄진 것은 아니니까요.

1800년대 말 X선과 같은 방사선을 내는 특이한 원소(방사성 원소)들이 발견되면서 이런 원소들의 원자 속에 뭐가 있을지에 대한 궁금증은 더욱 커졌습니다. 그리고 이를 처음 풀어준 사람이 영국의 물리학자 J. J. 톰슨입니다.

톰슨은 1897년 전자를 발견했고, 이를 토대로 푸딩 같은 원자 내부에 전자들이 건포도처럼 듬성듬성 박혀 있는 원자 모형을 제안했습니다. 톰슨은 음극선관을 이용한 실험으로 전자를 발견했는데, 음극선관은 형광등과 비슷한 장치로 공기를 뺀 유리관 안에 양극(+)과 음극(−)을 연결한 것입니다. 음극선관의 양극을 전지에 연결하면 음극에서 무언가 나와서 양극으로 흘러갑니다. 당시에는 이를 음극선이라고 불렀고, 그래서 이름도 음극선관이었습니다.

톰슨은 음극선의 정체를 밝히기 위해 자기장 안에서 음극선이 휘어지는 실험을 했고, 그 결과 음극선은 음전하를 띤 아주 가벼운 입자의 흐름이며 이 입자는 원자를 구성하고 있는 입자라고 주장했습니다. 당시 톰슨은 이 입자를 '미립자'라고 불렀는데, 후대 과학자들이 톰슨의 미립자에 전자라는 이름을 붙여 주었습니다.

톰슨의 건포도(전자)가 박힌 푸딩 같은 원자 모형은 그리 오래 가지 못했습니다. 톰슨의 제자인 영국의 과학자 어니스트 러더퍼드가 원자 내부에 핵이 존재한다는 사실을 발견했기 때문입니다. 러더퍼드는 1910년 라듐에서 나오는 알파 입자를 아주 얇은 금속에 때려 어떤 현상이 나타나는지 실험했습니다. 대부분의 알파 입자는 금박을 그대로 통과했지만, 일부 입자가 큰 각도로 휘어졌지요.

러더퍼드는 이 실험을 통해 원자 내부에 크기가 작은 핵이 존재한다고 생각했고, 톰슨이 발견한 전자가 음전하를 띠는 만큼 원자핵은 양전하를 띤 양성자로만 이뤄졌다는 결론을 내렸습니다. 러더퍼드는 양성자로 이뤄진 원자핵 주위를 전자가 돌고 있다는 원자 모형을 만들어 발표했습니다.

러더퍼드의 원자 모형은 획기적이었지만 결정적인 약점이 하나 있었습니다. 당시 영국의 제임스 맥스웰은 전자기 이론을 발표하면서 원운동을 하는 전자는 가속되기 때문에 반드시 전자기파를 방출한다는 사실을 밝혀냈습니다.

러더퍼드의 원자 모형대로라면 전자가 원자핵 주위를 돌며 원운동을 하고, 이 과정에서 전자가 점점 가속하면서 에너지를 잃고 서서히 원자핵으로 끌려 들어가야 합니다. 게다가 원자의 무게가 양성자의 무게를 모두 합한 것보다 훨씬 무겁다는 점도 러더퍼드의 원자 모형으로는 설명할 수 없었습니다.

전자가 원자핵에 끌려 들어가지 않는 문제는 러더퍼드의 제자였던 닐스 보어가 해결합니다. 보어는 원자의 전자 궤도에는 안정된 궤도가 존재해서 전자가 이 궤도를 도는 한 에너지를 잃지 않고 운동할 수 있으며 다른 궤도로 옮길 경우에만 전자기파를 방출하고 에너지를 잃는다고 설명했습니다. 보어의 이론은 현대 양자론의 시초가 됐습니다.

1930년에는 영국의 물리학자 제임스 채드윅이 중성자를 발견해 원자의 질량이 양성자와 중성자의 무게를 합한 것이라고 설명하면서 원자 무게의 미스터리도 풀렸습니다.

1901년 노벨상이 제정되면서 톰슨은 1906년 노벨 물리학상을, 러더퍼드는 1908년 노벨 화학상을, 보어는 1922년 노벨 물리학상을, 채드윅은 1935년 노벨 물리학상을 받았습니다. 원자의 구조 발견에 기여한 과학자들이 모두 노벨상을 받은 셈이지요.

오늘날 밝혀진 원자의 구조는 원자핵 주위에 전자가 존재하는 것은 맞지만 원자핵과 전자가 매우 작아서 원자 내부의 공간은 대부분 비어 있습니다. 원자핵의 지름은 $10^{-15} \sim 10^{-14}$m로, 만약 원자 전체가 축구장 크기라면 원자핵은 축구장 안에 놓인 구슬 정도라지요.

원자 모형의 진화

돌턴 (1803년)	톰슨 (1903년)	러더퍼드 (1911년)	보어 (1913년)	현대 원자 모형 (1926년 ~ 현재)
원자는 더 이상 쪼갤 수 없는 단단한 작은 공과 같다(당구공 모형).	양전하가 가득 차 있는 곳을 음전하를 띤 전자가 움직이고 있다(건포도 모형).	원자의 중심에 크기가 매우 작고 질량이 큰 양전하의 원자핵이 있고, 그 둘레를 음전하를 띤 전자가 움직이고 있다.	원자핵을 중심으로 전자가 일정한 궤도를 그리며 돌고 있다. 태양계 모형이라고도 한다.	전자구름 모형으로, 원자핵 둘레에 전자가 구름처럼 퍼져 있다.

리튬은 왜 전자를 하나만 잃을까?

원자는 홀로 존재하기도 하지만 여러 원자가 서로 결합한 상태로 존재하기도 합니다. 원자들끼리 결합한 상태를 분자라고 부릅니다. 단 모래와 소금이 섞인 것처럼 서로 아무런 반응이 일어나지 않고 그냥 섞여 있는 상태가 아닙니다. 물에 소금을 넣으면 소금이 녹아서 소금물이 되는 것처럼 원자들끼리 서로 화학적으로 결합한 입자가 분자입니다. 물은 수소 원자 2개와 산소 원자 1개가 화학적으로 결합한 물 분자이고, 이산화탄소는 탄소 원자 1개와 산소 원자 2개가 화학적으로 결합한 이산화탄소 분자입니다.

물과 이산화탄소를 원소로 보면 물은 수소와 산소라는 2종류의 원소로 이뤄진 분자이고, 이산화탄소는 탄소와 산소라는 2종류의 원소로 이뤄진 분자입니다. 원자는 총 몇 개일까요? 물은 수소 원자 2개와 산소 원자 1개로 이루어졌으니 원자가 총 3개이지요. 이산화탄소도 탄소 원자 1개와 산소 원자 2개이니 원자가 총 3개입니다.

분자식은 분자가 어떤 원자와 몇 개로 이뤄졌는지 눈에 잘 보이게 나타낸 것입니다. 물을 매번 수소 원자 2개, 산소 원자 1개로 설명하는 건 너무 번거롭습니다. 그래서 이를 H_2O로 나타내는 겁니다. 산소 1개에서 1은 생략한 겁니다. 이런 물 분자가 2개 있으면 $2H_2O$로 나타냅니다. 맨 앞에 붙는 숫자가 분자의 개수인 셈입니다.

참고로 소금의 분자식은 나트륨(Na)과 염소(Cl)로 이뤄진 NaCl로 쓰는데, 소금은 분자로 부르지 않습니다. 소금은 NaCl이라는 독립된 분자로 존재하지 않고 수많은 Na와 Cl이 서로 결합한 결정 형태로 존재하기 때문이지요. 그래서 NaCl은 분자식이 아니라 화학식이라고 부릅니다. 화학자들이 '소금 분자'라는 표현을 쓰지 않는데, 이런 이유에서입니다.

원자는 전기적으로는 중성입니다. 원자핵이 띠는 (+) 전하의 총량과 전자가 띠는 (−) 전하의 총량이 같기 때문이지요. 그런데 원자가 전자를 잃어 전기적으로 중성인 상태가 깨지는 경우가 있습니다. 이때 핵심은 원자핵은 가만히 있고 움직이는 건 전자라는 점입니다. 전자를 잃어서 원자가 (+)를 띠거나, 전자를 받아서 원자가 (−)를 띨 수 있습니다. 이런 입자를 이온이라고 부르는데 (+)를 띠면 양이온, (−)를 띠면 음이온이라고 부릅니다.

사실 어떤 원자가 양이온이 될지 음이온이 될지는 이미 결정되어 있습니다. 심지어 전자 몇 개를 얻거나 잃는지도 정해져 있지요. 그게 그 원자의 성질입니다. 리튬(Li)은 전자 1개를 잃어서 양이온(Li^+)이 되고 산소는 전자 2개를 얻어서 음이온(O^{2-})이 됩니다. 그래서 여러 양이온과 음이온이 나오면 이들이 어떤 이온이 되는지 암기해 놓는 게 좋습니다. 나트륨 이온(Na^+), 칼륨 이온(K^+), 은 이온(Ag^+), 칼슘 이온(Ca^{2+}) 등이 대표적인 양이온입니다. 음이온으로는 염화 이온(Cl^-), 아이오딘화 이온(I^-), 산화 이온(O^{2-}), 황화 이온(S^{2-}) 등이 있습니다.

이온은 종류에 따라 인간에게 유용하게 쓰이기도 하지만 해를 입히기도 합니다. 휴대전화, 노트북, 전기 자동차까지 최근 모든 전자기기에 들어가는 전지는 리튬 이온이 들어가는 리튬 이온 전지입니다. 입안을 헹구는 가글제에는 플루오린화 이온(F^-)이 들어 있어 충치 예방에 도움을 줍니다. 수영장 물을 소독할 때는 염화 이온을 사용해 살균 효과를 얻지요.

반면 납 이온($Pb2^+$)은 전지 등 여러 용도로 쓰이지만, 체내에 축적되면 신경계에 이상을 일으켜 신체를 마비시킬 수 있는 위험이 있습니다. 카드뮴 이온($Cd2^+$)도 전지나 다양한 색을 내는 안료에 많이 쓰이는데, 카드뮴은 뼛속 칼슘을 녹여 이타이이타이 병을 유발합니다. '이타이'는 '아프다'는 뜻으로 그만큼 통증이 심한 병입니다.

수은 이온($Hg2^+$)은 형광등, 온도계, 각종 전자 제품에 많이 사용되었지만 수은에 의한 미나마타병이 확인되면서 지금은 수은 사용을 제한하고 있습니다. 수은이 체내에 축적되면 간과 신장 기능에 심각한 이상이 생깁니다.

표준 모형 개념도

쿼크

u	c	t
d	s	b

e	μ	τ
Ve	Vμ	Vτ

랩톤(경입자)

H

힉스

힘을 매개하는 입자

Z	γ
W	g

연금술은 과학일까?

연금술은 근대 화학의 출현과 밀접한 관계가 있습니다. 연금술은 고대 이집트에서 시작해 중세 유럽에 전해진 일종의 원시적인 화학 기술입니다. 연금술이라는 단어가 금이나 은 같은 귀금속을 제련하는 기술이라는 뜻인데 구리, 납, 주석 등 값싼 금속을 이용해 금으로 바꾸려는 기술이었지요. 현재는 노화를 예방하고 억제하는 약을 만드는 생명 공학 영역까지 다루고 있습니다.

모든 물질이 물, 공기, 불, 흙으로 구성된다는 아리스토텔레스의 4원소설도 연금술의 기본 원리에 사용되었습니다. 이들 4원소의 비율만 알면 일반 금속을 금으로 바꿀 수 있다고 생각한 거지요. 지금 기준에서는 연금술을 과학으로 보기는 어렵지만 뉴턴도 말년의 대부분을 연금술 연구로 채웠습니다. 연금술은 물질세계의 규칙을 파악하는 학문적 수단으로 여겨졌으니까요. 덕분에 이런 탐구들이 쌓여 근대 화학이 탄생할 수 있었습니다.

현대 화학 기술로 연금술은 가능할까요? 지금도 금은 굉장히 중요한 원소입니다. 금은 여전히 귀한 대접을 받고 있죠. 이는 기본적으로 금이라는 원소가 희귀하기 때문입니다. 화학적으로는 녹이 슬지 않고, 가공도 쉬워 다양한 모양으로 만들 수 있는 장점이 있습니다. 잘 펴지고 잘 늘어난다는 소리죠. 또 깨물어 보는 것만으로도 진짜 금인지 아닌지 감정할 수 있을 만큼 무릅니다. 무엇보다 자연 상태에 존재하는 금을 얻는 것 외에는 다른 어떤 방법으로도 금을 만들 수 없습니다. 이런 특성도 금의 몸값을 높이는 요인입니다.

금은 현대의 첨단 전자 산업에도 필수 부품입니다. 휴대전화에 들어가는 전자기판 등에는 금이 꼭 필요합니다. 기판의 스위치, 커넥터 등 부품의 접점에는 대개 금을 입힌 도금 제품이 사용됩니다. 금이 전기를 잘 통하는 금속이기도 하지만 워낙 얇게 펴지고 가공이 쉬워 아주 작은 전자 부품 소재로 쓰기에 안성맞춤이니까요. 그래서 휴대전화 등 전자기기에서 금을 모아 재활용하고 있습니다. 전자 폐기물 1톤을 수거하면 금 300그램을 얻을 수 있다고 합니다.

표준 모형의 세상

원자가 더는 분해되지 않는 기본 물질이라고 했습니다. 원자를 구성하는 양성자와 중성자, 전자는 정말 더는 쪼개지지 않을까요?

현대 물리학에서는 원자보다 더 근본적인 자연계를 구성하는 기본 입자를 16개로 봅니다. 양성자와 중성자가 더 작은 입자로 쪼개질 수 있다는 사실이 밝혀졌기 때문입니다. 입자는 쪼개져서 쿼크(quark)라는 기본 소립자가 되는데, 쿼크는 총 6종으로 어떤 쿼크들이 어떻게 결합하는지에 따라서 양성자나 중성자가 됩니다. 지금까지는 쿼크 셋이 적당히 잘 모이면 양성자나 중성자가 되는 것으로 알려져 있습니다.

전자도 더 쪼개질까요? 전자는 더 쪼개지지 않습니다. 대신 전자의 친척쯤 되는 소립자들이 발견됐습니다. 3종류의 중성미자와 뮤온(muon), 타우(tau), 여기에 전자까지 더해 6종이 발견됐는데 이들은 경입자라고 합니다. 그리고 이들 입자 사이의 힘을 매개하는 4개 입자까지 총 16개 입자가 현재는 자연계를 구성하는 기본 입자입니다. 이를 '표준 모형'이라고 부릅니다. 세상은 무엇으로 만들어졌는가에 대한 답을 집대성해 놓은 것이 표준 모형이라는 뜻입니다.

2012년 '신의 입자'로 불리는 힉스 입자(Higgs particle)가 검출되면서 전 세계는 열광했습니다. 표준 모형의 가장 밑바닥에는 이들 입자의 질량을 설명하기 위한 한 가지가 필요했지요. 이론적으로 입자에 질량을 부여하는 또 다른 입자가 존재해야 했지만 1960년대에 이 이론이 제기된 뒤에도 한참이나 발전이 없었던 겁니다. 그러다가 2012년에 처음 확인이 되었지요. 힉스라는 이름은 이 입자의 존재 가능성을 처음 제기한 영국의 과학자 피터 힉스의 이름에서 따왔습니다. 그래서 현재 표준 모형은 기본 입자 16개와 힉스까지 총 17개 입자로 자연의 모든 법칙을 설명하고 있습니다.

주기율표

08

흥미로운 원소의 세계

:

질소가 없으면 인류는 굶어 죽을까?

주기율표로 보는 세상

주기율표는 1번부터 118번까지 118 종류의 원소를 차례로 늘어놓은 표입니다. 이 중 98종은 자연계에 존재하는 것이고 20종은 실험실에서 인공적으로 합성한 것이지요. 주기율표에 담긴 원소 118개는 세상을 이루는 모든 원소라고 봐도 무방합니다.

주기율표의 원소는 모두 몇 개일까?

주기율표는 가로로 18개, 세로로 7개의 칸이 있습니다. 가로줄은 '주기'를 나타내고, 세로줄을 '족'이라고 부릅니다. 주기와 족에 따라 특정한 화학적, 물리적 특성이 나타납니다. 원자를 자세히 들여다보면 원자핵과 전자로 이루어져 있지요. 이 전자는 원자핵 바깥의 껍질에 있다고 생각하면 됩니다. 이런 원자의 구조를 발견한 것도 100년 전 쯤의 일이니 그리 오래된 일은 아니지요. 같은 가로줄에 있는 원소들은 전자껍질 수가 같습니다. 같은 세로줄에 있으면 가장 바깥의 전자껍질에 들어 있는 전자의 수가 같습니다.

이런 특징은 결과적으로 각 원소의 특징을 결정짓는 요인이 됩니다. 가장 쉬운 예가 이온입니다. 주기율표의 1번인 수소(H)를 봅시다. 수소는 원자핵에 전자 1개, 주기율표의 그 어떤 원소보다도 가장 간단한 구조입니다. 그런데 원소는 항상 안정적인 상태가 되려고 합니다. 전자가 1개 있으면 뭔가 불안정하니까요. 이때 수소는 전자 1개를 잃는데 다른 원소에게 전자 1개를 주면서 자신은 양이온이 됩니다. 전자 1개를 잃었으니 1가 양이온이 되는 거지요.

2번이지만 주기율표에서는 수소와는 가장 멀리 떨어진 헬륨(He)을 살펴볼게요. 헬륨은 주기율표 오른쪽 맨 끝의 세로줄, 즉 18족에 속하는 원소입니다. 18족에 있는 원소들의 특징은 매우 안정적입니다. 그래서 어지간해서는 다른 원소에게 전자를 주지도 받지도 않습니다. 자신의 상태 그대로가 가장 안정하니까요.

헬륨은 가장 바깥 전자껍질에 전자를 2개 채우고 있고, 그 밑에 같은 18족인 10번 네온(Ne), 18번 아르곤(Ar), 36번 크립톤(Kr) 등 18족 원소들은 가장 바깥 전자껍질에 전자 8개를 채우고 있습니다. 왜 헬륨은 전자가 2개이고, 나머지는 8개일까요? 전자껍질 순서에 따라서 전자가 몇 개까지 채워질 수 있는지 알아낸 것이 옥텟 규칙입니다.

옥텟(octect)은 8을 뜻하는 그리스어 옥타(octa)에서 온 말인데, 전자껍질에 최대 8개까지 채울 수 있다는 뜻입니다. 그래서 '팔 전자 규칙'이라고 부르기도 합니다. 3주기 이상이 되면 또 다른 법칙이 등장하는데 여기서는 일단 옥텟 규칙만 기억하면 됩니다.

헬륨과 같은 안정적인 원소인 18족 바로 왼쪽에 있는 17족 원소를 봅시다. 9번 플루오린(F), 17번 염소(Cl)는 모두 가장 바깥 전자껍질에 전자 7개를 가지고 있습니다. 8개가 안정한 상태이니 누군가 다른 원소에서 전자 하나를 받아 와야 합니다. 그래서 17족 원소가 이온이 되면 모두 1가 음이온이 됩니다. F^-, Cl^- 이렇게 되는 것이지요.

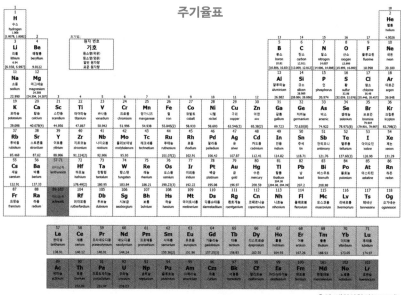

주기율표

출처: 대한화학회(2016년)

수소(H) 밑에 3번 리튬(Li)은 수소와 마찬가지로 1족 원소입니다. 그러니 리튬도 이온이 되면 +1가 양이온이 되려고 하고, 그래서 Li^+가 됩니다. 리튬 밑으로 1족에 속하는 11번 나트륨(Na), 19번 칼륨(K)도 모두 1가 양이온이 돼서 Na^+, K^+가 됩니다. 은(Ag)도 1가 양이온으로 Ag^+가 됩니다.

2족 원소들은 어떨까요? 4번 베릴륨(Be)과 12번 마그네슘(Mg), 20번 칼슘(Ca)은 모두 +2가 양이온이 됩니다. 전자를 2개 잃고 양이온으로 바뀌어야 안정적인 상태가 된다는 뜻이지요. 그래서 이들은 Be^{2+}, Mg^{2+}. Ca^{2+}처럼 바뀝니다.

이번에는 주기율표 오른쪽으로 가서 17족 원소 왼쪽의 16족 원소를 살펴보겠습니다. 17족 원소는 전자를 하나 얻어서 1가 음이온이 돼야 안정적이 된다고 했습니다. 그러면 16족 원소는 전자를 2개 얻어서 2가 음이온이 되어야 안정적이겠죠. 사실 자연의 법칙은 늘 질서를 추구하기 때문에 이렇게 일정한 규칙과 패턴이 생깁니다. 16족에 속한 첫 번째 원소가 8번 산소(O)입니다. 16번 황(S)도 16족 원소이고요. 이 둘은 이온이 되면 O^{2-}, S^{2-}처럼 됩니다.

13족에 속한 13번 알루미늄(Al)을 생각해 볼게요. 법칙대로라면 알루미늄은 전자 5개를 얻어서 5가 음이온이 되어야 합니다. Al^{5-}처럼 말이죠. 그런데 자연은 가능한 일은 적게 하고 효율은 큰 방식을 추구합니다.

옥텟 규칙에 따르면 전자가 첫 번째 껍질에는 2개, 그다음 껍질에는 8개가 들어간다고 했지요? 이렇게 채우고 나면 알루미늄은 가장 바깥 전자껍질에 전자 3개가 남게 됩니다. 알루미늄 입장에서는 다른 원소에서 어렵게 전자 5개를 얻으니 자신의 전자 3개를 내어주는 것이 훨씬 효율적입니다. 이렇게 하면 다른 원소와 결합하기가 더 쉬워지니까요. 그래서 알루미늄은 3가 양이온이 되어 Al^{3+}가 되는 것이지요.

주기율표의 원소들은 원자 상태에서 이온이 될 때 모두 이런 몇 가지 규칙을 따릅니다. 철(Fe), 마그네슘(Mg), 구리(Cu)는 모두 2가 양이온(Fe^{2+}, Mg^{2+}, Cu^{2+})이 됩니다. 원자가 아니라 원자 2개가 결합한 분자도 이온으로 바뀔 수 있습니다. 이들은 분자 전체가 이온 상태를 가집니다. 암모늄 이온(NH_4^+), 질산 이온(NO_3^-) 수산화 이온(OH^-), 탄산 이온(CO_3^{2-}), 황산 이온(SO_4^{2-}) 등이 대표적입니다.

수소가 주기율표의 넘버 원이 된 이유는?

만약 여러분이 원소 118개에 담긴 역사와 특징과 쓰임새를 모두 안다면 과학의 달인이 될 것입니다. 여기서는 인류의 삶과 밀접한 원소 몇 개를 살펴보겠습니다.

1번인 수소는 118개 원소 중에서도 가장 중요한 원소로 꼽힙니다. 138억 년 전 빅뱅이라는 대폭발로 우주가 생길 때 가장 먼저 생긴 최초의 원소가 수소입니다. 수소는 우주 전체의 90% 이상을 차지하고 있습니다. 수소가 생성되고 나서야 헬륨, 산소 같은 원소들이 만들어졌습니다. 그 이후에 지구가 만들어졌고, 그리고 인간이 나타났죠. 수소는 우주의 시작부터 지금까지 가장 오랜 시간을 함께 하고 있는 원소라고 할 수 있습니다.

수소는 상온에서 기체 상태입니다. 눈에 보이지 않지요. 하지만 어디에나 있습니다. 우리 몸에도 있죠. 수소는 구조 자체가 단순한 덕분에 다른 원소들과 결합을 잘 합니다. 그리고 이런 결합을 통해 우리 몸을 구성하는 데 필요한 단백질, 탄수화물, 지방 등을 만들어 내지요.

최근에는 수소가 청정에너지의 대명사로 각광받고 있습니다. 수소를 연료로 쓰는 수소 자동차도 등장했잖아요. 석유는 매장량이 한정되어 있고, 석유가 탈 때 나오는 배기가스는 공기를 오염시키고 지구 온난화를 유발합니다. 반면 수소는 태우고 나면(화학적으로 태운다, 연소한다는 뜻은 산소와 결합한다는 뜻이에요) 나오는 부산물이 물(H_2O)입니다. 친환경 연료이지요.

태양이 에너지를 만들어 내는 과정을 살펴볼까요? 태양은 수소 원자들을 융합해 무거운 원자핵으로 바꾸면서 에너지를 생산합니다. 이를 핵융합이라고 부릅니다. 핵융합으로 인간이 살 수 있는 에너지를 만듭니다. 인류는 아직 핵융합을 구현하지 못하고 있답니다.

핵융합 반응과는 반대로 무거운 원자가 쪼개질 때 나오는 에너지를 이용하는 핵분열 기술을 쓰고 있습니다. 바로 원자력 발전입니다. 인류는 태양의 핵융합 발전을 따라 하기 위해 부단히 노력하고 있고, 프랑스에 시험 시설을 짓고 있습니다. 과학자들은 2050년에는 인간도 태양처럼 핵융합 발전을 할 수 있을 것으로 기대하고 있답니다.

산소와 이산화탄소는 어떤 관계일까?

산소도 빼놓을 수 없습니다. 우리가 숨을 쉬고 생명을 유지할 수 있는 것은 산소 덕분입니다. 인간을 포함한 거의 모든 생명체는 산소를 이용해 호흡하고, 이를 통해 에너지를 얻습니다. 인간은 산소를 들이마시고, 이산화탄소를 내놓는데(호흡), 식물은 이산화탄소를 들이마시고 산소를 내놓습니다. 식물의 이 과정을 광합성이라고 부릅니다. 인간이 내놓은 이산화탄소를 식물이 들이마신 뒤 산소를 내놓으면, 이 산소를 인간이 다시 들이마시는 것이죠. 이런 식으로 인간을 포함한 지구의 생태계가 유지되고 있습니다.

이 균형이 깨지면 어떻게 될까요? 최근 '탄소 중립'이라는 용어를 많이 들어 보았을 겁니다. 이산화탄소는 지구를 덥게 만드는 대표적인 온실가스로 꼽히는데, 이런 이산화탄소를 포함한 온실가스 배출량을 0으로 만드는 것이 탄소 중립입니다.

이산화탄소의 양이 대기 중에 늘어나면 식물에는 오히려 좋은 것 아닐까요? 자연은 도시화를 겪으면서 삼림 면적이 많이 줄어들었습니다. 제품의 원료로 쓰기 위해 나무를 베기도 하고 산불로 엄청난 면적의 숲이 한번에 사라지기도 했습니다. 식물은 줄어들고, 식물이 다 쓰지도 못할 만큼의 이산화탄소는 대기 중에 계속 축적되고 있는 거지요.

이산화탄소가 늘어나면 지구가 우주로 내보내야 할 에너지를 방출하지 못해 점점 더워집니다. 그러면 북극의 빙하가 녹아 해수면이 상승하고,

물에 잠기는 나라도 생깁니다. 삼림이 줄어들기 전에 아예 삼림이 물에 잠겨 사라질 수도 있는 거지요. 그렇게 되면 인류가 살 수 없게 되는 것입니다. 실제로 남태평양의 투발루라는 섬나라는 국가 전체가 바닷물에 잠기고 있습니다. 그래서 2050년까지 탄소의 순 배출량을 0으로 만들자는 탄소 중립은 인류의 생존을 위해 꼭 해야 할 일입니다.

다시 산소로 돌아와 이야기해 볼까요? 인류가 처음부터 산소의 존재를 알고 있었던 것은 아닙니다. 수백 년 전 다양한 원소를 이용해 실험하던 사람들은 과학자 대신 연금술사로 불렸습니다. 연금술은 금을 만드는 기술입니다. 다시 말해 그 시절에는 지금 의미에서 화학 실험의 궁극적인 목적이 금을 만들기 위한 것이었습니다. 연금술은 과학이라기보다는 마술과 같은 영역이었지요.

산소도 어찌 보면 이런 과정에서 발견됐습니다. 산소를 발견하는 과정에서 화학 반응 전후로 질량의 변화가 없다는 '질량 보존의 법칙'이 발견되었고, 이를 통해 화학은 연금술이 아니라 과학으로 인정받게 됐습니다. 이를 '화학 혁명'이라고 부릅니다. 그리고 지금은 상식이나 마찬가지인 산소와 수소가 결합해 물이 만들어지고 거꾸로 물이 분해되어 산소와 수소가 만들어진다는 사실도 발견되었습니다.

참고로 산소 원자가 3개 결합하면 오존(O_3)이 만들어지는데, 산소 분자(O_2)가 자외선을 흡수할 때 생성됩니다. 이런 반응은 주로 지구 대기에서도 가장 높은 위치에서 나타납니다. 오존이 태양에서 내리쬐는 자외선을 흡수하는 역할을 하기 때문에 인간과 생명체를 자외선으로부터 보호하는 역할을 합니다.

한때 남극 상공의 오존층에 구멍이 뚫린 것처럼 오존층이 사라진 사실이 확인되면서 심각한 문제로 떠올랐습니다. 스프레이와 냉장고의 냉매로 사용되는 프레온 가스가 이런 오존층을 파괴하는 것으로 알려지면서 지금은 대부분의 나라에서 이 성분의 사용을 금지하고 있습니다.

탄소는 왜 '문명을 만든 원소'로 불릴까?

수소와 산소를 이야기하면서 탄소를 빼놓을 수 없겠지요. 탄소는 주기율표에서 정말 많은 원소와 결합할 수 있습니다. 화합물 중에서 90%가량이 탄소 화합물일 만큼 탄소는 어떤 의미에서 수소나 산소보다 더 중요한 원소로 꼽히기도 합니다. 이를 통해 생명과 문명을 만들었기 때문입니다.

탄소가 생명의 근원이라고 불리는 이유는 인간을 포함한 생명체를 구성하는 물질들이 탄소와 결합한 여러 화합물이기 때문입니다. 생명체의 세포와 조직, 기관은 모두 탄소에 수소, 질소, 산소, 인, 황 등이 결합한 탄소 화합물로 이루어져 있습니다. 3대 영양소로 불리는 탄수화물, 지방, 단백질도 탄소 화합물이며, 생명체의 특성을 결정하는 DNA도 아데닌(A), 티민(T), 구아닌(G), 시토신(C)을 포함해 뼈대를 이루는 디옥시리보스까지 모두 탄소 화합물입니다.

과학자들은 탄소가 이렇게 여러 원소와 잘 결합하는 이유를 탄소 자체의 화학적 특성에서 찾았습니다. 탄소는 가장 바깥 전자껍질에 4개의 전자를 가지고 있는데, 덕분에 다른 원자와 쉽게 화학 결합을 합니다. 4가 양이온부터 4가 음이온까지 상황에 따라 다양하게 결합하지요. 또 탄소 원자의 크기가 화합물을 만들기에 너무 크지도 작지도 않아서 탄소끼리 고리나 사슬 등 다양한 모양으로 결합하기도 합니다.

탄소는 문명을 만든 원소로도 불립니다. 이는 석탄과 숯 등 인류가 사용하는 화석 연료가 탄소 덩어리이기 때문입니다. 인류가 탄소 덩어리로 불을 피우기 시작하면서 음식을 익혀 먹었고, 유리를 녹여 물건을 만들고, 전기를 만들면서 문명이 발전했습니다. 석유에서 합성한 플라스틱은 현대 문명을 대표하는 소재입니다. 지금 자신이 쓰고 있는 물건 중에 플라스틱 성분이 포함되지 않은 게 몇 개나 있는지 찾아보세요. 아마 종이로 만든 물건 정도일 겁니다.

최근에는 탄소 원자 한 층이 벌집 모양으로 연결된 그래핀(graphene)이 '꿈의 신소재'로 불리며 다양한 곳에 활용되고 있습니다. 그래핀을 처음 발견한 과학자들은 2010년 노벨 물리학상을 받았습니다.

지구에서 가장 많은 원소는 무엇일까?

철기 시대는 인류가 문명의 발전을 눈부시게 이룬 때입니다. 철의 발견은 인류 발전의 핵심이었고, 핵심 원소라고 할 수 있으니까요. 철은 무게로 따지면 지구에서 가장 많이 존재합니다.

철이 이렇게 많은 이유는 우주에서 별이 탄생하는 원리에 담겨 있습니다. 우주가 생성될 때 핵융합, 핵분열 같은 수많은 핵반응이 일어났습니다. 그러면서 다양한 금속이 만들어졌지요. 그런데 철은 다른 금속과 달리 일단 만들어지고 나면 더 이상 핵반응이 일어나지 않는 안정적인 원소가 됩니다. 그래서 결과적으로 지구에서 가장 많이 존재하는 금속이 되었죠.

인류가 철을 사용하기 시작하면서 문명이 비약적으로 발전했습니다. 자동차, 항공기, 선박, 건축물, 각종 생활용품 등에 철이 사용되고 있습니다. 철을 사용하면서 알게 된 사실은 철이 공기 중 산소와 쉽게 반응해 산화가 일어난다는 사실이었습니다. 우리가 흔히 '녹이 슨다.'라고 표현하는 게 바로 이런 산소와 반응하는 산화가 일어났다는 뜻입니다. 산화 반응을 없애기 위해 철에 여러 금속을 섞어 스테인리스처럼 녹이 잘 슬지 않는 철강 소재를 만들었고, 일반 철보다 훨씬 단단한 강철도 만들었습니다.

철은 우리 몸에도 중요한 역할을 합니다. 약 광고에서는 '철분'이라는 단어로 많이 등장하는데, 바로 철을 말합니다. 혈액에는 헤모글로빈이 들어 있어 붉게 보입니다. 이런 혈액을 적혈구라고 부릅니다. 그런데 헤모글로빈에는 철이 들어 있고, 철이 산소와 결합합니다. 덕분에 혈액이 혈관을 타고 몸 구석구석을 돌아다닐 때 우리 몸에 산소가 골고루 공급됩니다. 헤모글로빈 없이는 생명이 유지되기 어려운 셈이지요.

질소가 없었다면 인류는 굶어 죽었을까?

우리가 숨 쉬는 공기에 가장 많이 들어 있는 원소는 무엇일까요? 산소라고 생각하기 쉽지만, 사실은 질소입니다. 대기 중 가장 많은 부피(무게가 아니에요)를 차지하고 있지요. 그리고 질소가 없었더라면 인류는 굶어 죽었을지도 모릅니다. 질소 비료를 만들지 못했다면 작물의 생산량을 늘릴 수 없었을 것이고, 이에 따라 지금과 같은 문명을 만들지 못했을 거예요.

식물이 살아가기 위해서는 질소가 꼭 필요합니다. 사실 식물뿐만 아니라 인간도 마찬가지입니다. 생명 유지에 필요한 단백질과 DNA 핵산에 질소 원자가 들어 있습니다. 공기 중에 질소가 이렇게 많은데 식물이 질소를 빨아들이는 건 쉽지 않을까요?

그런데 질소가 공기 중에서는 분자 상태(N_2)로 존재하고, 워낙 결합력이 강해서 다른 화합물과 잘 반응하지 않습니다. 물에 녹거나 산소와 결합하는 등 다른 화합물과 쉽게 결합해야 식물도 질소를 흡수하기 쉬울 텐데, 질소 분자 자체가 워낙 안정적이라 식물이 질소를 쓰려면 다른 방법이 필요합니다.

식물은 곰팡이(균)와 공생을 통해 질소를 공급받습니다. 뿌리에 사는 곰팡이가 식물에 질소를 공급해 주는 대신 식물은 곰팡이가 살 수 있는 영양분을 공급해 주는 것이지요. 콩과 식물은 뿌리에 있는 뿌리혹박테리아가 질소를 고정하고 여기서 합성한 질소 화합물을 식물에게 제공합니다. 결국 식물이 잘 자라려면 질소가 필수 원소인 셈이죠.

인간이 벼, 밀 등 작물을 키우기 시작하면서 질소 비료가 필요했습니다. 질소 비료를 만들려면 원료가 되는 암모니아가 필요한데, 암모니아를 대량으로 합성하는 것은 쉽지 않은 일이었죠. 100여 년 전 고온·고압을 이용해 반응 속도를 높여 암모니아를 대량으로 합성하는 기술이 개발되어 질소 비료도 대량 생산이 가능해졌습니다. 암모니아 합성법은 '하버-보슈법(Haber-Bosch process)'으로 불리며, 이 기술을 개발한 과학자들의 이름에서 따왔습니다. 하버는 1918년, 보슈는 1931년 그 공로로 노벨 화학상을 받았습니다.

질소의 끓는점은 영하 196도입니다. 즉 영하 196도보다 온도가 올라가면 기체 상태를, 그 아래에서는 액체 상태가 된다는 뜻입니다. 영하 196도까지 온도를 낮추면 액체 질소가 만들어지는데, 액체 질소는 급속 냉동에도 사용되고 있습니다.

만약 불치병에 걸린 사람을 액체 질소에 노출시켜 급속히 냉동시켜 냉동 인간으로 만들어 놓고, 수십 년 또는 수백 년 뒤 불치병을 치료할 기술이 개발됐을 때 냉동 인간을 해동시켜 병을 치료한다면 어떨까요? 실제로 이렇게 불멸의 삶을 꿈꾸는 사람들을 위해 미국과 러시아에는 냉동 인간으로 만들어 보존해 주는 서비스를 제공하는 회사도 있습니다.

마찬가지로 액체 질소에서 난자를 급속으로 냉동시켜 보관했다가 시험관에서 정자와 수정시켜 배양하는 시험관 아기 기술도 액체 질소 덕분에 가능해졌습니다. 시험관 아기로 불리는 인공수정 기술은 불임 부부에게 희망을 주었고, 이 기술을 처음 개발한 과학자는 2010년 노벨 생리의학상을 받았습니다.

'실리콘 밸리'가 상징하는 원소

규소는 지각에서 산소 다음으로 많이 존재하는 원소이며, 현대 전자 산업 발전의 원동력으로 불립니다. 이는 규소가 도체처럼 전기를 통하게도 하고, 부도체처럼 전기를 통하지 않게도 하는 반도체의 성질을 갖고 있기 때문입니다. 그래서 규소는 지금의 정보화 사회를 이끈 원소로 평가받습니다.

미국 첨단 기술의 성지로 꼽히는 캘리포니아주 스탠퍼드대 인근 지역은 '실리콘 밸리'로 불리는데, 여기서 실리콘이 규소의 영문명입니다. 순수한 규소 결정은 전기 전도도가 낮고 저항이 큽니다. 그래서 반도체 소자로 쓰기 위해서는 규소에 불순물을 소량 첨가해서 전기 전도도를 조절해야 하죠.

반도체 외에도 규소가 인간의 피부 조직과 매우 흡사하면서도 체내에서 안정적인 구조를 유지할 수 있어서 체내 보형물의 소재로도 쓰입니다. 아기 젖병의 꼭지를 실리콘(규소) 소재로 만드는데, 이는 소독을 위해 고온에서 가열해도 환경 호르몬을 배출하지 않기 때문입니다.

원소 작명법

지금은 주기율표에 118종의 원소가 올라 있지만 앞으로 주기율표에 등재될 원소는 더 늘어날 수도 있습니다. 기술이 발전하면서 인공적으로 원소를 만들어 낼 수 있는 확률도 늘어났기 때문이죠. 160번 원소까지 발견할 수 있을 것이라는 예상도 있습니다. 그렇다면 원소가 새로 발견될 때마다 이름은 어떻게 붙이는 걸까요?

현재 118개 원소 중에서 나라 이름이 붙은 원소들이 있습니다. 31번 갈륨(Ga)은 프랑스의 옛 라틴어 이름인 '갈리아'에서 왔습니다. 32번인 저마늄(Ge)은 독일을, 44번인 루테늄(Ru)은 러시아를, 84번 폴로늄(Po)은 폴란드를, 87번 프랑슘(Fr)은 프랑스를, 95번 아메리슘(Am)은 미국을 나타냅니다. 가장 최근에 나라 이름이 붙은 원소는 113번 니호늄(Nh)으로 일본을 뜻합니다.

새로운 원소를 발견하면 발견자나 발견한 국가를 붙이게 되어 있습니다. 국제순수응용화학연합(IUPAC)이라는 국제적인 화학 단체가 있는데, 여기서 새로운 원소가 맞는지 확인한 뒤 원소 이름을 공식적으로 등재합니다. 따라서 주기율표에 자국의 이름을 올리는 것은 그 나라의 과학 기술 경쟁력을 상징하는 것으로 볼 수 있습니다.

고체, 액체, 기체

09

고체, 액체, 기체 바로 알기

드라이아이스는 왜 물로 변하지 않을까?

물질의 특징만 잘 알아도
새로운 물질을 만들 수 있다

우리 주변에 있는 물질의 상태는 크게 고체, 액체, 기체로 나뉩니다. 물질은 온도나 압력에 따라서 이 세 가지 상태를 왔다 갔다 하지요. 어떤 물질은 상온에서 고체나 액체 상태인데, 어떤 물질은 상온에서 기체 상태인 경우도 있습니다. 같은 온도에서도 물질마다 상태가 다른 것이죠. 고체에서 액체로 바뀌는 온도(녹는점)나 액체에서 고체로 바뀌는 온도(어는점)는 물질의 고유한 특성입니다. 액체에서 기체로 바뀌는 온도(끓는점)도 마찬가지예요. 참고로 녹는점과 어는점은 다른 표현이지만 같은 뜻입니다.

삼겹살 기름은 왜 굳을까?

고체, 액체, 기체의 특징부터 생각해 볼게요. 고체는 단단하고, 모양과 부피가 일정합니다. 돌, 나무 같은 고체는 외부에서 온도나 압력(힘)을 가하지 않는 한 모양과 부피가 변하지 않죠. 반면 액체는 담는 그릇에 따라 모양이 바뀝니다. 모양이 일정하지 않다는 뜻이에요. 대신 부피는 일정합니다. 좁고 긴 시험관에 담겨 있든 넓은 냄비에 담겨 있든 양이 똑같으면 부피는 같습니다. 기체는 어떨까요? 모양도 부피도 모두 일정하지 않습니다. 어떤 모양의 그릇에 담기든 알아서 그릇을 가득 채웁니다. 흔히 기체가 퍼진다고 표현하죠.

아주 오래전부터 과학자들은 물질의 이런 세 가지 상태를 설명하고 싶었습니다. 그래서 입자를 이용해서 세 가지 상태를 표현했죠. 물리 법칙에 따라 계산하기도 좋고, 그림으로 나타내 설명하거나 직관적으로 이해하기도 쉬워졌습니다.

입자로 고체, 액체, 기체를 설명해 볼까요? 고체는 입자 배열이 규칙적입니다. 입자 사이의 거리가 일정하죠. 입자들이 움직이지 못해서 입자 운동이 거의 없습니다. 액체는 고체보다는 입자 배열이 불규칙적입니다. 고체만큼 질서 정연하지 않고 어느 정도 자유롭죠. 입자 사이의 거리는 비교적 가까운 편이지만 원하면 어느 정도 움직일 수 있습니다. 기체는 자유로운 영혼이라고 생각하면 됩니다. 입자 배열도 제 마음이고, 입자 사이 거리는 멀 수밖에 없고(높은 압력을 가해서 억지로 가까워지게 만들지 않는 한), 자기 마음대로 여기저기 활발하게 움직입니다.

이제 용어 몇 개를 기억해야 합니다. 고체, 액체, 기체가 서로 상태가 바뀔 때 사용하는 과학적인 단어인데 그리 어렵지 않습니다. 우선 고체가 녹아서 액체로 상태가 변하면 '융해'라고 부르고, 반대로 액체가 얼어서 고체로 상태가 변하면 '응고'라고 합니다. 액체가 기체가 되면 '기화', 반대로 기체가 액체가 되면 '액화'라고 부릅니다.

신기하게도 액체를 거치지 않고 고체와 기체가 직접 바뀌는 경우도 있습니다. 고체가 기체가 되든, 기체가 고체가 되든 이 두 가지 경우는 모두 '승화'라고 부릅니다. 승화의 대표적인 사례는 딱 하나만 기억하면 됩니다. 드라이아이스입니다. 드라이아이스는 기체 상태의 이산화탄소를 영하 78도로 냉각시켜서 고체 상태로 만들어 놓은 것을 말합니다. 비닐에 드라이아이스를 담아 두면 크기는 점점 작아지고 비닐은 부풀어 오릅니다. 고체 상태의 드라이아이스가 바로 기체 상태의 이산화탄소로 승화했기 때문이지요.

참고로 아이스크림 전문점에서 아이스크림을 포장할 때 온도를 차갑게 유지하기 위해 드라이아이스를 넣어 줍니다. 드라이아이스를 바깥에 꺼내 놓으면 김이 모락모락 나는데, 이 김은 이산화탄소는 아니고(이산화탄소는 눈에 안 보여요) 드라이아이스 때문에 주변 공기의 온도가 낮아져서 수증기가 액화해 생긴 작은 물방울입니다. 드라이아이스의 승화를 확인하려면 비닐에 넣어 놓고 비닐이 부풀어 오르는지 확인하면 됩니다.

코로나19의 유행으로 손 소독제를 많이 사용합니다. 손 소독제를 바르는 순간 시원한 느낌이 들지 않나요? 이는 손 소독제에 들어 있는 알코올 성분(에탄올)이 바로 기체가 돼서 증발하기 때문입니다. 증발하면서 피부 표면의 열을 빼앗아가서 시원하다는 느낌을 받는 것이죠. 이는 기화에 해당합니다.

수채화 물감으로 도화지에 그림을 그리면 물이 묻어 축축한데 어느 정도 시간이 지나면 도화지가 마릅니다. 이것도 물이 증발했기 때문이지요. 냄비에 물을 넣고 오래 끓이면 물의 양이 줄어드는데, 이것도 물이 수증기가 되어 증발해 버리는 기화가 일어났기 때문입니다.

물이 끓으면 하얀 김이 나죠? 수증기가 공기 중에서 다시 액화해서 생긴 액체 상태의 물방울입니다. 그런데 이렇게 생긴 하얀 김은 다시 수증기로 변해 우리 눈에서 금방 사라집니다. 염전에서 바닷물을 가둬 놓고 소금을 얻는 방식도 물의 기화를 이용한 것이지요.

기체에서 액체로 바뀌는 액화도 주변에서 쉽게 찾아볼 수 있습니다. 안경을 끼는 사람은 뜨거운 차를 마실 때 안경에 김이 서린 경험이 한 번쯤은 있을 겁니다. 물을 끓일 때 생긴 김과 마찬가지로 뜨거운 차에서 생긴 수증기가 안경 표면에 맺혀서 물방울이 되는 액화가 일어나기 때문이죠.

추운 겨울 정류장에서 버스를 한참 기다리다가 따뜻한 버스에 타는 순간 안경이 뿌옇게 되는 것도 안경 표면에 물방울이 맺히는 액화 때문이죠. 그런데 시간이 지나면 안경을 닦지도 않았는데 다시 투명해집니다. 이건 물방울이 수증기로 다시 기화하기 때문이지요. 다만 실내 온도나 습도에 따라 안경이 투명해지는 데 걸리는 시간은 차이가 있습니다. 수증기가 물방울이 모여 구름이 되는 현상도 액화의 한 예입니다. 특히 이 경우에는 수증기가 응결해 물방울로 바뀐다고 표현합니다.

초콜릿이 녹고, 고드름이 녹는 현상은 모두 고체가 액체로 바뀌는 융해에 해당합니다. 반대로 삼겹살을 굽고 시간이 지나면 프라이팬에 기름이 굳습니다. 응고가 일어났기 때문이죠. 용광로의 쇳물을 굳혀서 단단한 철로 만드는 것도 응고를 이용한 사례입니다.

세계에서 가장 오래된 금속 활자본인 '직지'는 금속을 가열해 녹인 뒤(용해) 틀에 부은 다음 굳혀서(응고) 원하는 모양의 활자를 만듭니다. 이때 용해와 응고가 동시에 일어납니다. 솜사탕을 만들 때도 용해와 응고가 동시에 일어나지요. 설탕을 녹여서(용해) 작은 구멍에 내보내고 이 설탕물이 식으면 실 모양으로 굳어서(응고) 솜사탕이 됩니다.

고체와 기체가 서로 상태가 바뀌는 승화는 냉동실에 넣어둔 얼음의 크기가 작아지거나(고체에서 기체로 승화가 일어남), 냉동실 안쪽이나 추운 겨울 유리창에 성에가 생기는(기체에서 고체로 승화가 일어남) 현상이 해당됩니다.

라면에도 승화를 활용한 사례가 있습니다. 라면 스프에 사용되는 동결건조입니다. 동결건조는 식품을 급속히 얼린 다음에 압력을 낮춰서 고체 상태의 얼음이 기체로 승화할 수 있게 만들어 수분만 제거하는 기법입니다. 이렇게 하면 식품 고유의 맛과 향은 물론 영양분도 보존할 수 있고 운반도 용이해집니다.

지상 300~400km에 떠서 지구 주변을 도는 국제우주정거장에 머무는 우주인들이 먹는 음식도 대부분 동결건조 처리가 된 것입니다. 국제우주정거장은 중력이 거의 없기 때문에 액체나 낱알이 많은 음식은 공중으로 떠다니면서 장비를 손상시킬 수 있습니다. 또 로켓 발사 시 음식에 포함된 물기는 무게를 늘리는 요인이 되기 때문에 바짝 건조시켜 수분을 모두 빼는 게 필수입니다. 발사 무게가 늘어날수록 연료가 많이 들기도 하지만 로켓이 감당할 수 있는 연료의 양과 중량은 정해져 있어서 우주에 갈 때는 무조건 무게를 줄여야 합니다.

우리나라도 볶은 김치를 우주 음식으로 개발한 적이 있는데, 이때 김치의 물기를 빼내는 데 승화를 이용했습니다. 볶은 김치를 영하 70도에서 급속 냉동 건조시킨 뒤 이틀간 10분의 1 기압에 놓고 물 분자가 기체가 되어 날아가게 만들었습니다. 이렇게 해서 원래 무게의 10분의 1로 줄인 우주 김치가 탄생했죠. 우주에서 먹을 때는 물을 섞어 먹으면 됩니다.

고체-액체-기체 상태 변화

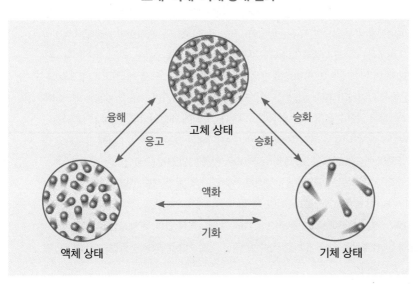

제4의 상태, 플라스마

고체, 액체, 기체 외에 제4의 상태로 불리는 플라스마도 있습니다. 플라스마(plasma)라는 단어가 나오면 태양을 떠올리세요. 플라스마는 원자핵과 전자가 분리된 이온 상태를 말하는데, 태양이 바로 이런 플라스마 상태를 가진 대표적인 예입니다.

태양은 핵과 핵을 합치는 핵융합 반응을 통해 에너지를 만들어 내는데, 1억 도의 초고온 플라스마 상태를 유지하고 있습니다. 그래서 핵융합 반응이 쉬지 않고 일어날 수 있죠. 태양이 핵융합 반응을 하지 않으면 에너지를 만들어 낼 수 없고, 지구에도 이 에너지가 도달하지 않게 됩니다.

지구는 스스로 빛을 내거나 에너지를 만들 수 없습니다. 태양에서 핵융합 반응으로 만들어 낸 빛과 열 에너지를 받지 않으면 지구는 멸망합니다. 태양의 초고온 플라스마 상태에서 일어나는 핵융합 반응은 지구의 생명줄이나 마찬가지예요.

태양은 50억 년 뒤쯤에는 이런 핵융합 반응을 멈추고 소멸할 것으로 예상됩니다. 그때까지 인류가 문명을 유지하며 지구에서 살고 있을지는 장담할 수 없지만, 핵융합 반응은 에너지를 만들고 부산물로 물만 만들어 내는 청정에너지 발전 방식에 해당합니다. 그래서 과학자들은 현재 핵융합 반응을 이용해 전기를 생산할 수 있는 미래형 발전소를 짓기 위해 협력하고 있습니다. 태양의 핵융합 반응을 모방했다는 의미로 '인공 태양'으로도 불립니다.

'인공 태양'의 실제 이름은 국제핵융합실험로(ITER)입니다. 현재 프랑스 남부 카다로슈 지역에 거대한 핵융합 실험로가 건설 중이며, 우리나라가 여기서 매우 중요한 역할을 하고 있습니다. 2050년에는 지구에서도 인위적으로 태양이 에너지를 만들 듯 핵융합을 이용해 전기를 만들게 될 가능성도 있습니다. 영국은 2040년 세계 최초로 핵융합 발전을 하겠다고 발표하기도 했습니다.

현재 세계적으로 사용되는 원자력 발전은 핵분열을 이용한 것인데, 핵융합과 반대로 핵이 쪼개질 때 나오는 에너지를 전기 에너지로 변환해 쓰는 것입니다. 핵분열을 이용한 원자력 발전은 핵연료를 조금 써서 많은 에너지를 얻을 수 있어 효율적이지만, 핵분열 뒤 방사성 핵종이 발생해 환경이나 인체에 해를 끼칠 우려가 있습니다.

무엇보다 사고가 발생하면 사실상 복구할 방법이 없고 그 피해는 고스란히 인간에게 돌아옵니다. 지금까지 인류가 경험한 대형 원전 사고는 딱 두 차례 있었습니다. 1986년 우크라이나의 체르노빌 원전에서 원자로가 폭발했는데, 사고 원인은 인재였습니다. 경험이 부족한 직원의 잘못으로 원자로가 폭발했고, 이로 인해 방사능 구름이 대기 중에 퍼지는 최악의 참사가 발생했습니다.

2011년 일본에서는 쓰나미가 후쿠시마 제1 원자력 발전소를 덮치면서 원전이 멈췄고, 이후 냉각 시스템이 파손되면서 핵연료가 녹아내려 결국 원전을 폐쇄했습니다. 하지만 후쿠시마 원전 사고로 방사능 오염수가 계속 발생했고, 결국 일본 정부는 이 오염수를 희석해 바다로 방류하겠다고 밝히면서 한국을 포함해 중국 등 국제 사회의 우려를 낳고 있습니다.

원자력 발전의 원리인 핵분열은 핵폭탄의 원리이기도 합니다. 제2차 세계대전은 미국 연합군이 일본 히로시마에 원자 폭탄을 투하하면서 끝이 났는데, 이 원자 폭탄의 원리가 핵분열입니다. 핵이 연쇄적으로 분열하면서 거기서 발생하는 강한 에너지가 폭발력을 만들어내는 것입니다. 핵융합 기술 발전은 매우 어려운 분야이지만 인류가 계속해서 연구하는 이유가 분명히 있을 겁니다.

태양 플라스마

플라스틱 냄비는 왜 없을까?

고체, 액체, 기체의 상태를 변하게 하려면 두 가지가 가장 중요합니다. 온도와 압력이에요. 대부분 물질은 온도를 높여 주면 고체 → 액체 → 기체 순서로 바뀝니다.

물질의 상태가 바뀔 때 변하는 것도 있고 변하지 않는 것도 있습니다. 고체에서 액체가 될 때 물질의 입자 배열은 어떻게 될까요? 당연히 변하겠죠. 액체가 되면서 입자 배열이 달라질 테니까요. 따라서 입자 사이 거리도 달라집니다. 입자 배열이 달라져서 거리가 달라진다는 뜻은 결국 부피가 달라진다는 겁니다. 부피를 결정하는 건 입자 사이의 간격이니까요. 입자 사이가 좁으면 물질의 전체 부피가 작을 수밖에 없고, 입자 사이가 넓으면 물질의 전체 부피도 커집니다. 대신 아무리 상태가 달라져도 입자 자체는 달라지지 않죠. 즉, 입자의 종류, 크기, 개수, 모양 등은 고체에서 액체가 되든, 기체가 되든 항상 똑같다는 뜻입니다.

이 말은 부피는 달라질 수 있지만 상태가 변해도 물질의 질량은 변하지 않는다는 말이기도 하죠. 입자 개수가 변하는 게 아니니까요. 부피는 변해도 질량은 변하지 않는다는 사실을 기억해 두길 바랍니다.

대부분 물질은 고체에서 액체가 될 때(액화) 부피가 증가하고, 액체에서 고체가 될 때(응고) 부피가 줄어듭니다. 입자 사이의 간격이 늘어났다가 줄어들 테니 당연한 결과지요. 그런데 딱 하나 예외인 물질이 있습니다. 바로 물입니다. 투명한 페트병에 물을 입구까지 넘칠 정도로 가득 따라서 냉동실에 넣어 얼려 보세요. 아마 페트병이 뚱뚱해지고 병 입구에는 물이 흘러넘친 것처럼 얼어붙어 있는 모습을 확인할 수 있을 겁니다.

물은 흥미롭게도 액체(물)에서 고체(얼음)가 될 때 오히려 부피가 증가합니다. 그 이유를 찾아내는 데도 한참 걸렸습니다. 물이 얼음이 될 때 입자들이 육각형 구조를 이루면서 가운데에 빈 공간이 생기기 때문입니다. 한때 이렇게 육각형 구조를 가진 '육각수'가 '건강한 물'이라며 이 물을 많이 마시면 암과 당뇨를 예방할 수 있다는 이야기가 떠돌았습니다. 마치 과학적인 사실처럼 사회적으로 화제가 됐는데, 전혀 사실이 아닙니다.

물질의 상태를 변하게 만드는 요인은 온도와 압력입니다. 온도를 먼저 생각해 볼까요. 물의 경우 0℃에서는 녹거나 어는 과정이 모두 나타납니다. 영하 10℃에서 꽁꽁 얼어 있는 얼음에 열을 가하면 온도가 올라가다가 0℃에서 녹기 시작합니다. 얼음이 전부 녹아 물이 된 뒤에도 열을 계속 가하면 그때부터는 물의 온도가 올라가겠죠. 가만히 생각해 보면 0℃에서는 얼음이 녹으면서 물이 생기기 때문에 얼음(고체)과 물(액체)이 동시에 존재합니다.

반대로 이번에는 물의 온도를 계속 낮춰서, 물에서 열을 빼앗아서 얼음으로 만드는 경우를 생각해 볼게요. 이때도 마찬가지로 0℃에서 얼음이 얼기 시작해서 물과 얼음이 동시에 존재합니다. 그러다가 전부 얼음으로 바뀐 뒤에도 계속 열을 빼앗으면 온도가 더 떨어져 얼음만 남게 됩니다.

이렇게 액체가 고체로 응고되는 온도를 어는점, 고체가 녹아서 액체가 되는 온도를 녹는점이라고 합니다. 한 물질에서 어는점과 녹는점은 같고 (물은 0℃), 물질마다 어는점과 녹는점은 전부 다릅니다.

이런 특성은 생활 곳곳에 활용됩니다. 여러분이 냄비를 만든다고 생각해 보세요. 녹는점이 10℃ 정도로 낮은 물질로 냄비를 만들 수 있을까요? 불에 조금만 올려놔도 냄비가 녹아 버리겠죠. 그래서 냄비는 플라스틱처럼 녹는점이 낮은 물질로는 만들지 않습니다. 냄비에 많이 사용되는 스테인리스강은 녹는점이 무려 1600℃가 넘습니다. 요리할 때 필요한 온도에는 끄떡도 하지 않는 셈이죠.

이번에는 물질의 상태를 변하게 만드는 온도를 열의 출입으로 바꿔서 생각해 보겠습니다. 고체가 액체가 되려면(용해) 온도가 올라가야 하니 열에너지를 흡수해야 합니다. 거꾸로 액체가 고체로 응고하려면 열 에너지를 바깥으로 내보내는 방출이 일어나야 합니다. 마찬가지로 액체가 기체가 될 때는(기화) 열 에너지를 흡수해야 하고, 기체가 액체가 되려면(액화) 열 에너지를 방출해야 합니다. 고체와 기체 사이에 승화가 일어날 때도 고체가 기체가 되려면 열 에너지를 흡수해야 하고, 기체가 고체가 되려면 갖고 있던 열 에너지를 방출해서 온도를 떨어뜨려야 합니다.

이런 열 에너지의 흡수와 방출은 자연법칙에서 매우 중요한 작용입니다. 나중에 열역학 법칙을 배우면서 알게 되겠지만 열은 곧 에너지이고 이를 흡수하고 방출하는 작용은 우리가 의식하지 않아도 우리 몸 안의 세포나 자연계, 우주에서 끊임없이 일어나고 있습니다.

열 에너지의 흡수와 방출을 이용한 생활의 지혜도 굉장히 많습니다. 생선 밑에 얼음을 깔아두고 생선을 차갑게 보관하거나, 음료수에 얼음을 넣어 차갑게 만드는 것은 얼음(고체)이 융해열을 흡수해 녹으면서 주변 온도를 낮추는 원리를 활용한 사례입니다.

더운 여름 바닥에 물을 확 뿌리면 주변 공기가 한순간 시원해지는데, 이는 물이 수증기로 증발하면서 기화열을 흡수하기 때문이죠. 아이스크림을 포장할 때 드라이아이스를 넣어 주는 건 드라이아이스(고체)가 기체로 바뀔 때 승화열을 흡수하면서 주변을 시원하게 만들어 주기 때문입니다. 또 추운 겨울 손바닥을 모아서 입을 감싸고 천천히 입김을 불면 따뜻함을 느낄 수 있는데, 이는 손바닥 사이의 차가운 공기가 물방울로 바뀌면서 액화열을 방출하는 작용이 일어나기 때문입니다. 이글루 안에 물을 뿌리면 따뜻해지는데, 이는 물이 응고열을 방출하며 얼기 때문이죠.

어떤 경우에 열을 흡수하고, 어떤 경우에 열을 방출하는지 헷갈릴 때가 있습니다. 그런데 사실 원리는 매우 간단합니다. 고체 → 액체, 액체 → 기체, 고체 → 기체 이렇게 입자가 더 자유로워지는 상태로 바뀔 때는 무조건 열을 흡수해서 온도가 올라가야 합니다. 그래서 고체가 액체가 될 때는 융해열 흡수, 액체가 기체가 될 때는 기화열 흡수, 고체가 기체가 될 때는 승화열 흡수입니다.

반대로 액체 → 고체, 기체 → 액체로 바뀌면 입자가 구속되는 것이니 무조건 열을 방출해서 온도를 내려야 합니다. 그래서 각각 응고열을 방출하고, 액화열을 방출하는 겁니다. 각각에 해당하는 실생활 사례가 나오더라도 당황하지 말고 고체가 액체로 바뀌는지, 아니면 액체가 고체로 바뀌는지만 생각하면 흡수와 방출은 저절로 결정된다는 점을 기억하면 됩니다.

지구는 왜 계속 뜨거워지지 않을까?

고체, 액체, 기체가 서로 상태를 바꾸려면 열 이동이 핵심입니다. 열은 세 가지 방법으로 이동합니다. 물체의 상태에 따라 열이 이동하는 방식도 다릅니다. 고체에서는 입자의 운동이 이웃한 입자에 차례로 전달되면서 열이 이동합니다. 이를 '전도'라고 부릅니다. 뜨거운 국에 숟가락을 담가 두면 숟가락 손잡이까지 뜨거워져서 모르고 잡았다가는 깜짝 놀라게 됩니다. 프라이팬 아래쪽만 가열해도 팬 전체가 달궈집니다. 이런 것들이 모두 전도의 사례입니다.

액체나 기체에서는 '대류'를 통해 열이 전달됩니다. 액체나 기체 상태에서는 입자의 움직임이 고체보다 자유롭습니다. 그래서 입자가 직접 이동하면서 열을 전달할 수 있습니다.

물을 끓이면 뜨거워진 물은 위로 올라가고 차가운 물은 아래로 내려옵니다. 마찬가지로 따뜻한 공기는 위로 올라가고 차가운 공기는 아래로 내려옵니다. 이런 현상이 대류의 대표적인 사례입니다. 바닥을 따뜻하게 데우면 시간이 지나면서 방 전체가 훈훈해지는데, 이 또한 따뜻한 공기와 차가운 공기가 대류를 통해 순환하기 때문입니다. 에어컨을 켜면 방이 시원해지는 것도 공기의 대류가 일어나기 때문입니다.

복사를 통해 열이 이동하기도 합니다. 물질의 도움 없이 직접 열이 이동하는 방법인데, 대표적으로 태양의 열 에너지가 지구에 전달될 때 복사가 일어납니다. 그래서 흔히 태양 복사 에너지라고 불립니다. 모든 물체는 복사열을 가지고 있고 이를 방출합니다.

코로나로 음식점이나 마트, 백화점에 출입할 때 열화상 카메라로 체온을 측정하는데, 열화상 카메라가 복사열을 활용한 대표적인 사례입니다. 열화상 카메라는 적외선 카메라로도 불리는데, 물체의 온도가 높을수록 방출하는 적외선 파장이 짧고 이를 이용해 온도를 측정합니다. 적외선 카메라는 코로나19 등 감염병 확산을 막는 검역용에만 사용되는 것이 아니라 어두운 밤이나 안개 낀 날 물체를 확인하는 군사용으로도 사용되며, 화재 현장에 진입할 때 소방관의 시야 확보를 도와 화재를 진압하고 인명을 구조하는 용도로도 쓰입니다.

열이 전도나 대류, 복사를 통해 계속 이동하는 것은 사실 열평형 상태에 도달하기 위해서입니다. 따뜻한 물에 얼음을 넣으면 얼음이 녹으면서 시원해지는데, 더는 시원해지지 않는 상태에 도달했을 때가 열평형 상태라고 보면 됩니다.

바꿔 말하면 열평형 상태에 도달하면 이후 열전달이 일어나지 않습니다. 지구 표면도 태양에서 복사 에너지를 받기 때문에 계속 뜨거워져야겠지만, 지구가 복사 에너지를 우주 공간으로 다시 방출하면서 열평형 상태를 유지하기 때문에 계속 뜨거워지지 않습니다. 지구는 평균 15℃의 온도를 유지합니다.

자연 상태에서는 언제나 열평형 상태로 가기 위한 열의 이동이 일어납니다. 그래서 의도적으로 열의 이동을 막기도 합니다. 이를 단열이라고 하죠. 유리창을 이중으로 설치하거나 벽에 특수 소재를 넣는 것은 모두 열전도를 차단하기 위한 단열 방법입니다. 이런 소재를 단열재라고 부릅니다.

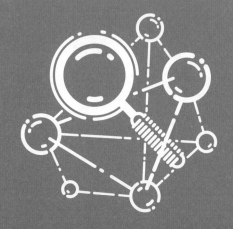

화학 법칙

10

화학 법칙이란?

:

서로 다른 물질에도 공통점이 있다

케미가 좋은 물질끼리 만나야 한다

드라마나 영화에서 주인공들이 잘 어울릴 때 '케미가 좋다'고 말하기도 합니다. 반 분위기가 좋을 때 '이 반은 케미스트리가 좋다'고 표현하기도 하잖아요. 화학 반응을 의미하는 단어 '케미스트리(chemistry)'와 같은 단어 맞습니다. 서로 조화롭게 잘 어울려서 최고의 반응이 나올 때 케미라는 단어를 쓰는데, 실제로 자연은 한시도 가만히 있지 않고 끊임없이 최고의 케미를 위해 반응을 일으킵니다.

찌그러진 캔과 녹슨 철의 차이는 뭘까?

　자연에서 나타나는 반응은 크게 두 가지로 구분됩니다. 물질 고유의 성질은 변하지 않고 모양이나 상태만 바뀌는 물리적 변화입니다. 컵이 깨지거나 캔이 찌그러지는 것(모양 변화), 아이스크림이 녹거나(고체에서 액체로 상태 변화), 향기가 퍼지거나(액체에서 기체로 상태가 변해 기체 분자가 확산), 유리창에 김이 서리거나(기체에서 액체로 상태 변화), 설탕이 물에 녹는(설탕 분자가 물과 골고루 섞임) 현상은 모두 물리적 반응에 해당합니다.

설탕이 물에 녹으면 흰색 가루 상태만 사라질 뿐 달콤한 맛이 없어지거나 색이 변하지는 않습니다. 고체가 액체로 바뀌는 액화나, 액체가 기체로 바뀌는 기화, 고체가 기체로 바뀌는 승화는 모두 물리적으로 상태가 변한 것이어서 물리적 반응에 속합니다.

반면 화학적 반응은 물질의 성질이 아예 달라집니다. 철을 공기 중에 놔두면 녹이 습니다. 철이 산소와 반응해서 색이 달라지고, 성질도 바뀝니다. 양초에 불을 붙이면 초가 타면서 열과 빛이 납니다. 고체인 초가 액체 상태로 바뀌는 건 물리적 변화이지만, 원래 양초에는 없던 열과 빛이 나는 건 완전히 다른 성질로 바뀐 것입니다.

김치를 오래 두면 새콤한 맛이 나는데, 이때 냄새도 맛도 처음과 완전히 다릅니다. 설탕을 불에 오랫동안 녹이면 캐러멜처럼 바뀌면서 색깔과 냄새, 맛이 모두 달라지죠. 이런 예들이 화학적 변화에 해당합니다. 이런 화학적 변화가 일어나는 과정을 화학 반응이라고 합니다. 화학 반응이 물리적 변화와 어떻게 다른지는 분자에서 원자 사이의 결합이 어떻게 바뀌는지를 확인하면 됩니다.

오랫동안 과학자들은 화학 반응에서 몇 가지 기본적인 법칙을 찾아냈습니다. 첫 번째가 앞에서도 잠깐 언급한 질량 보존의 법칙입니다. 화학 반응이 일어날 때 반응 전후에 물질의 총질량이 변하지 않는다는 법칙입니다. 즉, 반응물의 총질량과 반응 후 나타난 생성물의 총질량은 같습니다. 이는 화학 반응이 일어날 때 원자의 배열은 달라질 수 있지만, 원자의 종류나 수가 바뀌지 않기 때문입니다. 질량 보존의 법칙은 물리적인 변화에서도 똑같이 적용됩니다. 캔이 찌그러지거나 아이스크림이 녹는 상태 변화가 나타나도 원자의 종류와 수가 변하지는 않기 때문입니다.

숯불을 피운 화로에서 고기를 열심히 구워 먹은 뒤 숯을 보면 처음보다 크기가 확연히 줄어들어 있죠? 이 경우에도 질량 보존의 법칙이 성립할까요? 숯이 타는 과정은 숯의 성분인 탄소(C)가 공기 중의 산소(O_2)와 만나는 화학 반응입니다. 이 반응을 통해 이산화탄소(CO_2)가 발생합니다. 그래서 처음 숯의 질량에 산소를 더한 질량은 나중에 남은 숯과 이산화탄소를 더한 질량과 동일하죠. 이 경우에도 질량 보존의 법칙이 성립한다는 뜻입니다. 나무를 태우는 화학 반응도 마찬가지예요. 나무와 산소를 더한 질량은 태우고 나서 생긴 재와 방출된 이산화탄소, 수증기를 모두 더한 질량과 같습니다.

바닷물에 나트륨은 얼마나 들어 있을까?

라부아지에의 질량 성분비의 법칙 외에 중요한 화학 법칙이 또 있습니다. 프랑스의 조제프 프루스트라는 과학자가 처음 제안한 일정 성분비의 법칙입니다. 일정 성분비의 법칙은 화합물을 얻는 방법에 상관없이 그 속에 포함된 원소 사이에는 질량비가 일정하다는 것입니다. 반면 혼합물에서는 일정 성분비의 법칙이 성립하지 않죠. 설탕물은 설탕과 물의 양을 어떻게 조합하느냐에 따라 여러 농도로 만들 수 있어 설탕과 물의 질량비가 항상 일정하지 않습니다.

일정 성분비의 법칙이 성립하는 이유는 간단합니다. 화합물이 생성될 때 원자가 항상 일정한 개수비로 결합합니다. 또 원자는 각각 일정한 질량이 있지요. 그리고 원자의 종류에 따라 질량이 다릅니다. 그러니 일정 성분비의 법칙이 성립할 수밖에 없습니다. 바닷물에 녹아 있는 무기염류 사이에도 일정 성분비의 법칙이 성립하는데, 칼륨을 1이라고 할 때 나트륨과 마그네슘, 칼슘이 각각 27.8, 3.3, 1.1의 비율을 만족합니다.

구리를 공기 중에 오래 놔두면 산소와 결합해 산화 구리가 되면서 녹이 습니다. 구리를 가열하면 이 과정을 더 쉽게, 더 빨리 확인할 수 있는데 구리의 질량이 늘어날수록 산화 구리의 질량과 산소의 질량이 일정하게 증가합니다. 일정 성분비의 법칙이 성립하는 셈입니다. 대개 구리와 산소는 4:1의 질량비로 반응하기 때문에 산화 구리를 구성하는 구리와 산소의 질량비도 4:1이 됩니다. 실험으로 산화 구리의 질량과 구리의 질량을 재서 비교해 보면 확실히 알 수 있습니다.

일정 성분비의 법칙은 질량에 관한 법칙입니다. 종종 분자식에서 원자의 개수와 혼동하는 경우가 있으니 구분해 놓기 바랍니다. 물의 분자식은 H_2O입니다. 여기서 원자의 개수비는 분자식 그대로 읽으면 됩니다. 수소 대 산소가 2 대 1이라는 뜻입니다. 하지만 원자의 종류에 따른 질량비는 이와 다릅니다. 수소 대 산소가 1 대 16입니다. 산소 질량이 더 크기 때문이죠. 개수비와 질량비의 차이는 이렇게 다릅니다.

기체 반응 법칙도 있습니다. 일정한 온도와 압력에서 기체가 반응해서 새로운 기체가 생성될 때 각 기체의 부피 사이에는 간단한 정수비가 성립합니다. 1808년 프랑스의 화학자인 조제프 게이뤼삭이 발표했습니다. 기체는 사실 온도와 압력에 매우 큰 영향을 받습니다. 그래서 항상 온도와 압력 조건이 어떤지 먼저 확인해야 합니다. 기체 반응 법칙도 온도와 압력이 일정하다는 전제가 붙으니까요.

질소 기체와 수소 기체가 일정한 온도와 압력에서 반응할 때는 질소 1 부피와 수소 3 부피가 만나서 암모니아 2 부피가 나옵니다. 이 법칙은 이름 그대로 질량이 아니라 부피에 관한 법칙입니다. 질소와 수소가 만나 암모니아가 생성될 때 부피가 항상 1:3:2로 나타난다는 뜻입니다. 이를 화학 반응식으로 나타내면 $N_2+3H_2 \rightarrow 2NH_3$가 됩니다. 즉 화학 반응식에서 분자식 앞의 숫자(계수) 사이의 비는 분자 수의 비와 같고, 이는 곧 부피 비와 같습니다.

분자 개념이 등장하기 전에는 원자만으로 기체 반응 법칙을 설명할 수 없었습니다. 원자 모형으로 이를 설명하려면 원자를 쪼개야 했는데, 이는 더 이상 쪼갤 수 없다는 원자의 정의를 위배하는 것이었기 때문입니다.

사실 분자의 개념이 등장한 건 이탈리아 과학자 아메데오 아보가드로 덕분입니다. 아보가드로는 온도와 압력이 일정할 때 같은 부피 속에는 같은 수의 분자가 들어 있다는 '아보가드로의 법칙'을 발표했습니다. 이를 통해 원자설을 위반하지 않으면서 기체 반응 법칙을 설명할 수 있게 됐고, 이후 아보가드로 법칙은 공식적으로 인정받게 되었습니다.

산소와 플로지스톤

1600년대는 물리학과 생물학에서 큰 변화를 겪고 있었습니다. 뉴턴의 만유인력의 법칙이 등장했고, 생리학에서도 혈액 순환설을 토대로 한 발전이 일어나고 있었습니다. 하지만 화학에서는 큰 변화가 없었지요. 라부아지에도 1700년대에야 등장했습니다. 그 이유 중 하나는 아리스토텔레스의 '4원소설'의 영향력이 여전히 막강했기 때문이죠. 또한 당시 화학계를 지배하던 '플로지스톤설' 때문이기도 했습니다.

플로지스톤설은 물질이 연소할 때 플로지스톤이 물질에서 분리된다는 이론입니다. 나무를 태우면 재가 남는 것도 나무가 재와 플로지스톤이 결합했기 때문이라고 설명하는 식이었습니다. 그래서 플로지스톤을 많이 포함한 물질은 불에 잘 타고, 플로지스톤이 별로 없는 물질은 불에 잘 타지 않는다고 생각했습니다.

당연히 플로지스톤설로 설명되지 않는 현상도 있었습니다. 금속을 태우면 오히려 무게가 증가하는데(지금은 금속이 산소와 결합하기 때문에 무게가 증가한다는 사실을 바로 이해할 수 있습니다), 플로지스톤설로는 설명이 안 되었습니다. 플로지스톤이 탈 때 빠져나가야 하는데 무게가 늘어났으니까요. 그래서 플로지스톤이 마이너스 무게를 갖는다는 설명까지 등장하기도 했습니다. 그 당시 화학자들은 왜 이런 이론을 받아들였는지 지금 관점에서는 이해하기 힘들 겁니다. 하지만 당시에는 기체의 무게를 정교하게 측정하거나 종류를 구분할 정도의 기술이 없었습니다. 그러니 실험으로 나타나는 현상을 그럴듯하게 설명하는 이론을 받아들일 수밖에 없었지요.

영국의 프리스틀리라는 화학자는 묽은 수은 용액을 가열하면 무색무취의 기체가 생긴다는 사실을 발견하고 이를 용기에 모았고, 이 기체의 성질을 알아보기 위해 양초를 태운 결과 양초가 매우 격렬하게 연소한다는 사실을 알아냈습니다. 프리스틀리는 이 기체에 '탈(脫)플로지스톤 기체'라는 이름을 붙였는데, 사실 이 기체가 산소였던 겁니다.

이후 프리스틀리는 여행 도중 파리에서 만난 라부아지에에게 이 실험을 설명했는데, 이는 라부아지에가 산소의 존재를 발견하고 이를 통해 플로지스톤설을 버리고 근대 화학의 토대를 닦는 데 큰 역할을 했습니다. 반면 프리스틀리는 끝까지 플로지스톤설을 버리지 못했다고 합니다.

핫팩과 달리기의 공통점

앞에서 고체, 액체, 기체 사이의 상태가 변할 때 서로 에너지가 출입한다고 했습니다. 이런 상태 변화 자체가 화학 반응이기도 하지만, 화학 반응이 일어날 때 에너지를 방출하거나 흡수합니다. 그래서 주변 온도가 바뀝니다. 에너지를 방출하면 주변 온도가 높아지는 발열 반응이, 에너지를 흡수하면 주변의 에너지를 흡수하는 만큼 온도가 낮아져 흡열 반응이라고 부릅니다.

겨울철에 손난로로 쓰는 이른바 '핫팩'은 에너지를 방출하는 발열 반응을 일으켜 따뜻하게 만드는 원리입니다. 핫팩에는 주로 철가루와 숯가루, 소금과 소량의 물, 질석이라는 물질이 들어갑니다. 철가루는 공기 중의 산소와 반응해 열을 방출하는 역할을 합니다. 이 열이 빠져나가지 않게 만드는 물질이 질석입니다. 또 숯가루는 다공성 구조를 갖고 있어 발열 반응이 잘 일어나게 돕고, 소금과 물은 철이 산소와 잘 반응하도록 돕습니다. 물질을 태우는 연소 반응은 열 에너지와 빛 에너지를 방출하는 발열 반응에 해당합니다.

여름철에 손 냉장고도 만들 수 있습니다. 물과 질산암모늄을 지퍼백에 넣은 뒤 둘이 섞이게 하면 주변의 에너지를 흡수해 온도가 낮아집니다. 곧 손 냉장고가 차가워집니다. 식물이 광합성을 할 때는 빛 에너지를 흡수하는데, 그래서 광합성은 흡열 반응에 해당합니다.

이런 발열, 흡열 반응은 여러 곳에 활용됩니다. 발열 도시락의 경우 발열제의 주성분인 산화칼슘이 물과 반응할 때 방출하는 에너지로 음식을 데우는 원리를 사용합니다. 소나 돼지가 걸리는 전염병인 구제역의 경우 구제역 바이러스를 제거할 때도 발열 반응을 이용합니다. 구제역 바이러스가 열에 약하기 때문에 산화칼슘이 물과 반응할 때 방출하는 에너지로 바이러스를 제거합니다.

겨울에 눈이 쌓인 곳에 염화칼슘을 뿌려서 눈을 녹이는 원리는 염화칼슘이 공기 중의 수분을 흡수하면서 녹고 이때 방출하는 열을 이용하는 겁니다. 얼음이 녹아 생긴 물이 염화칼슘과 섞이면 어는점은 더 내려가고 이에 따라 염화칼슘을 뿌려 놓으면 물보다 어느 점이 낮아져 쉽게 얼지 않아서 제설 효과가 좋습니다.

우리 몸에서도 발열 반응과 흡열 반응이 끊임없이 일어납니다. 달리기를 하면 체온이 올라가는데 이는 몸에서 발열 반응이 나타나기 때문입니다. 달리기를 하면 호흡을 많이 하게 되고, 이 과정에서 세포에서는 포도당이 산소와 반응해서 물과 이산화탄소로 분해되는 화학 반응이 나타납니다. 포도당이 산소와 반응해서 분해되는 과정은 발열 반응으로 열이 방출됩니다. 그래서 몸에서 후끈후끈 열이 나고 땀이 흐릅니다. 우리 몸은 이 과정을 통해 달리기에 필요한 에너지를 얻습니다.

에펠탑 높이는 항상 같을까?

열이 들고 나는 것은 온도 차 때문입니다. 온도가 다른 물체 사이에서 이동하는 열의 양을 열량이라고 부릅니다. 물질마다 가지는 열량은 다르죠. 열량에 가장 큰 영향을 미치는 것은 온도로 물체를 구성하는 입자의 운동 정도를 결정합니다. 입자의 운동이 활발할수록 온도가 높고 열량도 큽니다. 뜨거운 물에 설탕을 넣으면 차가운 물에 넣을 때보다 빨리 녹습니다. 온도가 높은 물에서는 입자의 운동이 활발해 설탕과 더 빨리 결합하지만 차가운 물은 입자의 운동이 둔해 설탕과 결합 속도가 느립니다. 뜨거운 물과 차가운 물에 검은색 잉크를 한 방울 떨어뜨리고 물에서 퍼지는 속도를 비교해 보세요. 뜨거운 물에서 잉크가 확연히 빨리 퍼지는 것이 보일 겁니다.

그런데 똑같은 양의 열을 가해도 어떤 물질은 빨리 뜨거워지지만 어떤 물질은 시간이 오래 걸리기도 합니다. 이는 물질마다 비열이 다르기 때문입니다. 비열이 크다는 뜻은 똑같은 열을 가해서 온도를 1℃ 올리는 데 시간이 오래 걸린다는 것이고, 비열이 작다는 뜻은 똑같은 열을 가해서 온도를 1℃ 올리는 데 시간이 짧게 걸린다는 것입니다.

비열을 말할 때 육지와 바다를 예로 듭니다. 물은 비열이 크고, 모래는 비열이 작지요. 즉 한여름에 바다와 모래사장이 똑같이 태양 에너지를 받아 가열되는데, 모래사장은 매우 뜨거워지지만 물은 시원합니다. 비열이 다르기 때문이지요.

물과 육지의 비열 차이로 한낮에 육지는 빨리 뜨거워지고 바다는 천천히 뜨거워지기 때문에 바람이 부는 방향도 달라집니다. 낮에는 육지 위의 공기가 뜨거워져 위로 상승합니다. 그래서 그 자리를 채우기 위해 바다에서 공기가 육지로 이동하면서 해풍이 불지요.

반대로 밤이 되면 바다가 육지보다 더 따뜻해집니다. 즉 바다 위의 공기가 증발하고 그 자리를 채우기 위해 육지에서 공기가 이동하면서 바다 쪽으로 육풍이 붑니다. 우리 몸의 70% 이상은 물로 이루어져 있는데, 덕분에 체온을 일정하게 유지할 수 있습니다.

프라이팬은 비열이 큰 물질과 작은 물질 중 어떤 물질로 만드는 게 유리할까요? 빨리 뜨거워져야 하기 때문에 비열이 작은 물질로 만들어야 합니다. 온도가 빨리 올라야 음식을 조리할 때 도움이 되겠지요. 양은 냄비로 라면을 끓이면 열이 빨리 전달되어 더 맛있다고 합니다. 여기서 양은은 구리에 니켈과 아연을 첨가한 구리 합금입니다.

합금은 열을 빨리 전달하기 위해 만든 소재예요. 알루미늄 냄비도 마찬가지로 알루미늄의 비열이 작아서 열이 빨리 전달되고 온도가 금방 올라갑니다. 반대로 찜질팩의 경우 열이 빨리 식으면 안 되기 때문에 비열이 큰 소재를 사용합니다.

온도에 따라 입자의 움직임이 달라지는 열팽창을 실생활에 이용한 사례도 많습니다. 송전탑을 잇는 전선은 전선 껍질 안에 구리로 된 케이블이 있습니다. 구리는 여름에는 열을 받으면 금방 팽창해 길이가 늘어나지요. 이 때문에 처음에 만들 때부터 여름에 길이가 늘어나고 반대로 겨울에는 팽팽해지는 열팽창을 고려해 전선을 설치합니다. 실제로 프랑스 파리의 상징인 에펠 탑은 철로 만들어져서 여름철이 겨울철보다 더 높다고 합니다.

알코올 온도계도 유리관 속에 들어 있는 알코올이 열을 받으면 팽창하는 성질을 이용해 온도를 측정합니다. 만약 유리병 뚜껑이 잘 안 열리면 뚜껑에 뜨거운 물을 부어 보세요. 열팽창을 하기 때문에 쉽게 열린 답니다.

미터와 마일 중 뭐가 표준일까?

미터(m), 킬로그램(kg) 같은 단위는 과학 연구와 기술 발전에 필수적입니다. 사실 단위의 발전이 곧 과학의 발전이기도 하니까요. 현재 국제 사회가 기본 단위로 정한 것은 총 7개입니다. 길이를 나타내는 미터(m), 시간을 나타내는 초(s), 질량의 킬로그램(kg), 전류의 암페어(A), 빛의 밝기를 나타내는 칸델라(cd), 온도의 켈빈(K), 물질의 양을 나타내는 몰(mol)입니다. 기본 단위가 7개라는 것은 나머지 단위들은 모두 이 단위를 조합해 나타낼 수 있다는 뜻입니다.

나라마다 단위가 다르다면 전 세계가 하나로 연결되지 못했을 겁니다. 나라마다 1m와 1kg의 정의가 다르다면 대혼란이 벌이질 거예요. 기준이 되는 단위를 '원기'라고 부릅니다. 이미 1875년 '미터 협약'을 통해 미터와 킬로그램 원기를 정했습니다. 이런 식으로 7개 기본 단위의 원기가 모두 정해져 있는 거지요.

단위 원기는 한 번씩 점검을 합니다. 처음에 킬로그램 원기를 정할 때 백금과 이리듐의 합금을 이용해 1kg 원기를 제작한 뒤 이를 질량의 기준으로 삼았습니다. 이 킬로그램 원기는 비밀 금고에 소중히 보관했습니다. 그런데 100년이 지나자 이들이 화학 반응을 일으켜 무게가 0.05mg 변했습니다. 그래서 과학자들은 절대 변하지 않는 값(상수)을 이용해 킬로그램 원기를 재정의했습니다.

실제로 이런 이유로 2018년 전 세계에서 국가마다 단위를 다루는 대표 기관의 과학자들이 프랑스에 모여서 킬로그램과 암페어, 몰, 켈빈을 새롭게 정의했습니다. 2019년 세계 측정의 날인 5월 20일을 기해 4개 단위에 대해서는 바뀐 정의가 적용되었습니다. 여기에 사용된 것이 각종 상수입니다. 킬로그램은 플랑크 상수를, 암페어는 기본 전하 상수를, 몰은 아보가드로 상수를, 켈빈은 볼츠만 상수를 사용했습니다.

나머지 3개 단위 가운데 길이는 빛의 속력을 이용해 빛이 진공에서 2억 9979만 2458분의 1초 동안 진행한 경로의 길이로 정의하고 있습니다. 7개 기본 단위 중에 길이가 가장 정확합니다. 또 시간 단위인 초는 세슘 원자가 91억 9263만 1779번 진동할 때 걸리는 시간을 1초로 하는 세슘 원자 시계를 기준으로 하고 있습니다. 이 값은 1억 년에 1초도 틀리지 않을 만큼 정확합니다.

밝기를 나타내는 칸델라는 단색광을 방출하는 광원에서 나오는 빛을 이용해 빛이 1스테라디안(sr)당 683분의 1와트(W)일 때의 광도를 기준으로 삼고 있습니다. 여기서 스테라디안은 입체각을 나타내는 단위입니다.

우리가 일상생활에서 쓰는 단위 중에도 나라마다 표준으로 정한 것들이 있습니다. 넓이를 나타내는 단위는 현재 제곱미터(㎡)가 표준 단위입니다. 특히 우리나라는 집의 넓이를 '평'으로 표현하는 경우도 많은데, 제곱미터가 표준입니다. 오래전에는 무게도 '근'이라는 단위를 썼는데 이제는 모두 그램(g)으로 바뀌었습니다. 금도 '돈'이라는 단위를 많이 썼는데 이제는 킬로그램을 씁니다.

단위를 통일하지 않아서 생긴 대표적인 사고가 있습니다. 미국은 공식적으로는 미터법을 쓰지만 여전히 일상생활에서는 속도는 마일, 무게는 파운드를 같이 쓰고 있습니다. 오히려 이 단위를 더 많이 씁니다.

1999년 미국항공우주국(NASA)은 화성 궤도를 도는 탐사선을 보냈는데, 이 탐사선은 목표 궤도보다 100km 낮은 궤도에 진입하면서 대기와 마찰을 일으켜 결국 파괴되었습니다. 그 이유를 찾아보니 어이없게도 탐사선의 추진력을 계산할 때 무게를 킬로그램이 아닌 파운드로 잘못 계산했기 때문인 것으로 밝혀졌습니다.

엔트로피

발열 반응과 흡열 반응은 모두 열 에너지의 이동에 관한 것입니다. 자연은 열 에너지 이동을 통해 항상 열평형 상태를 유지하려고 합니다. 따뜻한 물을 공기 중에 가만히 놔두면 시간이 흐르면서 물이 점차 식어서 열평형 상태에 도달합니다.

엔트로피라는 개념은 1850년 독일의 과학자인 루돌프 클라우지우스가 처음 고안했습니다. 열 에너지는 항상 높은 곳에서 낮은 곳으로 이동한다는 성질과 관련이 있는데, 물이 식는 것도 열 에너지가 높은 물에서 낮은 공기 중으로 이동하기 때문입니다. 엔트로피는 어느 경우에서나 항상 증가할 수밖에 없는데, 나중에 현대 물리학에서 열역학 법칙의 근간이 되는 개념이 됩니다. 엔트로피는 열량을 온도로 나눈 값입니다.

따뜻한 물이 식으면 열량은 같은데 온도가 감소하여 엔트로피는 증가하게 됩니다. 또 공이 바닥에서 한 번 튀어 오를 때마다 높이가 낮아지는데 이는 바닥과의 마찰, 공기와의 마찰이 작용했기 때문입니다. 이를 엔트로피로 설명하면 공이 처음에는 운동 에너지만 가지고 있어 열량이 0이지만, 바닥에 부딪칠 때마다 마찰로 열량이 생기기 때문에 결과적으로 엔트로피는 증가합니다.

독일의 물리학자 루트비히 볼츠만은 엔트로피에 확률 개념을 끌어들였습니다. 주머니에 파란 구슬과 빨간 구슬이 있습니다. 두 구슬을 섞은 뒤 눈을 가린 채 주머니에서 구슬을 하나씩 꺼내 번호를 붙인다고 합시다. 이때 파란 구슬만 먼저 다 꺼내고 이어서 빨간 구슬을 모두 꺼낼 확률은 얼마나 될까요? 파란 구슬과 빨간 구슬이 섞여서 나올 확률과 비교하면 극히 낮을 겁니다. 결국 자연은 규칙적인 방향보다는 불규칙적인 방향으로 일어날 확률이 월등히 높은 거지요. 볼츠만은 물질의 상태가 규칙적인 상태보다 불규칙적인 상태로 변하는 것이 자연 변화의 방향이라고 생각했습니다. 그리고 이는 원자와 같은 입자의 운동 방향, 열 에너지의 이동 방향에도 해당합니다. 볼츠만은 엔트로피에 '무질서도'라는 이름을 붙였습니다.

매일 청소를 해도 먼지가 계속 쌓이는 이유는 자연은 무질서도가 증가하는, 즉 엔트로피가 증가하는 방향으로 운동하기 때문입니다. 그리고 이런 엔트로피는 비가역적이어서 되돌릴 수 없지요. 엔트로피의 개념은 나중에 사회, 경제의 관념에도 많은 영향을 끼쳤습니다.

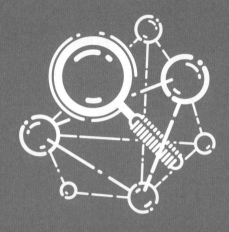

광합성

11

광합성은 왜 필요할까?

⋮

생명에 꼭 필요한 광합성

광합성으로
에너지를 얻는다

식물은 아주 강력한 무기를 갖고 있습니다. 바로 태양에서 전달받는 빛 에너지만 있으면 물과 이산화탄소를 이용해 양분을 만들어 낼 수 있는 것이지요. 이를 광합성이라고 합니다. 인간은 외부에서 양분을 섭취하지 않고서는 생명을 유지할 수 없습니다. 인간을 포함한 모든 동물이 그렇죠. 그러나 식물은 광합성을 통해 에너지원을 스스로 만들어 냅니다. 식물이 조용한 육상의 지배자가 될 수 있었던 이유입니다.

효소는 왜 몸에 좋을까?

광합성은 식물 세포에 있는 엽록체에서 일어납니다. 엽록체에는 엽록소라고 불리는 색소가 있는데, 단어 뜻 그대로 초록색을 내는 색소이며 여기서 빛 에너지를 흡수합니다. 식물의 엽록체는 초록색으로 보이는데, 이는 엽록체에 엽록소가 존재하기 때문입니다.

광합성과 호흡은 정확히 반대되는 과정입니다. 식물은 광합성을 하기 위해 이산화탄소와 물이 필요합니다. 그리고 이 둘 사이에 화학 반응이 일어나기 위해서는 빛 에너지가 필요합니다. 빛 에너지를 받은 이산화탄소와 물은 화학 반응을 거쳐 포도당과 산소로 바뀝니다. 즉, 광합성은 이산화탄소를 흡수하고 산소를 내놓습니다. 그런데 인간을 포함한 동물의 호흡 과정은 반대되는 화학 반응을 거칩니다. 호흡은 산소를 들이마시고 이산화탄소를 내뱉습니다.

식물의 잎에는 공기가 들락날락할 수 있는 구멍이 있는데, 이를 기공이라고 부릅니다. 기공을 통해 이산화탄소가 식물의 안으로 들어오고 광합성에 사용됩니다. 물은 어떻게 공급받을까요? 식물의 뿌리가 물 흡수에 가장 큰 역할을 합니다. 뿌리에서 물을 흡수한 뒤 줄기를 거쳐 잎까지 끌어올려 광합성에 사용합니다.

식물이 광합성을 통해 만든 양분은 포도당입니다. 포도당은 녹말로 바뀌어 엽록체에 일시적으로 저장되었다가 식물이 살아가는 데 필요한 에너지원으로 사용되거나 다른 양분을 합성하는 데 쓰입니다. 포도당은 식물뿐만 아니라 인간을 포함한 모든 생명체가 살아가기 위한 기본이 되는 양분이지요. 우리 몸의 세포는 호흡 과정을 통해 포도당을 태우면서 에너지를 얻습니다. 특히 실험실에서 포도당을 연소시켜 에너지를 만들기 위해서는 400℃ 정도의 고온에서 가열해 주어야 하는데, 우리 몸의 세포는 신기하게도 37℃ 정도의 체온만 유지되면 포도당을 태워 에너지를 얻습니다. 마치 계단을 한 칸씩 내려가듯 화학 반응이 한 단계씩 일어날 때마다 포도당이 연소하면서 적은 양이지만 에너지를 계속 만드는 것이지요.

우리 몸이 포도당을 효과적으로 태울 수 있는 이유가 무엇일까요? 포도당의 연소를 촉진하는 촉매가 있기 때문입니다. 촉매는 어떤 화학 반응이 일어날 때 그 반응 과정에 같이 끼어들어 반응 속도를 높이는 물질을 말합니다. 화학 반응에 관여해 상태가 변하거나 양이 변하는 등 변화가 나타나지 않고 오로지 반응 속도를 높이는 역할만 합니다. 효소가 몸에 좋다는 이야기는 들어 보았나요? 우리 몸에서 활동하는 촉매가 바로 효소입니다.

효소는 음식물을 소화하고 영양소를 흡수하는 등 우리 몸에서 일어나는 모든 화학 반응이 원활하게 일어날 수 있도록 돕는 촉매제입니다. 입속의 침에는 아밀레이스라는 효소가 들어 있어서 밥을 먹으면 밥의 성분인 녹말을 엿당으로 분해합니다. 그래서 굳이 밥을 씹지 않고 입안에 가만히 물고만 있어도 일정 시간이 지나면 밥알의 녹말이 엿당으로 분해되어 단맛이 느껴집니다. 신기하게도 효소는 오직 특정 물질과 반응하는 특성이 있는데, 아밀레이스는 녹말에만 반응하고 단백질이나 지방은 분해하지 못합니다. 입속에 고기를 넣고 아무리 오랫동안 있어도 고기는 녹지 않는다는 거지요.

광합성은 식물에서만 일어나는 작용일까요? 사실 광합성은 식물만 하는 것은 아닙니다. 강이나 바다에는 아주 작은 플랑크톤이 사는데, 이 플랑크톤 중에서도 광합성을 하는 것들이 있습니다. 이런 플랑크톤을 식물 플랑크톤이라고 합니다.

날이 더워지며 강에 녹조가 생겼다는 뉴스를 본 적이 있을 거예요. 녹조는 강물에 영양분이 너무 많아서 녹색의 조류가 크게 늘어난 겁니다. 물이 녹색을 띠는 현상이지요. 이때 녹색 조류(녹조류)도 식물 플랑크톤에 해당합니다. 식물 플랑크톤은 물속에서 자유롭게 떠다니면서 광합성을 하며 포도당과 산소를 만듭니다. 또 일부 식물 플랑크톤은 바이오 디젤과 같은 바이오 연료를 만드는 데 사용되기도 합니다.

광합성을 하는 세균도 있습니다. 바닷물이나 민물에 사는 남세균(시아노박테리아)이 대표적인데, 남세균에는 엽록소가 있어서 광합성을 이용해 포도당과 산소를 만듭니다. 남세균은 지구에서 최초로 산소를 생산한 생명체로 알려져 있습니다.

광합성의 개념

물관

태양

물 + 이산화탄소 → 포도당 + 산소

엽록체

녹말

체관

기공

식물과 곰팡이의 공생

식물이 육상에 진출해서 자리를 잡기까지 식물을 도운 존재가 있습니다. 바로 곰팡이이지요. 식물과 곰팡이는 공생 관계입니다. 공생은 '같이 산다'는 뜻이지만 꼭 양쪽 다 좋은 것만은 아닙니다. 기생충도 우리 몸이나 다른 생명체와 공생 관계인데, 이 경우는 숙주에게 피해를 주기 때문에 기생이라고 부릅니다.

기생충은 인간의 몸에서는 대부분 사라졌습니다. 하지만 아직 동물에는 많이 남아 있지요. 그리고 자신의 생존을 위해 기발한 방법으로 기생하는 경우가 많습니다. 연가시는 물가에서만 짝짓기를 합니다. 그래서 자신이 숙주로 삼던 곤충을 목이 마르게 만들어 물에 뛰어들게 합니다.

서로 같이 살지만, 피해를 주지도 그렇다고 이득을 주지도 않는 관계도 있습니다. 물론 둘 중 한쪽은 이득을 취하긴 하지요. 이를 '편리 공생'이라고 합니다. 나무 주변에 이끼나 고사리, 덩굴 식물을 본 적이 있죠? 이들은 나무에 의지해서 살지만 그렇다고 나무가 이들 때문에 죽지는 않습니다.

진정한 의미의 공생, 즉 둘 다 서로 이득을 얻는 공생 관계도 있습니다. 이를 '상리 공생'이라고 합니다. 식물과 곰팡이가 바로 이런 관계입니다. 식물은 광합성을 위해 이산화탄소도 필요하지만 질소도 필요합니다. 그런데 토양에서는 질소를 공급받기 힘듭니다. 그래서 뿌리에 특정 박테리아(세균)를 살게 만들고 이 박테리아가 식물에 필요한 질소를 공급합니다. 이런 박테리아를 뿌리혹박테리아라고 부릅니다.

이 박테리아는 식물로부터 영양분을 공급받습니다. 식물은 박테리아로부터 질소를 받아 생명을 유지하고, 박테리아는 식물로부터 영양분을 받아 생명을 유지하는 진정한 공생 관계입니다.

선인장도 광합성을 할까?

광합성을 하려면 햇빛과 이산화탄소가 필요하니 햇빛과 이산화탄소의 조건에 따라 광합성의 정도가 달라집니다. 햇빛은 셀수록 좋겠죠. 그런데 햇빛이 세다고 해서 광합성이 무한정 많이 일어나지는 않습니다. 일정 세기 이상이 되면 광합성 양도 일정해지니까요. 이산화탄소도 마찬가집니다. 이산화탄소의 농도가 높아질수록 광합성이 잘 일어나지만, 농도가 일정 수준 이상 높아지면 광합성 양도 더 이상 늘어나지 않습니다.

광합성에 영향을 미치는 요인이 하나 더 있습니다. 바로 온도예요. 온도가 높을수록 광합성은 잘 일어나는데, 신기하게도 일정 온도를 넘어가면, 즉 약 40℃를 넘어가면 오히려 광합성 양이 급격히 떨어집니다. 이는 세포에서 생명 활동에 관여하는 물질이 주로 단백질인데, 이런 단백질이 약 40℃가 넘으면 변성이 되어 제 기능을 발휘하지 못하기 때문입니다.

광합성이 일어나기 위해서는 물이 필요합니다. 식물은 이 물을 뿌리에서 흡수합니다. 뿌리에서 흡수한 뒤 줄기를 거쳐 잎에 도달한 뒤 잎의 기공을 통해 증발하지요. 식물 입장에서는 뿌리에서 물을 끌어올리는 작업이 매우 힘들 거예요. 중력을 거스르는 일이니까요. 하지만 물이 없이는 광합성을 할 수 없고 결국 죽고 말지요. 그래서 식물은 증산 작용을 일으킵니다. 잎에서 기공을 통해 물을 내보내고 나면 물이 부족해지니 이를 보충하기 위해 뿌리에서 계속 물을 끌어 올립니다. 물 분자 사이에 서로 끌어당기는 응집력이 작용하는 점도 식물 입장에서는 다행입니다. 또 뿌리압이라는 것도 활용하는데, 뿌리에서 흡수된 물을 위로 밀어 올리는 힘입니다.

그럼에도 뿌리에서 흡수한 물을 길고 긴 줄기를 타고 올려 보내기 위해서는 모세관 현상도 이용해야 합니다. 모세관 현상은 중력의 도움 없이도 액체가 좁은 관을 오르는 현상을 말합니다. 특히 가는 관에서 일어나기 때문에 모세관 현상으로 불립니다. 물 분자 사이에는 서로 응집력(정확히는 이를 표면 장력이라고 부릅니다)이 있어서 가는 관에서는 물이 위로 올라갈 수 있습니다.

어렵게 물을 잎까지 끌어올린 식물이 굳이 증산 작용을 통해 물을 바깥으로 내보내는 이유는 뭘까요? 뿌리에서 물을 다시 흡수하기 위한 것도 있지만 물을 증발하면서 자신의 체온 조절도 할 수 있기 때문입니다. 물이 증발하면서 주변의 열을 흡수하기 때문에 식물의 체온이 올라가는 걸 막을 수 있는 거지요. 또 식물 안에 물이 너무 많거나 적지 않도록 증산 작용을 통해 적절히 조절합니다. 증산 작용을 통해 물이 빠져나가고 나면 식물은 양분의 농도가 높아져서 양분을 농축하기 유리합니다.

식물 잎 표면에는 증산 작용이 일어나는 기공이 있는데, 주로 잎 뒷면의 가장 바깥층에 있습니다. 기공을 만들기 위해 2개의 공변 세포가 기공을 둘러싸고 있죠. 공변 세포 2개가 붙었다 떨어졌다 하면서 기공이 닫혔다 열렸다 하는 것입니다.

낮에 해가 있을 때는 광합성이 활발히 일어나기 때문에 기공도 주로 열려 있습니다. 공변 세포에도 엽록체가 있어서 낮에는 여기서 광합성이 일어나 공변 세포 내부의 농도가 높아집니다. 그러면 공변 세포로 물이 들어와서 팽창하고, 공변 세포가 휘면서 기공이 열립니다.

반대로 밤에 해가 사라져 광합성이 일어나지 않으면 공변 세포 내부 농도가 낮아지고, 공변 세포 안에 있던 물이 빠져 나가면서 공변 세포가 원래 모양으로 돌아와 기공이 닫힙니다. 증산 작용이 잘 일어나려면 빛이 강하거나 온도가 높거나 습도가 낮아야 합니다. 또 바람이 잘 불 때도 증산 작용이 활발히 일어납니다.

사막에 사는 선인장에서는 증산 작용이 잘 일어날까요? 선인장도 식물이어서 엽록체가 있고 광합성이 일어납니다. 그러면 당연히 증산 작용도 일어나야겠지요. 그런데 사막에서는 물이 부족하기 때문에 기공이 자주 열리면 오히려 선인장 입장에서는 생존에 불리합니다. 그래서 물 손실을 줄이려고 기공을 밤에 열어 이산화탄소를 흡수한 뒤 체내에 저장했다가 낮에 기공을 닫은 채로 이산화탄소를 이용해 광합성을 합니다. 이런 식물을 다육 식물이라고 부르는데, 선인장이 여기에 속합니다. 잎에서 물이 증발하지 않도록 잎 대신 가시를 가지고 있는 것도 선인장이 사막에서 살기 위해 적응한 결과입니다.

식물이 광합성만 하는 것이 아니라 호흡도 하지요. 광합성이 양분(포도당)을 만드는 과정이라면 호흡은 이 양분을 써서 생명을 유지하는 과정입니다. 그래서 광합성과 정확히 반대 과정입니다. 이산화탄소와 물이 햇빛을 받아 산소와 양분이 만들어지는 게 광합성이라면, 호흡은 양분이 산소와 반응해 이산화탄소와 물, 그리고 에너지로 바뀌는 과정입니다. 광합성이 이산화탄소를 흡수하고 산소를 방출한다면, 호흡은 산소를 흡수하고 이산화탄소를 방출합니다.

광합성은 햇빛이 있는 동안에만 일어나지만, 호흡은 낮밤을 가리지 않고 항상 일어납니다. 또 광합성은 엽록체에서만 나타날 수 있지만, 호흡은 살아 있는 모든 세포에서 일어납니다. 낮에 식물은 산소를 많이 발생시킬까요? 이산화탄소를 더 많이 발생시킬까요? 즉 광합성과 호흡 중에 뭐가 더 우세할까요?

식물은 낮에 마치 호흡을 안 하는 것처럼 보입니다. 이산화탄소를 만들어 내지 않는 것처럼 보인다는 뜻이지요. 그런데 사실은 광합성에서 필요한 이산화탄소의 양이 호흡으로 만들어 내는 이산화탄소의 양보다 훨씬 많아서 마치 식물이 호흡을 하지 않는 것처럼 보이는 것뿐입니다. 결론은 낮에는 광합성이 더 강력합니다.

만약 빛이 약한 흐린 날이라면 광합성이 호흡보다 우세할 수 없습니다. 광합성에서 만들어 낸 산소를 호흡할 때 모두 쓰고, 또 호흡한 뒤 내뱉는 이산화탄소를 광합성에서 모두 사용하는 때도 있을 겁니다. 이런 경우에는 외관상 식물에서 기체의 출입이 전혀 없는 것처럼 보이기도 합니다.

인공 광합성

식물의 광합성을 그대로 가져와 일상생활에 사용하기 위한 연구는 활발히 이루어지고 있습니다. 바로 식물이 햇빛을 이용해 이산화탄소와 물을 산소와 포도당으로 바꾸는 광합성을 흉내 낸 기술입니다. 그래서 '인공 광합성'으로 불립니다. 별도의 에너지를 쓰지 않아도 효율적으로 유용한 물질을 생산할 수 있다는 게 가장 큰 장점입니다.

우선 식물이 광합성으로 포도당(녹말)을 생산하는 것처럼 인공 광합성으로는 알코올(메탄올) 같은 액체 연료를 만들어 낼 수 있습니다. 식물에서 광합성을 일으키는 엽록소 역할은 광촉매가 대신합니다. 광촉매가 햇빛을 흡수해 물 분자를 분해하면 산소와 함께 메탄올을 만듭니다. 이를 연료로 사용할 수 있지요. 여기서 메탄올을 다시 물과 반응시키면 수소가 나옵니다. 물을 전기 분해해 수소와 산소를 만들고 여기서 수소를 얻는 기술도 개발되었습니다. 과학자들은 이런 반응이 잘 일어날 수 있도록 효율이 좋은 광촉매 개발에 주력하고 있습니다. 광촉매가 빛을 받아 물에서 전기 분해가 잘 일어나게 만드는 거지요.

인공 광합성을 이용해 대기 중 이산화탄소를 없앨 수도 있습니다. 광합성이 일어나기 위해서는 이산화탄소를 흡수해야 한다는 원리를 이용한 겁니다. 인공 광합성으로 이산화탄소를 포집할 수 있다면 지구 온난화의 원인인 온실가스를 줄여 환경 문제를 해결하는 데 도움이 됩니다. 전 세계는 2050년까지 이산화탄소 등 탄소의 순 배출량을 0으로 만들겠다는 '탄소 중립'

을 달성하기 위해 각종 기술을 개발하고 있습니다. 인공 광합성으로 포도당을 만들 수 있다면 식량 문제 해결에도 도움이 됩니다. 하지만 포도당은 메탄올보다 더 복잡한 구조여서 인공 광합성으로 포도당을 생산하려면 더 많은 연구가 필요합니다.

뿌리 식물과 줄기 식물

식물이 광합성을 통해 처음 만들어 내는 영양분은 포도당입니다. 그런데 식물은 포도당 상태로 양분을 저장하지 않고 포도당을 녹말로 바꾼 뒤 엽록체에 저장합니다. 녹말은 포도당 여러 개가 결합한 형태인데 굳이 포도당을 녹말로 바꾸는 이유가 있을까요?

포도당이 잎에 계속 축적되면 광합성이 잘 일어나지 않습니다. 식물은 포도당을 녹말로 바꿔 엽록체에 저장합니다. 게다가 포도당은 물에 잘 녹는 반면 녹말은 물에 잘 안 녹아 저장도 유리합니다. 엽록체에 저장된 녹말은 밤에 다시 설탕으로 바뀝니다. 그리고 식물 내부의 관을 통해 각 기관으로 운반됩니다.

인간은 이런 영양분이 저장된 식물을 먹어서 포도당과 녹말 등을 얻습니다. 고구마, 당근, 무 등은 뿌리 식물로 불리는데, 이는 양분을 뿌리에 저장하고 그 뿌리를 인간이 먹는 거죠. 감자, 연, 토란 등은 줄기에 양분을 저장하는 줄기 식물입니다. 과일로 분류되는 사과, 감, 배, 포도 등은 열매에 양분이 저장되는 열매 식물이고요, 오이도 채소지만 열매 식물입니다. 또 벼, 옥수수, 밀, 콩 등은 씨를 먹게 됩니다. 씨 식물인 거죠.

식물의 종류에 따라서 저장하는 양분의 종류도 다릅니다. 포도를 비롯해 대부분 과일류는 포도당을 저장해 놓지요. 감자, 고구마, 벼, 보리, 밀 등은 포도당 여러 개가 합쳐진 녹말 상태로 양분이 저장되어 있습니다. 우리가 설탕을 얻는 사탕수수, 사탕무 등은 설탕 형태로 양분이 저장되어 있습니다. 콩은 단백질로, 깨, 땅콩, 해바라기씨 등은 지방으로 양분을 저장해 놓습니다. 이제 왜 탄수화물, 단백질, 지방의 대표 식물로 꼽히는지 이해가 될 거예요.

감각과 호르몬

12

생명의 탄생

각 기관마다 하는 역할이 있다

왜 눈은 두 개이고
코는 하나일까?

오래전부터 과학자들은 인간의 몸을 탐구하기 시작했습니다. 눈, 코, 입, 귀, 피부 등 겉으로 보이는 기관에서 시작해 피부 안쪽의 심장, 간, 위, 장 같은 기관을 연구했죠. 더 나아가 이들의 작동을 조절하는 근육과 신경, 호르몬까지 연구하게 되었습니다. 근본적으로 생명체를 구성하는 기본 단위인 세포를 연구하기 시작하면서 유전자에 대한 비밀도 차츰 풀리고 있습니다.

눈은 왜 두 개일까?

감각 기관부터 하나씩 보겠습니다. 사람은 눈 두 개, 코 한 개, 입 한 개, 귀 두 개입니다. 눈은 시각을 담당하는 감각 기관이죠. 사람의 눈은 왜 두 개일까요? 눈이 두 개가 아니라면 거리를 정확하게 인지하기 어렵습니다. 사람은 눈으로 보는 정보를 뇌에서 종합한 뒤 물체의 거리, 움직임을 정확히 파악합니다. 눈이 두 개가 아니라면 물체를 입체로 볼 수 없다는 뜻이지요.

눈은 크게 홍채, 각막, 수정체, 유리체, 망막 등으로 이루어져 있습니다. 성인의 눈 크기는 탁구공만 합니다. 겉에서 보이는 것보다 훨씬 크죠. 눈의 가장 바깥 부분에는 각막이 있습니다. 눈에 빛이 들어올 때 일차로 통과하는 얇은 막이에요. 각막을 지난 빛은 수정체에 도착해 굴절되고, 굴절된 빛이 망막에 맺혀 물체의 모습이 나타납니다.

시력을 교정하는 기법인 라식, 라섹 등을 들어 봤을 겁니다. 라식과 라섹 같은 시력 교정술은 세부적인 기법은 다르지만 공통적으로 레이저를 이용해 각막을 아주 얇게 깎고, 이를 통해 각막을 통과한 빛이 망막에 정확하게 맺히도록 굴절률을 조절하는 원리입니다. 그래서 라식은 각막 두께가 기대 이하로 얇으면 할 수 없습니다. 일반적으로 사람의 각막 두께는 중심부가 보통 500~550마이크로미터(μm ; 1마이크로미터는 100만 분의 1m)입니다. 즉 0.5~0.55mm예요.

각막을 통과한 빛은 각막 바로 안쪽에 있는 홍채를 지나게 되는데, 홍채는 빛의 양을 조절합니다. 우리 눈을 보면 가운데 까맣게 보이는 눈동자(동공)가 있고 그 주변으로 도넛 모양의 갈색을 띤 부분이 있는데 이를 통틀어 홍채라고 부릅니다. 홍채의 중앙에 동공이 있는 것이죠. 동공에는 얇은 근육이 붙어 있어서, 빛이 너무 많이 들어오면 홍채 근육을 이완해(늘려서) 동공을 작게 만들고, 빛의 양이 적으면 근육을 수축시켜(잡아당겨서) 동공을 크게 만듭니다.

홍채의 색은 인종마다 다릅니다. 우리나라 사람의 홍채는 검은색입니다. 이는 멜라닌 색소가 많아서 검은색으로 보이는 거예요. 서양인 중에서는 파란색 눈을 가진 사람이 많은데 이는 멜라닌 색소가 적기 때문입니다. 만약 멜라닌 색소가 하나도 없다면 안쪽의 혈관이 보여서 토끼처럼 빨간색 눈을 갖게 될 겁니다.

시나 소설에 등장하는 '호수처럼 깊은 당신의 눈동자'와 같은 비유는 과학적으로 살펴보면 홍채를 말하는 것이죠. 홍채는 개인마다 가지고 있는 패턴이 고유해서 개인의 생체 인식 정보로도 사용됩니다. 눈을 가까이 대고 신원을 확인하는 홍채 인식 기술은 홍채의 이런 특성을 이용한 것이에요. 처음에는 지문이 가장 일반적으로 쓰였지만 지금은 홍채와 정맥, 얼굴도 생체 인식 정보로 사용되고 있습니다. 얼굴을 인식해 스마트폰의 잠금을 해제하는 기술은 얼굴 생김새를 고유 정보로 이용한 생체 인식 기술에 해당합니다.

각막을 통과한 빛은 수정체를 통과합니다. 수정체에서는 빛이 굴절되기 때문에 물체를 보는 관점에서는 가장 중요합니다. 카메라로 따지면 수정체가 렌즈에 해당합니다. 여기서 굴절된 빛이 뒤쪽 망막에 도달해 상이 맺히게 됩니다. 물체와의 거리가 가까우면 수정체가 두꺼워지고, 물체가 멀리 떨어져 있으면 수정체가 얇아집니다.

망막은 눈에서 아주 중요한 역할을 담당합니다. 안구 벽의 가장 안쪽에 돔 형태의 얇고 투명한 막으로 되어 있으며 물체의 상이 맺힙니다. 그리고 약한 빛도 감지하는 시각 세포가 모여 있는 곳이지요. 망막이 빛을 모아 초점을 맞추면 망막 속의 시각 세포가 빛을 감지해 전기 신호로 바꾸고 이를 시신경(시각 신경)을 통해 뇌로 전달합니다. 그러면 우리는 비로소 물체를 본다고 인식하고, 어떤 물체인지도 구분하게 됩니다. 이 과정이 워낙 짧은 시간에 일어나기 때문에 우리가 체감하지 못하는 것일 뿐 눈을 뜨고 있는 순간에는 실시간으로 이런 시각 자극들이 눈을 통해 끊임없이 일어나고 있습니다.

망막이 망가지면 시력을 잃습니다. 망막에서 시각 세포가 많이 모여 있는 '황반'이라는 부위가 있는데, 황반에 문제가 생기면 시력을 잃습니다. 선천적인 경우도 있지만 황반변성, 녹내장 등 후천적인 이유로 시력을 잃을 수도 있죠. 그래서 최근 과학자들은 시각 장애인에게 시력을 되찾아 주기 위해 인공 망막을 만들거나, 황반변성으로 시력을 잃은 환자의 시력을 되살리기 위해 망막을 재생할 수 있는 줄기세포 치료제도 개발하고 있습니다.

눈 속을 채우고 있는 투명한 액체를 유리체라고 합니다. 유리체가 안구 속을 채우고 있고, 유리체의 압력 덕분에 눈이 찌그러지거나 커지지 않고 일정한 형태를 유지할 수 있습니다. 흥미롭게도 망막에는 맹점이라는 부위가 있는데, 맹점은 시신경이 모두 모여서 나가는 지점입니다. 시각 세포가 없어서 만에 하나 맹점에 상이 맺히면 물체가 보이지 않습니다. 양쪽 눈 망막에는 모두 맹점이 있습니다. 그런데 평소에 이런 맹점이 있다는 것을 느끼지 못하는 것은 늘 보이기 때문이지요. 이는 물체의 상이 두 눈의 맹점에 동시에 맺히는 경우가 사실상 없기 때문입니다.

눈의 구조

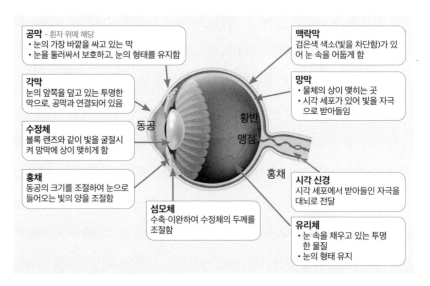

공막 - 흰자 위에 해당
• 눈의 가장 바깥을 싸고 있는 막
• 눈을 둘러싸서 보호하고, 눈의 형태를 유지함

각막
눈의 앞쪽을 덮고 있는 투명한 막으로, 공막과 연결되어 있음

수정체
볼록 렌즈와 같이 빛을 굴절시켜 망막에 상이 맺히게 함

홍채
동공의 크기를 조절하여 눈으로 들어오는 빛의 양을 조절함

섬모체
수축·이완하여 수정체의 두께를 조절함

맥락막
검은색 색소(빛을 차단함)가 있어 눈 속을 어둡게 함

망막
• 물체의 상이 맺히는 곳
• 시각 세포가 있어 빛을 자극으로 받아들임

시각 신경
시각 세포에서 받아들인 자극을 대뇌로 전달

유리체
• 눈 속을 채우고 있는 투명한 물질
• 눈의 형태 유지

동공　황반　맹점　홍채

눈을 감아도 회전을 느끼는 이유는 뭘까?

소리를 듣는 과정도 여러 단계를 거칩니다. 눈은 빛을 자극으로 받아들이지만, 귀는 공기 등을 통해 전달된 소리를 자극으로 받아들입니다. 더 정확히 표현하면 소리는 소리의 파동이며, 물체의 진동이 공기를 통해서 전달되는 파동을 자극으로 받아들입니다. 이 자극이 뇌에서 인지하면 소리가 들린다고 생각하는 것입니다.

귀를 겉에서 보면 보이는 것이 귓바퀴가 전부입니다. 귓바퀴가 소리를 모으는 역할을 하는데 외이도를 통해 고막으로 전달됩니다. 외이도는 소리가 이동하는 바깥 통로 정도로 해석하면 기억하기 쉬울 겁니다. 외이도를 지난 소리는 고막에 도착합니다.

고막은 소리 자극을 받으면 진동할 수 있도록 만들어진 얇은 막입니다. 고막에서 진동이 만들어지면 이 진동이 안쪽의 귓속뼈를 지나면서 증폭되고, 증폭된 진동이 달팽이관으로 전달되면 달팽이관에 있는 청각 세포가 진동을 자극으로 받아들이게 됩니다. 여기서 만들어진 전기 신호는 청신경(청각 신경)을 통해 뇌로 전달되고 소리를 듣게 됩니다.

눈에서 빛이라는 자극을 일차적으로 굴절시키는 수정체가 있다면, 귀에는 소리 자극을 받아 일차적으로 진동하는 고막이 있습니다. 그리고 눈에 시각 세포가 모여 있는 망막이 있다면, 귀에는 청각 세포가 모여 있는 달팽이관이 있지요. 청력이 떨어지는 난청이 있거나 청력을 상실하는 청력 장애는 달팽이관에 문제가 생겼다는 뜻입니다.

최근 청소년의 스마트폰 사용이 늘어나면서 귀에 이어폰을 꽂고 큰 소리를 장시간 반복적으로 듣는 경우가 많은데, 이 때문에 소음성 난청을 겪는 청소년이 늘고 있습니다. 귀에서 이명이 들리는 경우도 소음성 난청으로 귀가 상할 때 나타나는 대표적인 신호입니다. 음파를 전기 신호로 바꾸는 달팽이관에 이상이 생기면 나타납니다. 청각 장애인이 들을 수 있도록 돕는 인공 와우 수술이 있는데, 여기서 '와우'가 달팽이관을 말합니다.

과학자들은 인공 망막을 개발하는 것처럼 인공 와우도 개발하고 있습니다. 피부 세포처럼 다 자란 성체 세포를 분화 전 상태로 되돌려서 인체

조직으로도 바꿀 수 있는 줄기세포(유도 만능 줄기세포)로 만들어서 달팽이관을 배양하는 연구도 진행 중입니다.

이렇게 실험실에서 세포를 직접 3차원으로 키운 것을 '오가노이드'라고 부릅니다. 최근 오가노이드를 환자에게 이식할 수 있는 수준으로 키우는 연구가 세계적으로 매우 활발합니다. 이미 폐, 장 등 각종 오가노이드가 개발됐습니다. 일본에서는 세계 최초로 장 오가노이드를 환자에게 이식하는 치료도 진행 중입니다.

귀에는 소리를 듣는 청력에 관계가 없지만, 매우 중요한 기능을 담당하는 곳이 있습니다. 바로 몸의 평형 감각을 책임지는 전정 기관과 반고리관입니다. 우리 몸이 앞으로 쏠리는 등 몸이 기울어지거나 움직이는 것을 느끼는 곳이 전정 기관입니다. 엘리베이터를 타고 있으면 위로 올라가거나 아래로 내려가는 것을 자연스럽게 인지하는데, 전정 기관이 있기 때문입니다. 길을 걷다가 발을 헛디뎌 넘어질 때 몸이 기울어지는 것을 느끼는 것도 전정 기관이 있기 때문이지요.

반고리관은 회전을 느낍니다. 코끼리 코를 하고 제자리에서 빙글빙글 몇 바퀴 돌면 어지러움을 느끼는데, 반고리관이 있기 때문입니다. 눈을 감고 있어도 우리 몸이 회전하면 오른쪽으로 도는지, 왼쪽으로 도는지 보지 않고도 알 수 있는데 이 역시 반고리관이 있기 때문입니다. 이석증(耳石症)은 일어서거나 옆으로 누울 때 하늘이 빙빙 도는 것처럼 어지러움이 나타나는 질환입니다. 전정 기관에서 떨어져 나온 미세한 돌이 반고리관을 자극하는 거예요.

귀의 구조

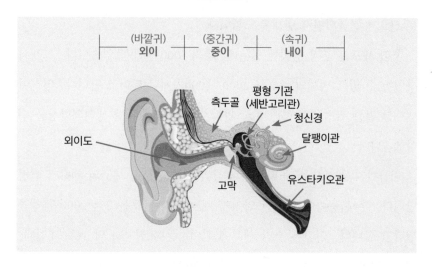

개가 사람보다 냄새를 잘 맡는 이유는 뭘까?

코는 냄새를 맡는 기관입니다. 눈은 빛을 자극으로, 귀는 음파를 자극으로 받는다면 코는 기체 물질을 자극으로 받아들입니다. 공기 중의 기체 물질을 인식해 냄새를 느끼는 거예요. 코의 바깥은 모두 피부이고, 이런 기체 물질을 인식하는 부위는 콧속에 있습니다.

콧속 윗부분에는 후각 상피라는 부분이 있는데, 이 부위는 점액으로 덮여 있습니다. 콧속에 기체 물질이 들어오면 가장 먼저 후각 상피의 점액에 이 기체 물질이 녹아 들어가 후각 세포를 자극합니다. 그러면 후각 세포가 이 자극을 전기 신호로 바꿔 후각 신경으로 전달하는데, 후각 신경에서 뇌로 신호가 전달되면서 냄새를 느낍니다.

후각 세포는 후각 상피에 있는데, 무려 5000만 개쯤 있습니다. 그래서 구별할 수 있는 냄새의 종류도 2000~4000가지나 된다고 합니다. 인간이 냄새를 맡는 과정을 밝혀낸 미국 과학자는 2004년 노벨 생리의학상을 수상했습니다.

지금까지 밝혀진 바에 따르면 후각의 능력은 후각 세포의 개수가 결정합니다. 후각 능력이 뛰어난 양치기 개의 후각 세포는 2억 2000만 개쯤 된다고 합니다. 인간은 후각 세포에 관여하는 유전자가 약 1000개인데, 이 중 절반이 넘게 퇴화하고 실제로 작동하는 유전자는 400개 정도라고 합니다. 인류는 직립 보행을 하기 시작하면서 코가 땅바닥에서 떨어졌기 때문에 후각 능력도 일정 수준으로 퇴화했다는 설이 있습니다. 그만큼 후각에 대한 의존도가 떨어졌다는 이야기죠.

개의 뛰어난 후각 능력은 폭발물, 마약 탐지 등에 활용되고 있습니다. 최근에는 암 등 질병을 진단하는 개도 등장했습니다. 방광암에 걸린 환자의 오줌에는 방광암에 의해 생성된 비정상적인 단백질이 있는데, 개가 이 냄새를 찾아내는 데 성공했다고 합니다. 코로나19가 유행하면서 땀 냄새를 맡고 이 바이러스에 감염됐는지 탐지하는 탐지견도 등장했으니까요.

과학자들은 인간의 후각 기능을 따라 한 전자 코도 개발하고 있습니다. 후각 세포 역할을 하는 센서를 만들어 대기 중 냄새 분자(기체 물질)를 인식하게 하는 겁니다.

코의 구조

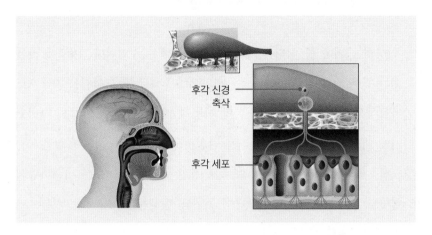

후각 신경
축삭

후각 세포

미국에서는 '스니프(Sniffs)'라는 전자 코를 개발해 폭발물을 찾는 데 주력하고 있습니다. 스니프는 분당 공기 20리터를 흡입해 흡입한 분자를 질량 분석기로 측정한 뒤 분자량을 확인해 폭발물을 가려냅니다.

코가 어떻게 냄새를 인식하는지 대략적인 과정은 밝혀졌지만, 여전히 뇌가 어떻게 냄새를 인지하는지는 확실히 밝혀지지 않았습니다. 많은 연구가 후각 세포 수준에 머물러 있고, 후각 세포가 기체 물질의 어떤 특성을 파악해 냄새 정보를 구분하는지에 대해서는 과학자들 사이에서조차 의견이 분분합니다.

화학 물질의 구조를 인식한다는 이론과 화학 물질 고유의 진동수를 인식한다는 이론도 있습니다. 후각의 원리를 설명해 노벨 생리의학상을 받은 과학자는 구조 이론을 지지했습니다. 과학자들은 기술적으로 후각을 대체할 인공 코를 만드는 일이 가장 어렵다고 합니다.

MSG와 감칠맛은 같은 말일까?

인생의 즐거움 중 하나는 맛있는 음식을 먹는 것입니다. 이렇게 맛을 느끼는 것은 혀가 자극을 받아들인 결과지요. 혀는 액체 물질을 자극으로 받아들여서 단맛, 신맛, 짠맛, 쓴맛 이렇게 4가지 맛을 느낍니다. 그리고 여기에 더해 '제5의 맛'으로 불리는 감칠맛도 느낍니다. 처음에 맛은 '쓴, 단, 신, 짠'의 4가지가 기본이라는 게 정설이었지만, 연구를 거듭하면서 감칠맛도 사람이 느끼는 기본 맛에 포함돼 현재는 5가지 맛을 기본으로 인정하고 있습니다.

혀에도 다른 감각 기관과 마찬가지로 액체 물질의 자극을 받아들이는 곳이 있습니다. 혀 표면을 자세히 보면 아주 작게 오돌토돌한 돌기가 있습니다. 이 돌기를 세로로 잘라서 단면을 보면 맛봉오리라는 부위가 있는데, 여기에 맛세포가 모여 있습니다. 맛세포는 입속에 액체 물질이 들어오면 자극을 받아들인 뒤 이 자극을 전기 신호로 바꿔 미각 신경으로 전달하는 감각 세포입니다. 미각 신경은 이 자극을 뇌로 전달하고 비로소 맛을 느끼게 되는 것이죠.

감칠맛이라고 하면 MSG(Monosodium glutamate)를 떠올리게 됩니다. MSG는 글루탐산나트륨이라는 화합물인데, 어쩌다 보니 MSG라는 단어가 인공 화학 첨가물의 대명사처럼 쓰이고 있습니다. 그런데 실제로는 다시마 같은 해조류뿐만 아니라 버섯, 토마토, 콩, 육류 등 대부분의 천연 재료에 MSG가 들어 있습니다. 물론 철저히 화학적인 방법으로 생산한

MSG도 있죠. 어쨌든 MSG의 맛으로 불리는 감칠맛이 다섯 번째 기본 맛으로 인정된 이유는 혀가 직접 인식한다는 사실이 밝혀졌기 때문입니다. 이번 기회에 자연적인 맛이라는 점도 기억해 두세요.

참고로 매운맛과 떫은맛은 혀의 맛세포가 자극을 느낀 결과가 아니라 혀와 피부에 분포하는 통점과 압점에서 자극을 받아 느끼는 피부 감각입니다. 즉 맛이 아니라 통각인 셈이죠. 피부에는 이렇게 아픔을 느끼는 통점, 압력을 느끼는 압점 외에도 접촉을 느끼는 촉점, 온도 변화를 느끼는 온점과 냉점도 있습니다.

온점과 냉점은 특정 온도를 느끼는 게 아니라 온도가 높아진다, 낮아진다 이런 변화를 인지합니다. 피부 감각은 피부의 다양한 감각점들이 자극을 받아들이면 이 자극이 감각 신경을 통해 뇌로 전달되고 뇌가 자극을 인지합니다.

혀의 구조

뇌와 척수는 왜 '중추'로 불릴까?

피부를 포함해 5가지 감각 기관에서 전달된 자극이 최종적으로 도달하는 곳은 뇌입니다. 신경이 뇌에 갖가지 자극을 전달하죠. 우리 몸에서 이런 신경이 없다면 자극이 들어오더라도 아무것도 느낄 수가 없습니다. 우리 몸에 퍼져 있는 신경을 통틀어서 신경계라고 부릅니다. 자극을 빠르게 전달하고 판단해서 반응까지 할 수 있도록 신호를 보내는 것이죠.

신경계는 크게 두 부분으로 구성됩니다. 중추 신경계와 말초 신경계입니다. 중추(中樞), 말초(末梢)라는 단어의 뜻을 생각하면 기억하기 쉽겠죠. 중추는 가운데와 근본이라는 뜻이니 결국 신경계 중에서도 무언가 중추적인 역할을 하는 곳일 겁니다. 바로 뇌와 척수입니다. 뇌와 척수는 자극을 느끼고 판단해서 신호를 내보냅니다.

말초 신경계는 끝과 관련이 있어요. 온몸 구석구석에 퍼져 있는 감각 신경과 운동 신경을 생각하면 됩니다. 감각 기관에서 받아들인 자극을 중추 신경계로 전달하고, 다시 중추 신경계에서 나온 신호를 몸으로 전달하는 게 말초 신경계입니다. 중추 신경계와 우리 몸을 연결하는 역할이에요.

중추 신경계에서 뇌는 인간의 모든 생각과 운동을 조종하는 핵심 기관입니다. 크게 대뇌, 중간뇌, 간뇌, 소뇌, 연수로 구분합니다. 대뇌는 감각 기관에서 받아들인 자극을 느끼고 판단해서 이에 대한 적절한 신호를 내보내는 역할을 합니다. 그래서 감각과 운동을 담당합니다. 중간뇌는 눈

중추 신경계와 말초 신경계

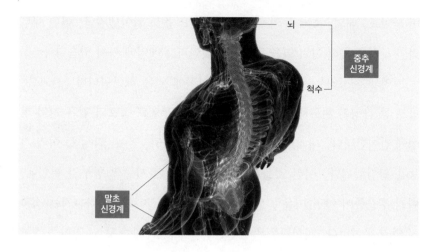

의 움직임, 동공과 홍채 변화를 조절합니다. 간뇌는 체온을 일정하게 유지하게 조절하는 역할을 합니다. 소뇌는 근육 운동을 조절하고 몸의 균형 유지에 관여합니다. 연수는 심장 박동과 호흡 운동 등 생명 유지에 필요한 활동을 합니다.

척수는 뇌와 말초 신경 사이에서 신호를 전달하는 역할을 합니다. 척수는 등뼈(척추) 사이에 들어 있는데, 워낙 중요하다 보니 척추에 싸서 보호하고 있는 것이죠. 척수 좌우로 감각 신경과 운동 신경이 연결되어 있습니다. 척수가 손상되면 뇌와 근육 사이의 신호 전달이 끊기는 것이나 마찬가지여서 움직일 수가 없습니다. 사지 마비나 전신 마비가 생길 수 있습니다.

최근 들어 인간의 뇌의 비밀을 알아내기 위한 뇌 과학 연구도 활발히 진행 중입니다. 그러나 여전히 과학자들이 가장 많이 알아내지 못한 부분이 뇌이죠. 대뇌, 소뇌 등의 역할까지는 어느 정도 알아냈지만, 어떤 세부적인 과정을 통해 이런 일을 조종하는 것인지는 베일에 싸여 있습니다.

기억을 저장하는 곳은 대뇌에서도 안쪽에 있는 해마입니다. 즐거움, 공포 등 감정은 편도체에서 담당합니다. 전전두엽도 공포와 같은 기억 형성에 관여합니다. 대뇌피질은 기억뿐 아니라 사고, 언어, 각성 등 여러 기능을 담당합니다. 이런 것들은 지금까지 확인된 사실의 일부일 뿐인데, 아직 우울증이 어떤 이유로 일어나는지, 어떻게 치료해야 하는지는 정확히 알지 못합니다. 과학자들은 파킨슨병, 치매, 자폐증 등 뇌 질환을 정복하기 위해 지금도 끊임없이 연구를 진행하고 있습니다.

AI는 인간의 뇌를 따라올 수 있을까?

과학자들은 인간의 뇌에 담긴 비밀로 신경 세포(뉴런)를 꼽습니다. 인간의 뇌에는 신경 세포가 1000억 개 정도 존재합니다. 그래서 이 기능을 모두 밝혀내기가 어려운 것이죠.

신경 세포는 다른 세포와 달리 형태가 좀 특이합니다. 신경 세포체, 가지 돌기, 축삭 돌기 이렇게 세 부위로 이뤄져 있는데, 신경 세포체에는 핵과 세포질이 있고, 여기에 가지 돌기와 축삭 돌기가 연결된 구조입니다.

과학자들은 신경 세포가 자극을 효율적으로 전달하기 위해 이런 형태를 갖추고 있다고 생각합니다. 가지 돌기는 다른 신경 세포나 감각 기관에서 전달하는 자극을 받아들이고, 축삭 돌기는 다른 신경 세포나 감각 기관으로 자극(신호)을 전달하는 역할을 합니다.

신경 세포는 혈관이 서로 연결되어 있듯 물리적으로 연결된 구조가 아닙니다. 가까이에서 특정 물질을 분비하면 이를 전달하면서 신호도 보냅니다. 한 뉴런의 축삭돌기 말단과 옆의 뉴런의 가지 돌기 사이의 인접 부위인 시냅스를 통해 이런 신호 물질을 전달하는 거지요. 뉴런 1000억 개에서 뻗어 나온 축삭 돌기와 가지 돌기가 얽힌 시냅스는 100조 개쯤 된다고 합니다.

만약 시냅스의 정보를 모두 읽어 낼 수만 있다면 '인공 뇌'도 만들 수 있지 않을까요? SF 소설이나 영화에 등장하는 인간의 뇌를 초월하는 슈퍼컴퓨터나 인공 뇌도 이런 생각에서 출발했습니다. 최근에는 인공지능(AI) 기술이 발전하면서 대규모 연산을 이용해 인간의 뇌보다 연산 능력이 더 뛰어난 AI도 개발되고 있습니다.

인간처럼 생각하는 AI도 속속 개발되고 있지요. 실제로 이런 AI는 인간의 신경 세포에서 신호 전달이 일어나는 방식을 컴퓨터로 옮겨와 모방했습니다. 컴퓨터 하드웨어 회사인 IBM은 이미 1990년대부터 생각하는 컴퓨터를 개발했습니다.

1997년 최초로 세계 체스 챔피언을 이기며 인간을 꺾은 컴퓨터 '딥 블루(Deep Blue)'는 AI의 원조로 불립니다. 2011년에는 미국의 유명 퀴즈 프로그램인 '제퍼디'에 인공지능 컴퓨터 '왓슨'을 출전시켜 인간을 제치고 우승을 차지하기도 했죠.

2016년 구글이 선보인 '알파고'는 한국의 바둑 기사 이세돌 9단을 꺾으며 새로운 AI 시대를 열었습니다. IBM의 왓슨은 현재 'AI 의사'로도 활약하는 등 여러 방면에서 활용되고 있습니다. 인간의 신경 세포가 시냅스를 이용한 신경망 형태로 정보를 전달하는 것처럼 AI는 인간의 신경 세포와 더욱 비슷해지기 위해 신경망 알고리즘 등을 더욱 발전시키고 있습니다. 사람의 뇌 신경망 구조를 흉내 내 효율을 극대화한 AI 반도체도 개발되었고, 자율 주행 자동차에는 사람처럼 생각하고 판단해 운전할 수 있는 각종 AI 센서들이 탑재되고 있습니다.

'앗 뜨거!' 피하는 건
뇌의 명령일까?

신경 세포는 기능에 따라서 크게 세 종류로 구분됩니다. 중추 신경계를 이루는 연합 뉴런이 있고, 말초 신경계를 구성하는 감각 신경의 감각 뉴런, 운동 신경의 운동 뉴런입니다.

감각 뉴런이 감각 기관에서 받아들인 자극을 연합 뉴런으로 보내면, 연합 뉴런은 자극을 느끼고 판단해 운동 뉴런에 신호를 보냅니다. 그러면 운동 뉴런은 연합 뉴런이 보낸 이 신호를 받아 반응 기관으로 전달하죠.

자극이 생기면 감각 기관이 이를 받아들이고, 감각 뉴런으로 전달된 뒤 연합 뉴런에서 어떤 판단을 내리게 되고 이 판단이 운동 뉴런을 통해 반응 기관에 전달되면 반응이 일어납니다.

스마트폰으로 전화를 받는 동작을 나눠 볼게요. 벨소리(자극)가 발생하면 귀(감각 기관)가 소리를 받아들이고, 이 자극을 감각 뉴런에 전달합니다. 그러면 감각 뉴런은 이를 연합 뉴런으로 보내 대뇌에서 어떻게 할지 판단을 내리게 하죠. 당연히 전화를 받으라는 신호를 보내겠죠. 그러면 연합 뉴런은 이 신호를 운동 뉴런에 전달하고, 운동 뉴런에 따라 팔이 움직여 전화를 받는 반응을 하게 됩니다. 전화벨이 울리는 순간 바로 팔이 움직이는데, 실제로 우리 몸에서는 이런 일련의 반응이 눈 깜짝할 사이에 일어나는 셈이지요.

그런데 이렇게 의식하고 받는 것처럼 일어나는 반응도 있지만 대뇌의 판단을 거치지 않고 자신의 의지와는 상관없이 일어나는 반응도 있습니다. 이를 '무조건 반사'라고 합니다.

야구공을 보고 배트를 휘두르거나, 뒤에서 친구가 부르면 돌아보는 행동, 손이 시린 걸 느끼고 장갑을 끼는 행동은 모두 감각 기관의 자극에 대한 대뇌의 판단이 작용한 반응입니다. 하지만 뜨거운 물체에 손이 닿았을 때 순식간에 손을 움츠린다든지, 눈앞에 공이 날아오면 자신도 모르게 눈을 감는다든지 하는 행동은 무의식적으로 일어나는 무조건 반사입니다.

과학자들은 이런 무조건 반사가 인간이 자신의 몸을 보호하는 데 유리하기 때문에 나타나는 것으로 해석합니다. 무조건 반사는 대뇌가 관여하지 않고 척수나 연수, 중간뇌가 관장하는 것으로 알려져 있습니다. 따라서 무조건 반사가 일어날 때는 의식적 반응과 다른 경로를 거칩니다.

자극이 생기면 감각 기관을 통해 그 자극이 받아들여지고 감각 신경에 전달되지만, 감각 신경이 이를 대뇌로 전달하지 않고 바로 척수로 전달하여 운동 신경과 반응 기관을 거쳐 반응이 나타납니다.

만약 사고로 척수가 손상되면 하반신 마비나 사지 마비가 발생할 수 있습니다. 넘어지거나 부딪쳐 피부에 상처가 나면 완벽하진 않지만 피부 세포는 재생이 됩니다. 새살이 돋는다고 하죠. 하지만 신경은 한번 손상되면 재생할 수 없습니다. 이 때문에 척수가 손상되면 현재로서는 고칠 방법이 없습니다.

과학자들은 고장이 난 신경 세포를 되살리기 위해 줄기세포 치료법을 연구하고 있습니다. 난자와 배아에서 생긴 줄기세포는 모든 기관으로 분화할 수 있다는 점을 이용한 겁니다. 또 역분화 줄기세포로 불리는 기법도 있습니다. 이미 분화가 끝난 성체 세포를 다시 줄기세포로 되돌려 신경 세포로 바꾸는 방법이죠.

일본의 야마나카 신야 교토대 교수는 난자와 배아를 이용해 줄기세포를 만들지 않고 어른의 피부 세포를 배아줄기세포와 같은 원시 세포로 바꾸는 데 성공해(이를 '유도 만능 줄기세포'라고 부릅니다) 2012년 노벨 생리의학상을 받기도 했습니다. 신야 교수가 개발한 기술은 난자나 배아를 사용하지 않아 윤리적인 문제가 없어 환자별로 맞춤형 세포 치료제를 개발할 수 있다는 게 가장 큰 장점입니다.

움직일 수 없는 사지마비 환자의 뇌와 컴퓨터를 연결하는 뇌-컴퓨터 인터페이스 기술이나 엑소스켈리턴(외골격) 로봇 같은 기술을 이용해 신체

마비 환자를 움직일 수 있게 하는 기술도 있습니다.

2014년 브라질 월드컵 개막식에서는 하반신 마비 장애인이 웨어러블 (입는) 로봇을 입고 오른발을 앞으로 살짝 들어 월드컵 공인구를 2미터가량 굴리는 시축을 해 화제가 되었습니다.

당시 이 장애인은 뇌파를 감지하는 전극이 달린 헬멧을 쓰고 있었습니다. '공을 찬다'고 생각하면 헬멧을 통해 뇌의 신경 세포에 미세한 전기 신호가 발생하고, 웨어러블 로봇에 달린 컴퓨터가 이 전기 신호를 해석해 로봇 다리를 움직이게 만든 겁니다.

2015년부터는 이런 기술을 겨루는 국제 대회인 '사이배슬론'이 열리고 있습니다. 국내 연구진도 이 분야에서 두각을 드러내고 있답니다. 2020년에는 중앙대 연구진이 하반신 마비 환자의 다리 근육에 전기 자극을 가해 다리를 움직이게 했습니다. 페달을 밟을 수 있게 되자 자전거 경주 대회에 출전해 5위를 차지하는 성과도 얻었습니다. KAIST 팀은 외골격 로봇을 입고 겨루는 웨어러블 로봇 부문에서 금메달과 동메달을 받았습니다.

호르몬은 왜 나오는 걸까?

신경계와 함께 우리 몸에서 정말 중요한 작용을 하는 계가 하나 더 있습니다. 내분비계로 불리는 호르몬입니다. 호르몬은 내분비샘에서 만들어져서 우리 몸의 세포나 기관으로 신호를 전달하는 물질입니다. 특정 조직이나 분비관이 있는 게 아니어서 혈액을 통해 혈관을 타고 이동합니다.

혈관을 따라 움직이다 보니 온몸으로 이동하지만 특정 세포나 기관에만 작용합니다. 너무 적게 분비되거나 많이 분비되어도 문제가 생기는 거지요. 갑상샘(선)이라는 단어를 많이 들어 봤을 겁니다. 갑상샘이 호르몬을 분비하는 대표적인 내분비샘이죠. 또 '이자'라는 곳에서도 호르몬이 분비됩니다.

호르몬과 신경의 공통점은 세포가 기관에 신호를 전달해서 우리 몸의 항상성을 유지하게 한다는 점입니다. 항상성은 인간이 생명을 유지하기 위해서 신체 내부나 외부 환경이 변해도 여기에 적절하게 반응해 몸의 상태를 항상 일정하게 유지하려는 작용입니다. 생체 시계로 불리는 신체 활동 주기도 항상성의 하나입니다.

항상성은 수면, 체온 조절 등 신체의 필수적인 기능을 조절합니다. 24시간 내내 잠을 못 자거나 한 달 동안 햇빛을 보지 못하면 인체에 어떤 일이 일어날까요? 이런 모든 것들이 항상성과 관련이 있습니다.

호르몬과 신경이 우리 몸의 항상성을 유지하게 만든다는 점은 동일하지만 세부적인 과정은 다릅니다. 신경은 신경 세포를 통해 신호를 전달하지만 호르몬은 혈액(혈관)을 통해 신호를 전달합니다. 신경이 신호를 전달하는 속도는 매우 빠르지만, 호르몬이 신호를 전달하는 속도는 느립니다. 또 신경에 의해 나타나는 반응은 일시적이지만 호르몬에 의해 나타나는 반응은 지속적으로 유지됩니다. 작용 범위도 신경은 특정 신체 부위이지만 호르몬은 대개 신체 전반에 걸쳐서 나타납니다. 그래서 호르몬은 성장, 발생, 생식 등에 관여합니다. 천천히 작용해 온몸에 영향을 주는 것들입니다.

호르몬과 신경이 협동해 항상성을 유지하는 대표적인 사례가 체온 조절입니다. 호르몬 분비 기관인 갑상샘에서는 티록신이라는 호르몬이 분비됩니다. 이 호르몬과 신경이 함께 작용해 체온을 일정하게 유지하죠.

몸이 덥다고 느끼면 뇌에서 신호를 보내 피부에 있는 혈관을 확장해 땀을 배출합니다. 이렇게 해야 열이 몸 밖으로 배출되어서 체온이 낮아져요. 더울 때는 체온을 조절하기 위해 호르몬이 하는 역할은 없습니다. 반면 춥다고 느낄 때는 뇌에서 피부에 있는 혈관을 수축하고(열이 몸 밖으로 배출되지 못합니다) 몸의 근육을 떨리게 만듭니다(근육을 움직여서 열을 냅니다). 동시에 호르몬이 작용을 시작합니다. 갑상샘에서 티록신 분비량이 늘어나 세포 호흡을 촉진합니다. 특히 어린이들의 경우 이런 호르몬의 활동이 잘 일어나죠. 갑상샘 기능에 문제가 생기면 체온 조절이 잘 안 되는데, 바로 이런 이유 때문입니다.

혈당량 조절도 호르몬의 역할인데 여기에는 이자가 관여해요. 체내에서 음식물을 먹고 나면 우리 몸에서는 최종적으로 포도당으로 분해합니다. 포도당이 소장에 흡수되면 혈당량이 평소보다 증가하는데, 이자에서 인슐린을 분비해 간과 세포에 작용합니다. 세포가 포도당을 흡수하고, 간에서는 포도당을 글리코겐으로 바꿔 저장하죠. 이런 식으로 혈당량을 낮춰 일정하게 유지합니다. 몸속 혈당량이 너무 낮을 때는 이자에서 글루카곤을 분비해 간에 작용하고, 간에 저장하고 있던 글리코겐을 포도당으로 바꿔 혈당량을 증가시켜 정상으로 유지합니다.

당뇨병은 바로 이 작용이 제대로 일어나지 않아서 혈당량이 적절하게 조절되지 않는 질환입니다. 당뇨병은 제1형 당뇨병과 제2형 당뇨병이 있는데, 제1형의 경우 인슐린을 만들어 낼 수 없는 경우에 해당합니다. 대개 소아 당뇨병으로도 불려요. 이자의 일부 세포가 파괴되어 인슐린 분비량 자체가 부족한 경우입니다. 대부분의 당뇨병은 체내에서 인슐린을 만들어 낼 수는 있지만 제대로 작동하지 않는 제2형에 해당합니다.

체내 혈당 조절이 안 돼 혈당 수치가 높아지면 심한 갈증을 느끼고 피로감이 동반되면서 시야가 흐려지기도 합니다. 심한 경우에는 위장 통증과 구토, 기절까지 이어질 수도 있죠. 당뇨병은 한 번 발생하면 오랫동안 잘 낫지 않는 대표적인 만성 질환에 속합니다.

2018년 기준 국내에서 30세 이상 성인 7명 중 1명이 당뇨병 환자로 조사됐는데, 전문가들은 체중, 혈압 등 생활 습관 등이 당뇨병 발병과 밀접한 관련이 있다고 조언합니다.

호르몬에 이상이 생기면 당뇨병뿐만 아니라 여러 질병이 발생할 수 있습니다. 뼈와 근육의 성장을 촉진하는 성장 호르몬 결핍은 키가 작은 소인증을, 성장 호르몬 과다 분비는 거인증을 유발합니다. 한편 성장판이 닫히기 전에 성장 호르몬이 과다 분비되면 거인증이 나타납니다. 성장판이 닫힌 뒤에 성장 호르몬이 과다 분비되면 말단비대증이 나타나는데, 말단비대증의 경우 얼굴이 변형되고 손발이 두꺼워지는 등의 증상이 나타납니다.

갑상샘에서 티록신이 너무 많이 분비되는 경우 갑상샘 기능 항진증이 나타납니다. 티록신이 세포 호흡을 촉진하기 때문에 맥박이 빨라지고 체중이 감소하며 눈이 돌출되는 등의 증상이 생깁니다.

반대로 티록신 분비가 너무 적으면 쉽게 피로감을 느끼고 체중이 증가하며 추위를 잘 타는 등 갑상샘 기능 저하증을 앓게 됩니다. 성호르몬이 조기에 분비되면 2차 성장 시기가 앞당겨져 몸의 발육과 초경이 빨리 오는 성조숙증이 나타나기도 합니다.

소화와 순환

13

소화와 순환이 잘돼야 건강하다

⋮

장내 미생물로 병을 치료한다

소장과
대장의 차이

우리가 음식을 먹고 소화하는 과정은 의식하지 못하는 사이에 자연스럽게 일어납니다. 우리가 '소화해야지'라고 생각한다고 소화가 일어나는 게 아니니까요. 의지와 상관없이 소화 기관이 알아서 스스로 소화를 시킵니다. 덕분에 다시 맛있는 음식을 먹을 수 있지요.

밤에 라면을 먹으면 아침에
붓는 이유가 뭘까?

'저탄고지'라는 단어를 들어 봤을 거예요. 탄수화물은 낮추고 지방은 높이는(Low Carb High Fat) 식사법인데, 탄수화물의 양을 줄이고 대신 깨끗한 지방을 섭취하는 게 핵심이지요. '황제 다이어트'로 불리는 식단도 있습니다. 고기는 황제처럼 실컷 먹되 탄수화물은 줄이는 겁니다. 고기를 통해 단백질을 많이 섭취하고 탄수화물의 양을 줄이는 것이어서 '고기 다이어트', '단백질 다이어트'로도 불립니다.

여기에 등장하는 탄수화물, 단백질, 지방은 음식을 통해 섭취하는 3대 영양소입니다. 이들이 3대 영양소로 불리는 이유는 몸에서 에너지원으로 사용되기 때문입니다. 우리 몸은 하루에 필요한 총열량이 있는데, 이 3대 영양소를 통해 섭취하는 열량이 하루 총 필요 열량보다 많으면 이론적으로 살이 찝니다.

섭취된 탄수화물은 대부분 몸속에서 포도당으로 바뀌어 에너지원이 됩니다. 남은 포도당은 지방으로 바뀌어 살이 찌는 것이죠. 반면 탄수화물이 부족하면 몸은 에너지원을 얻기 위해 체지방을 분해합니다. 그래서 3대 영양소 중에서 탄수화물의 비율을 줄이고 단백질, 불포화 지방 등의 섭취를 늘리면 좋습니다.

3대 영양소 외에 우리 몸에 필요한 영양소들이 있습니다. 모두 에너지

소화 기관

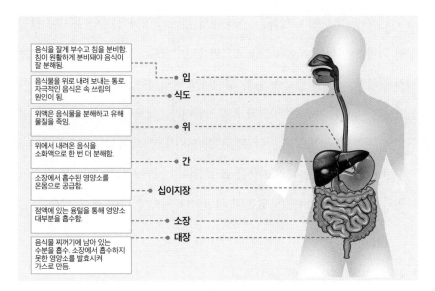

음식을 잘게 부수고 침을 분비함. 침이 원활하게 분비돼야 음식이 잘 분해됨. — 입

음식물을 위로 내려 보내는 통로. 자극적인 음식은 속 쓰림의 원인이 됨. — 식도

위액은 음식물을 분해하고 유해 물질을 죽임. — 위

위에서 내려온 음식을 소화액으로 한 번 더 분해함. — 간

소장에서 흡수된 영양소를 온몸으로 공급함. — 십이지장

점액에 있는 융털을 통해 영양소 대부분을 흡수함. — 소장

음식물 찌꺼기에 남아 있는 수분을 흡수. 소장에서 흡수하지 못한 영양소를 발효시켜 가스로 만듦. — 대장

원으로 사용되지는 않지만 우리 몸을 구성하거나 몸의 기능을 조절하는데 꼭 필요합니다. 우선 무기염류가 있습니다. 나트륨, 철, 칼슘, 칼륨, 마그네슘 등이 여기에 해당합니다.

소금이 나트륨과 염소로 구성되다 보니 나트륨은 짠맛의 대명사처럼 불립니다. 나트륨은 우리 몸속의 무기염류 중 가장 많습니다. 나트륨은 인간의 뇌가 정보를 교환하고, 심장을 뛰게 하고, 근육을 수축시킬 때 사용됩니다.

우리 몸의 세포가 영양소를 분해해서 에너지로 사용하는 가장 기본 에너지원이 ATP(adenosine triphosphate)●인데, ATP를 소비할 때 나트륨-칼륨 펌프를 작동시켜서 세포막 바깥으로 나트륨 이온 3개를 배출하고 대신 칼륨 이온 2개를 받아들입니다. 그래서 평소 세포막 바깥에는 나트륨 이온의 농도가 높고, 세포 안에는 칼륨 이온이 상대적으로 많이 있습니다.

이런 기능 때문에 나트륨은 우리 몸의 체액의 양과 삼투압 유지에 결정적인 역할을 합니다. 짠 음식을 먹으면 혈중 나트륨 농도가 높아지고 이는 뇌가 갈증을 느끼게 만들어 물을 섭취하게 만듭니다. 그러면 체액의 양이 늘어나고 나트륨 농도는 일정하게 유지됩니다. 세포에서 나트륨-칼륨 펌프 등 이온 채널을 밝혀낸 과학자들은 2003년 노벨 화학상을 받았습니다.

바이타민(비타민)은 몸의 기능을 조절합니다. 물에 잘 녹는 수용성 바이타민과 지용성 바이타민이 있는데 과일이나 채소에 많이 들어 있습니다.

● 아데노신에 인산기가 3개 달린 유기 화합물

바이타민 A가 부족하면 어두운 곳에서 잘 보이지 않는 야맹증에 걸릴 수 있고, 바이타민 B_1이 부족하면 다리가 붓고 마비되는 각기병이 생길 수 있습니다. 바이타민 C가 결핍되면 입안이나 피부에서 피가 나는 괴혈병이 나타날 수 있고, 바이타민 D가 없으면 뼈를 약하게 만들어 척추나 다리가 휘는 구루병이 생길 수 있습니다.

바이타민은 체내에서 합성되지 않기 때문에 음식을 섭취해 체내에 공급해 줘야 합니다. 단 바이타민 D의 경우 햇빛을 받으면 체내에서 생성됩니다. 햇빛을 20분 이상 받아야 해요.

우주에서는 어떻게 음식을 소화시킬까?

'소화'라는 단어를 사전에서 찾아보면 '섭취한 음식물의 영양분을 분해해 흡수하기 쉬운 물질로 변화시키는 작용'이라고 나옵니다. '소화 기관의 소화액에 의해 작용한다.'라는 설명도 있네요. 즉, 생물이 음식물을 흡수 가능한 상태로 분해하는 과정이며, 기계적이자 화학적으로 음식물을 작게 만들어 분해하는 작용입니다. 이렇게 분해된 영양소는 우리 몸 곳곳의 세포에 전달되어 생명을 유지할 수 있습니다.

소화의 시작은 입입니다. 치아로 음식물을 잘게 부수고 침 속에 들어 있는 효소인 아밀레이스가 녹말을 분해합니다. 물론 여기서 모든 녹말이 분해되는 것은 아니에요. 입속에 음식이 머무는 시간이 그리 길지 않기 때문이지요. 오래 꼭꼭 씹어 먹어야 건강에 좋다는 말이 있는데, 입속에서 음식물을 오래 씹을수록 녹말이 아밀레이스에 노출되는 시간이 길어지고 분해가 더 많이 일어나 이후 소화 기관이 덜 힘들어지기 때문입니다. 침의 또 다른 역할은 음식물을 잘 섞어서 걸쭉한 상태로 만듭니다. 그래야 다음 소화 기관으로 이동하기가 쉬워지니까요.

입을 통과한 음식물은 중력의 도움을 받아 식도를 타고 위로 내려갑니다. 하지만 중력의 영향만으로 위에 도달하려면 시간이 너무 오래 걸리죠. 그래서 식도는 연동 운동을 합니다. 식도가 리듬감 있게 움직이는 것인데 더 넓은 의미로 이를 소화관 운동이라고 부릅니다. 소화관에 있는 근육을 수축한 뒤 그 반동으로 음식물이 아래로 내려가게 만듭니다. 식도와 위, 소장, 대장 등 대부분 소화 기관에서 이런 소화관 운동이 일어납니다.

국제우주정거장에서 임무를 수행하는 우주인들은 대개 6개월 이상, 길게는 1년간 우주에 머물기도 합니다. 국제우주정거장은 지구 상공 300~400km 궤도를 돌고 있습니다. 이 위치에서는 공기가 거의 없고, 무중력 상태에 가깝습니다. 만약 소화관 운동이 일어나지 않는다면 중력이 없는 국제우주정거장에서 우주인은 밥을 먹고 소화를 시키는 것 자체가 불가능할 겁니다. 그렇다면 당연히 인간이 우주에 갈 수조차 없었겠지요.

이제 음식물이 위에 도착했습니다. 위는 식도 아래에 있는 주머니 형태의 소화 기관입니다. 성인 기준 용량은 1.5리터 정도입니다. 탄력이 있는 근육으로 이뤄져 있어서 음식물의 양이 많으면 더 늘어납니다. 하지만 계속 늘어나다가는 위가 터져 버릴 수도 있으니 어느 정도 위가 차면 배부름을 느낍니다. 배가 부르다고 생각하게 만드는 것은 뇌의 역할이죠. 포만감을 느끼게 해서 음식 섭취를 중단하게 하고 위가 한없이 늘어나는 걸 막습니다.

위는 음식물을 소화하고 영양분을 만들어 내는 가장 중요한 소화 기관입니다. 음식을 먹으면 소화될 때까지는 10~12시간이 걸리는데, 만약 음식이 위에서 이렇게 긴 시간 동안 그대로 머물러 있다면 아마 상하고 말겠죠. 하지만 위는 음식물이 들어오면 즉시 위산을 분비해 음식의 부패를 막습니다.

헬리코박터균이라는 단어를 들어봤죠? 이 균은 특이하게도 이런 강한 산성에서 살 수 있기 때문에 위에서 살아남습니다. 헬리코박터균은 세계보건기구(WHO)가 지정한 1급 발암 물질입니다. 헬리코박터균이 있으면 위암 발생 가능성이 3배 이상 높아집니다. 위산은 염산이라는 강산이 주성분이어서 만에 하나 음식물에 세균이 있어도 죽이고 음식을 상하지 않게 합니다. 그런데 염산이 이렇게 강하다면 우리의 위는 무사할까요? 다행히 위에는 보호 점액인 뮤신이라는 물질이 있습니다. 이 물질을 분비해 위벽을 감싸서 염산을 분비하더라도 위가 녹지 않는 것이지요.

위의 가장 중요한 역할은 우리가 먹은 음식물에 있는 중요한 영양소인 단백질을 소화하는 일입니다. 단백질은 우리 몸의 근육 등을 구성하는 주요 성분으로 에너지를 만듭니다. 입에서는 침을 분비해 탄수화물인 녹말을 분해할 수 있지만, 단백질은 분해가 안 됩니다. 위에서 단백질을 분해하죠. 단백질 소화에는 펩신이라는 효소가 필요한데, 위에서는 이 효소를 분비해 단백질을 잘게 부숴 아미노산으로 만듭니다. 이렇게 만들어진 아미노산을 소장으로 내려 보내면 소장에서 단백질을 흡수하고 우리 몸 곳곳에 영양분이 전달됩니다.

위의 입구와 출구에는 괄약근이 있어서 음식물이 들어오고 나가는 양도 알아서 조절합니다. 한꺼번에 음식물이 너무 많이 들어오면 다시 식도로 역류할 수도 있는데, 이를 막기 위해 괄약근을 조절합니다. 괄약근이 약해지면 음식물이 다시 식도로 넘어 오거나 위산이 넘어 오는 역류성 식도염이 생길 수 있습니다.

소장과 대장의 차이는 뭘까?

위에서 분해된 영양분은 십이지장으로 이동합니다. 십이지장은 한자로 손가락이 열두 마디라는 의미인데, 실제로는 이보다 조금 더 깁니다. 다만 다른 소화 기관에 비해서는 길이가 짧습니다. 십이지장은 모든 영양소를 분해할 수 있는 곳입니다. 중탄산염, 트립신, 라이페이스, 아밀레이스 등 각종 소화 효소들이 십이지장에서 분비되어 소화 작용이 집약적으로 일어나도록 돕습니다.

십이지장까지 도달하면서 분해된 음식물은 소장에서 최종 소화 과정을 거친 뒤 흡수됩니다. 소장은 음식물이 가장 작은 영양소 단위로 흡수되는 기관이에요. 영양소를 흡수하기 위해 소장은 특별한 구조를 갖고 있습니다. 소장 안쪽 벽이 주름져 있는데, 이 주름 표면에 융털이라고 하는 돌기가 무수히 나 있고, 융털 덕분에 영양소와 닿는 면적이 넓어져 영양소를 효과적으로 흡수합니다.

융털은 모세 혈관과 암죽관으로 이루어져 있습니다. 각각이 흡수하는 영양소의 종류는 다릅니다. 모세 혈관은 물에 잘 녹는 수용성 영양소인 포도당, 아미노산, 무기염류, 수용성 바이타민(바이타민 B, C) 등을 흡수합니다. 모세 혈관을 통해 흡수된 영양소는 간 문맥을 거쳐 심장으로 가서 우리 몸을 돌며 필요한 세포에 전달됩니다.

지용성 영양소는 융털의 암죽관으로 흡수됩니다. 지방산, 글리세롤, 지용성 바이타민(바이타민 A, D) 등은 암죽관으로 흡수되죠. 암죽관으로 들어가긴 했지만 지용성 영양소들도 결국은 혈관(정맥)에 합류해 심장으로 전달되어 우리 몸의 세포에 전달됩니다.

소장에 연결된 대장에서는 소화액이 분비되지 않아서 소화 작용이 거의 일어나지 않습니다. 대장의 주요 역할은 수분 흡수입니다. 소장을 지나고 남은 물질에서 주로 물을 흡수합니다. 원래 음식에 있던 물은 소장에서 대부분 흡수되고, 소장을 지나면서 남은 물질의 물을 대장이 흡수합니다. 이렇게 물이 빠져나가고 남은 물질이 대변이 되어 항문으로 나옵니다.

피는 붉은데 핏줄은 푸르스름한 이유는 뭘까?

인간의 수명에 관련하는 한 축이 소화계라면 다른 한 축은 순환계입니다. 둘 중 하나라도 없으면 인간은 생명을 유지할 수 없죠. 소화계를 통해 영양소가 만들어지면 이 영양소를 온몸에 나르는 게 순환계입니다. 영양소뿐만 아니라 숨 쉬는 데 필요한 산소 등 각종 물질을 운반합니다.

순환계의 핵심은 심장입니다. 심장은 우리 몸의 혈액을 끊임없이 받아들였다가 다시 내보내기를 쉬지 않고 합니다. 심장은 오른쪽과 왼쪽에 각각 심방과 심실을 하나씩 가지고 있는데, 좌우 심방은 온몸을 돌고 돌아온 혈액을 받아들이고 좌우 심실은 심장에서 온몸으로 혈액을 내보내는 역할을 합니다.

만약 심장에서 내보내는 혈액과 온몸을 돌고 들어오는 혈액이 서로 섞이면 어떻게 될까요? 난리가 날 겁니다. 심장에서 우리 몸 곳곳으로 내보내는 혈액에는 산소가 많이 섞여 있고 영양소도 풍부합니다. 반대로 심장으로 돌아오는 혈액은 산소와 영양소를 다 준 뒤에 노폐물과 이산화탄소를 받아서 싣고 옵니다. 그래서 심장에서 혈액을 내보낼 때는 동맥을, 심장으로 혈액이 들어올 때는 정맥을 사용합니다.

우리 몸을 돌고 온 혈액은 대정맥을 통해 우심방으로 들어온 뒤 다시 우심실을 지나 폐와 연결된 폐동맥을 타고 나갑니다. 마찬가지로 폐정맥을 타고 들어온 혈액은 좌심방을 지난 뒤 좌심실을 거쳐 대동맥을 타고 다시 몸속으로 순환을 시작합니다. 심장이 뛰는 것은 혈액을 꽉 움켜쥐었다가(수축) 힘을 빼면서(이완) 혈액을 온몸으로 내보내기 위한 작용인거죠. 한번 수축했다가 이완할 때마다 심장이 뜁니다.

손목 바로 위에서는 맥박이 뛰는 걸 느낄 수가 있는데, 이는 심장 박동이 혈액을 통해 동맥에 전달된 파동을 느끼는 겁니다. 그래서 맥박 수는 심장 박동 수와 같습니다. 그런데 생각해 보면 동맥을 타고 심장 밖으로 나온 혈액이 다시 정맥을 타고 심장으로 들어가야 하는데 이 사이를 연결해주는 뭔가가 필요합니다. 동맥과 정맥이 연결되어 피가 섞이지 않게 하는 역할이 바로 모세 혈관입니다.

모세 혈관은 털처럼 아주 가는 혈관이며, 온몸에 그물처럼 퍼져 있습니다. 혈관이 얇아 혈액이 아주 조금씩 천천히 흐르고, 산소를 전달하거나 이산화탄소를 정맥에 싣는 등 물질 교환이 일어날 수 있게 합니다. 피부 표면에 푸르스름하게 보이는 혈관은 정맥입니다. 피는 붉은색인데 왜 정맥은 푸르스름하게 보일까요? 동맥은 산소가 풍부한 신선한 피를 운반하고, 이 산소는 헤모글로빈과 결합해 선명한 붉은색을 띱니다. 그런데 정맥은 산소를 세포에 나눠주고 이산화탄소와 찌꺼기를 담고 있어서 검붉게 바뀝니다. 이 색이 피부색과 합쳐져 푸르스름하게 보이는 거죠. 정맥은 피부 가까이에 있지만, 동맥은 피부 깊숙한 곳에 있습니다.

순환계 모식도

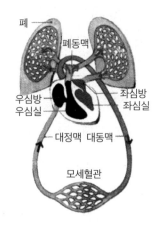

폐
폐동맥
우심방   좌심방
우심실   좌심실
대정맥 대동맥
모세혈관

적혈구와 백혈구

혈액은 혈장과 혈구로 나뉩니다. 우리가 적혈구, 백혈구라고 부르는 것들이 혈구에 속합니다. 혈소판도 혈구의 하나입니다. 이렇게 혈구에는 세 가지가 있습니다.

적혈구는 가운데가 오목한 원반 모양이며 핵이 없습니다. 적혈구를 붉은색으로 보이게 만드는 색소인 헤모글로빈이 있고, 헤모글로빈이 산소와 결합하기 때문에 온몸에 산소를 나를 수 있습니다. 세 혈구 중 숫자가 가장 많습니다.

백혈구는 혈구 중 크기가 가장 큽니다. 모양이 일정하지가 않죠. 세 혈구 중 유일하게 핵이 있습니다. 가장 중요한 기능은 우리 몸에 세균 등 병원체가 침입하면 이를 잡아먹는 면역 작용을 합니다. 혈소판은 혈구 중 크기가 가장 작고 핵이 없으며, 출혈이 일어날 때 혈액을 응고시켜 스스로 멎게 하는 기능을 합니다. 과다 출혈을 막고 상처를 보호하는 역할이죠.

과학 수사에서는 혈구의 이런 성질을 이용해 범죄 현장을 조사합니다. 혈흔의 흔적을 찾을 때는 적혈구를 이용합니다. 루미놀이라는 시약은 루미놀 가루와 과산화수소로 이뤄져 있는데, 적혈구에 있는 헤모글로빈이 가진 철(Fe)이 과산화수소를 분해하면서 산소가 발생하고, 산소가 루미놀을 산화시켜 파란색 형광이 발생합니다. 그래서 루미놀 시약을 뿌리면 혈액이 한 방울만 있어도 혈흔을 찾을 수 있는 거죠.

반면 적혈구에는 핵이 없어서 DNA 감식을 할 수가 없습니다. 핵은 백혈구에만 있습니다. 그래서 DNA 감식을 하려면 혈액 속 백혈구의 핵이 필요합니다. 백혈구의 DNA를 채취해 개인을 식별합니다. 만약 혈액이 없으면 머리카락이나 침 등 핵이 있는 모든 세포의 핵을 이용해도 됩니다.

적혈구는 스포츠에서 도핑 여부를 확인하는 데도 사용됩니다. 산소를 운반하는 적혈구 수를 늘려서 지구력을 향상시키기 위해 수혈을 하기도 하는데, 이 때문에 도핑 검사에서는 적혈구의 성분 변화를 확인합니다.

적혈구는 ABO 혈액형과도 관련이 있습니다. ABO 혈액형은 적혈구의 표면 항원을 기준으로 결정됩니다. 항원 단백질의 유무나 조합에 따라 A형, B형, AB형, O형으로 분류됩니다. 서로 다른 혈액형의 혈액이 만나면 적혈구가 파괴되고 혈액이 굳습니

호흡계와 배설계

사람의 몸은 소화계, 순환계 외에 호흡계와 배설계도 있습니다. 사실 이 중 어느 하나라도 없으면 안 됩니다. 호흡계는 숨을 쉴 때 관여하는 기관입니다. 폐, 코, 기관지 등이 해당되죠. 코로나도 호흡기 바이러스입니다. 즉 처음 사람 몸에 침투할 때 코나 기관지 세포를 통해 체내로 들어온다는 뜻입니다.

배설계는 혈액에서 노폐물을 걸러내 몸 밖으로 내보내기 때문에 없어서는 안 될 중요한 기관계입니다. 콩팥과 방광, 요도가 배설계에 해당합니다.

다. 항원 항체 결합 반응이 나타나기 때문이죠.

A형 혈액은 A형 항원과 B형 항체를 갖고 있고, B형 혈액은 반대로 B형 항원과 A형 항체를 갖고 있습니다. 그래서 A형 혈액과 B형 혈액이 섞이면 항원 항체 결합 반응이 일어나게 됩니다.

코로나19가 유행하면서 혈장이라는 단어를 많이 들어 봤을 겁니다. 코로나19에 걸렸다가 회복한 환자의 혈장을 받아 여기서 항체만 농축해 치료제를 만들었다는 뉴스도 나왔습니다. 혈장은 옅은 노란색의 액체입니다.

세균의 유전자나 단백질과 같은 질병을 진단하는 지표는 혈장에 포함되어 있습니다. 그래서 질병에 걸렸는지 확인할 때는 혈액에서 혈장만 분리해서 검사합니다. 혈장에는 바이러스나 세균 등에 맞서는 항체가 있습니다. 그래서 혈장 치료는 바이러스에 감염되었다가 완치된 사람의 항체가 담긴 혈장을 환자에게 주입하는 치료 방식입니다. 치료제가 없는 급한 상황에서 사용됩니다.

똥을 이식한다?

요즘 뉴스나 광고에서 장내 미생물 또는 마이크로바이옴(microbiome)이라는 단어를 들어봤을 겁니다. 우리 몸에는 100조 개의 미생물이 사는데, 인간의 몸에 서식하며 공생 관계를 가진 미생물 집단(마이크로바이오타(microbiota))과 유전 정보(genome)를 합쳐서 마이크로바이옴 또는 장내 미생물이라고 부릅니다.

사람마다 지문 모양이 다르듯 장내 미생물의 종류나 양, 분포도 모두 다릅니다. 장내 미생물은 입, 코, 피부, 장 등 곳곳에 분포하는데, 그중 95% 이상이 장에 살고 있습니다. 그래서 장내 미생물이라고 부릅니다.

최근 과학자들은 장내 미생물이 우리 몸에서 다양한 기능을 한다는 사실을 밝혀냈습니다. 가장 중요한 역할은 면역력입니다. 장과 면역은 서로 연결되어 있는 셈이지요.

장에는 여러 미생물이 살고 있습니다. 음식물 소화의 마지막 단계는 장에서 일어납니다. 음식물을 섭취하면 입과 식도 위를 거쳐 끝까지 살아남은 병원균이 장 점막을 통해 유입되는데, 장 점막 바깥층에 주로 분포하는 장내 미생물이 일차적으로 병원균을 방어하는 역할을 합니다. 그 과정에서 면역 반응을 일으키죠. 인간의 면역 시스템과 상호 작용하면서 면역체계를 강화합니다.

장내 미생물이 우울증, 자폐증, 파킨슨병, 알츠하이머병 등 뇌 질환에도 관여한다는 사실도 확인되었습니다. 장내 미생물과 신경계는 전혀 관계가 없을 것 같지만 많은 연구를 통해 장내 미생물의 구성이 뇌 질환에 영향을 준다는 사실이 밝혀졌습니다.

장내 미생물은 약으로 쓰이기도 합니다. 건강한 사람의 장내 미생물을 환자의 장에 이식하는 거죠. 실제로 '대변 이식술'은 의학계에서 공식 치료법으로 사용되고 있습니다. 건강한 사람의 대변에서 유익한 미생물만 선별해 내시경이나 관장 등으로 환자의 장에 이식해 환자의 장내 미생물 조성을 바꾸고 이를 통해 면역력을 강화하는 치료법입니다.

사람의 대변은 늘 황갈색을 띠는데, 이것도 이유가 있습니다. 혈관에서 산소를 운반하는 적혈구는 헤모글로빈이라는 붉은 색소를 가지고 있습니다. 적혈구는 핵이 없어서 수명이 3개월 정도로 짧습니다. 수명을 다한 적혈구는 파괴돼 밖으로 배출되고 골수에서 새로운 적혈구가 생성됩니다(그래서 수혈을 해도 건강에 아무런 문제가 없습니다). 수명을 다한 적혈구는 간에서 파괴되는데, 이때 헤모글로빈이 빌리루빈이라는 황갈색 색소로 변하고 음식물 찌꺼기와 함께 밖으로 배출됩니다. 그래서 대변은 늘 황갈색을 띠게 됩니다.

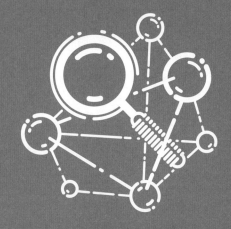

염색체와 유전

14

인류를 존재시키는 염색체와 유전

DNA와 RNA는 뭐가 다를까?

우성과 열성 더 이상 헷갈리지 말자

우리 몸을 구성하는 기본 단위는 세포입니다. 세포 안에는 핵이 있고, 이 핵에 유전 물질이 들어 있죠. 생명의 신비를 풀어내기 위해서는 유전 물질의 비밀부터 풀어야 합니다. 요즘 생명 과학은 유전 물질을 다루는 분자 생물학 연구가 활발히 진행 중입니다. 중학교 과정에서는 '유전학의 아버지'로 불리는 멘델이 만든 '멘델의 법칙'이 처음 등장하고, 이를 통해 유전에 대한 기본 개념을 설명합니다.

둥근 콩 × 주름진 콩 = 둥근 콩?

오스트리아에서 태어난 멘델은 가정 형편이 어려웠습니다. 대학 진학을 포기하고 수도원에 들어가 신부가 되었는데 학문에 대한 열정은 그 누구도 막을 수 없었지요. 그는 수도원 뜰에 심은 완두콩을 이용해 유전 법칙을 알아냈습니다. 1865년 완두콩 실험을 논문에 실어 발표했지만 당시 과학계에서 인정받지 못했습니다. 멘델이 죽은 뒤에야 재조명되었죠.

멘델의 유전 법칙의 핵심은 세 가지로 정리할 수 있습니다. 우선 가장 유명한 우성과 열성에 관한 우열의 법칙입니다. 부모의 형질이 자손에게 반반씩 섞여 유전되는 게 아니라 우세한 어느 한 형질만 표현된다는 것입니다.

멘델은 둥근 모양과 주름진 모양의 완두콩을 교배한 결과 반쯤 주름진 완두콩 대신 모두 둥근(우성 형질) 완두콩이 나오는 것을 보고 이를 법칙처럼 정리했습니다. 지금은 당연한 얘기처럼 들리지만, 당시에는 그렇지 않았습니다. 그 시절에는 둥근 모양과 주름진 모양을 교배하면 그 중간인 반쯤 주름진 완두콩이 나올 것이라는 학설(혼합 유전설)이 받아들여지고 있었으니까요.

멘델은 또 다른 사실도 찾아냈습니다. 우세한 형질만 유전되는 건 아니라는 거지요. 열성 형질은 표현되지 않고 숨겨져 있다가 자손이 세대를 거듭할수록 한 번씩 나타나는데, 멘델이 완두콩으로 실험한 결과 우성인 둥근 완두콩과 열성인 주름진 완두콩이 나타나는 비율은 3대 1이었습니다. 멘델은 그 이유를 아버지와 어머니에게서 받은 유전자가 각각 독립적으로 자손에게 유전되기 때문에 이런 현상이 나타난다고 설명했습니다. '분리 법칙'이라고 불리는 것입니다.

멘델은 완두콩의 개수를 일일이 세었다고 알려져 있습니다. 그는 둥근 완두콩과 주름진 완두콩을 교배해서 1세대 완두콩을 얻었고, 다시 1세대 완두콩끼리 교배해서 2세대 완두콩을 얻었는데 이때 둥근 모양이 5474개, 주름진 모양이 1850개였다고 합니다.

마지막 독립의 법칙은 형질들끼리는 서로 영향을 미치지 않고 독립적으로 발현된다는 것입니다. 콩 색깔(황색, 녹색)이나 모양(둥글거나 주름진)의 형질들은 서로 영향을 주고받지 않고 각각 독립적으로 나타나는 것이었죠.

멘델이 발표한 논문에는 사실 '멘델의 법칙'이라는 표현도 없습니다. 이는 후대에 과학자들이 멘델의 업적을 정리하면서 만든 것이죠. 후대 과학자들은 멘델이 실험 재료로 완두콩을 선택한 것이 '신의 한 수'였다고도 평가했습니다. 완두콩의 염색체 개수가 14개로 상대적으로 적고, 무엇보다 한 세대의 수명이 짧아서 관찰하는 시간이 그리 오래 걸리지 않았기 때문입니다.

멘델의 법칙은 유전의 가장 기본적인 원리를 설명한다는 점에서 여전히 전 세계 수많은 교과서에 실려 있습니다. 하지만 현대 과학이 밝혀낸 유전의 원리는 사실 멘델의 법칙처럼 그렇게 단순하지만은 않습니다. 유전자처럼 타고난 요인 외에도 환경과 같은 다양한 요인들이 유전에 영향을 미칩니다. 유전자 정보가 바뀌지 않았는데도 다음 세대에 다른 유전자가 나타나는 경우도 많으니까요. 이를 '후성 유전학'이라고 부릅니다.

2016년 영국 리즈대 과학사학자인 그레고리 래딕 교수는 국제 학술지 '네이처'에 「학생들에게 그 시대의 생물학을 가르치자(Teach students the biology of their time)」라는 제목의 칼럼을 실었습니다. 멘델의 실험이 지금과는 맞지 않는 유전자 결정론을 강화한다며 교과서에서 빼자고 주장하기도 했습니다.

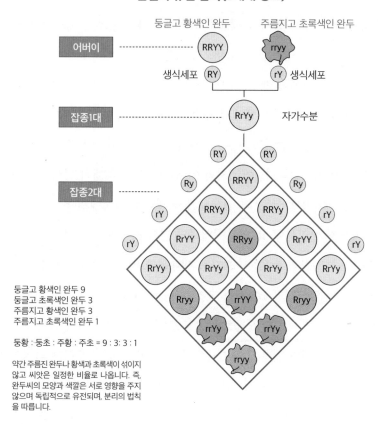

멘델의 유전 법칙(3세대 정도)

둥글고 황색인 완두 　주름지고 초록색인 완두

어버이 ------------- RRYY　rryy

생식세포 RY　rY 생식세포

잡종1대 ------------- RrYy　자가수분

잡종2대 ------------

둥글고 황색인 완두 9
둥글고 초록색인 완두 3
주름지고 황색인 완두 3
주름지고 초록색인 완두 1

둥황 : 둥초 : 주황 : 주초 = 9 : 3 : 3 : 1

약간 주름진 완두나 황색과 초록색이 섞이지
않고 씨앗은 일정한 비율로 나옵니다. 즉,
완두씨의 모양과 색깔은 서로 영향을 주지
않으며 독립적으로 유전되며, 분리의 법칙
을 따릅니다.

염색체 수는 왜 늘어나지 않을까?

　부모 세대에서 자식 세대로 유전이 되는 과정을 이해하기 위해서는 염
색체에 대해 먼저 알아야 합니다. 유전자가 담겨 있는 곳이 염색체이기 때
문입니다. 부모가 자식을 낳으면 자식에게는 부모의 유전자가 담긴 염색

체의 복제본이 전달됩니다. 염색체는 세포의 핵에 들어 있습니다. 염색체 복제를 통해 유전 정보를 다음 세대로 전달하는 세포는 생식 세포입니다. 남자는 정자, 여자는 난자가 생식 세포에 해당하죠.

생식 세포가 복제본을 만드는 과정을 감수 분열이라고 부릅니다. '감수' 는 생식 세포가 복제될 때 염색체의 개수를 줄이는 것을 말합니다. 정확히 는 절반으로 줄이는 작업이죠. 이유는 간단합니다. 사람은 23쌍, 즉 46개 의 염색체를 갖고 있습니다. 아버지와 어머니도 각각 46개의 염색체를 가 지고 있다는 뜻이지요. 부모의 염색체가 복제돼서 자식에게 전달된다고 했으니, 아버지의 염색체 46개와 어머니의 염색체 46개를 그대로 복제해 서 받아오면 총 92개가 됩니다. 그다음 세대는 아버지와 어머니에게서 각 각 92개를 받아 염색체가 184개가 되겠지요. 이런 식으로 부모의 염색체 를 그대로 받아오면 세대가 거듭될수록 염색체는 무한정 늘어날 겁니다.

하지만 실제로 이런 일은 벌어지지 않습니다. 바로 염색체 복제 과정에 서 그 수를 절반으로 줄이는 감수 분열이 일어나기 때문입니다. 감수 분열 은 두 차례에 걸쳐 일어나는데, 감수 분열이 모두 끝나면 염색체 수는 절 반이 되고, 세포는 4개가 됩니다. 그래서 세대를 거듭하더라도 염색체 수 는 계속 46개를 유지하게 됩니다.

생식 세포의 감수 분열을 통해 자손에게 유전 정보가 잘 전달됐고, 아 이가 무사히 태어났다고 해볼게요. 이제 이 아이는 키가 크고 근육이 늘고 뼈가 자라고 살이 붙는 성장 과정을 거치게 됩니다. 이 과정에 관여하는 것이 체세포 분열입니다. 우리 몸에서 생식 세포를 제외한 모든 세포는 체세포에 해당합니다.

체세포는 생식 세포처럼 감수 분열을 하지 않습니다. 상식적으로 생각해도 성장 중에 염색체 수가 절반으로 줄어들면 큰일 나겠죠. 한 세포를 그대로 복사하듯 찍어 내서 두 배로 늘리는 게 체세포 분열이라고 생각하면 됩니다. 이런 식으로 아이가 자라면서 몸집이 커집니다.

인간을 포함한 동물은 몸 전체에서 체세포 분열이 나타나지만, 식물은 동물과 달리 생장점과 형성층 같은 특정 조직에서만 체세포 분열이 일어납니다. 이런 특징도 식물과 동물을 나누는 중대한 차이라고 할 수 있겠죠.

체세포와 생식 세포의 염색체 수는 같을까요, 다를까요? 이제 쉽게 예상이 될 겁니다. 생식 세포의 염색체 수는 체세포의 절반입니다. 자식의 생식 세포는 부모의 염색체 중 절반만 가져야 부모와 자식이 염색체 수가 동일하게 됩니다. 따라서 체세포의 염색체 수가 2n이라면, 생식 세포의 염색체 수는 n입니다. 사람의 경우 n은 23이 되겠네요.

또 한 가지 궁금증이 생기게 되는데, 사람마다 차이는 있지만 10대 이후에는 성장이 거의 일어나지 않습니다. 이 경우에도 체세포 분열이 일어날까요? 죽을 때까지 체세포 분열이 계속 일어난다면 키가 끝도 없이 자라게 될 겁니다. 그런데 이런 일은 일어나지 않죠.

우리 몸은 체세포 분열이 어느 정도 진행이 되었고, 필요가 없어지면 세포 분열을 억제하라는 신호를 주고받습니다. 세포도 수명이 있기 때문에 수명을 다하면 알아서 죽습니다. 학술 용어로는 '세포 사멸'이라고 부릅니다. 이 과정은 우리 몸이 정상적으로 유지할 수 있도록 도와 주는 기능이기 때문에 세포가 태어나는 것만큼이나 중요합니다. 세포 사멸을 처음 밝혀낸 영국과 미국 과학자 세 명은 2002년 노벨 생리의학상을 받았습니다.

세포 사멸은 암세포와도 관련이 있습니다. 정상 세포가 비정상적으로 변하면 암세포가 됩니다. 세포가 죽어야 할 때 죽지 않고 계속 분열을 거듭해 비정상적으로 많아지고, 그 뒤에도 끊임없이 분열을 통해 증식을 계속하면 암세포가 뭉쳐진 종양이 됩니다.

세포는 고장 나면 스스로 복구 기작을 작동시켜 수선하는 기능이 있는데 복구가 불가능하다고 판단하면 스스로 사멸합니다. 세포 사멸이 일어나는 거지요. 그래서 세포 사멸은 비정상적인 세포를 없애 인체를 지키기 위한 보호 기능에 해당합니다. 대개는 세포에서 이런 과정이 잘 일어나지만, 드물게 사멸을 택하는 대신 유전자를 다르게 바꿔 복구하는 세포가 나타나는데 이 경우 암세포가 될 확률이 높습니다.

2018년 노벨 생리의학상은 환자의 면역 체계를 이용해 암 치료법을 발견한 과학자 두 명에게 돌아갔습니다. 대개 항암 치료에는 화학 약물이나 방사선 치료법이 많이 사용되는데, 이 경우 암세포만 죽일 수 없고 주변의 정상 세포까지 함께 죽습니다. 그러다 보니 암 치료를 하면 여러 가지 부작용들이 나타나게 됩니다.

노벨 생리의학상을 받은 과학자들은 우리 몸에 원래부터 존재하는 면역 세포의 능력을 극대화해 암세포를 공격하게 만들어 암 치료에 효과가 있음을 입증했습니다. 완전히 새로운 개념의 암 치료법인 겁니다. 환자 자신의 면역 세포로 암세포만 공격하니 부작용도 없습니다.

지금도 과학자들은 암을 완벽하게 정복할 방법을 찾고 있습니다. 정상 세포의 유전자가 바뀌어 암세포가 되는 과정을 연구하고, 암세포가 한 기관에서 다른 기관으로 전이되는 이유를 찾고 있습니다. 또한 이 모든 과정들에 영향을 주는 다양한 요인들도 밝혀내고 있지요.

최근에는 유전자 수준에서 암세포 연구가 많이 진행되고 있습니다. 암을 일으키는 특정 유전자를 찾아 미리 예방하게 하는 것이죠.일례로 2013년 할리우드 배우 안젤리나 졸리는 유전자 검사를 받은 뒤 자신에게 유방암의 발병률을 높이는 'BRCA1'의 돌연변이 유전자가 있음을 알게 됐고, 어머니와 이모 모두 유방암으로 죽었다는 가족력을 고려해 예방 차원에서 유방 절제술을 받았습니다. 당시 이 사건은 세계적으로도 화제가 됐습니다.

2016년 미국 백악관은 '캔서 문샷 이니셔티브(Cancer Moonshot Initiative)'를 추진했습니다. 이는 암을 정복하기 위해 대규모 암 환자의 유전체를 분석하고 이를 통해 환자별 맞춤형 치료법을 찾는 것이었습니다. '문샷'이라는 표현이 들어간 건 암 정복이 인류의 달 착륙에 비견될 만큼 중요하다는 의미에서였습니다.

감수 분열

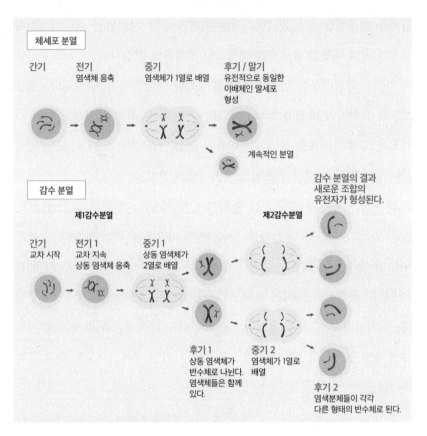

체세포 분열

간기

전기
염색체 응축

중기
염색체가 1열로 배열

후기 / 말기
유전적으로 동일한
이배체인 딸세포
형성

계속적인 분열

감수 분열

제1감수분열

제2감수분열

감수 분열의 결과
새로운 조합의
유전자가 형성된다.

간기
교차 시작

전기 1
교차 지속
상동 염색체 응축

중기 1
상동 염색체가
2열로 배열

후기 1
상동 염색체가
반수체로 나뉜다.
염색체들은 함께
있다.

중기 2
염색체가 1열로
배열

후기 2
염색분체들이 각각
다른 형태의 반수체로 된다.

DNA와 RNA는 뭐가 다를까?

유전자는 DNA(디옥시리보핵산)를 말합니다. 사람 세포의 핵에 들어 있
는 염색체는 X자 모양의 실타래 구조를 하고 있는데, 이 실을 이루는 것이
DNA와 단백질입니다. 중학교 과정에는 나오지 않지만 여기서 말하는 단

백질은 '히스톤(histone)'이라고 불리는 단백질로, DNA라는 실이 히스톤 단백질을 칭칭 감아서 X자 모양의 염색체를 이룬 형태입니다.

1953년 영국의 과학자인 제임스 왓슨과 프랜시스 크릭이 처음 발견했습니다. DNA라는 실을 확대해 보면 두 가닥의 실이 서로 꼬인 이중나선 구조를 이루고 있습니다. 덧붙이자면 이들은 현미경으로 확대해서 DNA 구조를 관찰한 것은 아닙니다. DNA가 너무 작아서 당시 현미경 기술로는 아무리 확대해도 볼 수 없었으니까요.

이들이 이용한 건 X선 결정학입니다. 병원에서 X선을 촬영해 뼈와 같은 내부 구조를 확인하는 것과 같은 원리이죠. X선을 단백질에 쪼이면 X선이 단백질 내부를 통과하면서 단백질을 구성하는 원자와 부딪치게 되고, 부딪친 뒤 회절되는 각도와 강도에 따라 하얗게 또는 까맣게 나타납니다. 이를 통해 구조를 추측할 수 있는 것이죠.

DNA는 염기, 당, 인산의 세 요소가 결합한 뉴클레오티드들이 사슬처럼 이어져 있고, 이런 뉴클레오티드 사슬 두 가닥이 나선처럼 꼬인 구조입니다. 두 가닥은 시토신(C), 구아닌(G), 아데닌(A), 티민(T)이라는 염기 4개가 서로 짝을 지어 결합해 있습니다. 이때 A와 T, C와 G가 결합을 하며 짝을 바꾸는 일은 일어나지 않습니다.

이 상태에서의 DNA는 사실 쓸모가 없습니다. 유전자의 정보가 발현 (expression)돼야 형질(character)이 나타납니다. '발현'과 '형질'이라는 단어는 유전학에서만 주로 쓰여서 낯설 수도 있을 겁니다. 그런데 이 단어에 해당하는 영어 단어를 보면 아마 바로 감이 잡힐 거예요. 유전 정보가 가만히 있으면 전혀 드러나지 않겠죠. 발현을 통해 어떤 형태로든 드러나야 피부색, 키, 쌍꺼풀 등 식별할 수 있는 형질이 나타납니다. 유전 정보 발현이 겉모습에만 국한된 것은 아니에요. 행동, 습성, 지능도 유전 정보 발현에 따른 형질로 나타납니다.

유전 형질은 부모에서 자식으로 유전됩니다. 유전자가 성염색체에 있으면 성별에 따라 발현되는 형질이 다르고, 성염색체가 아닌 나머지 염색체(상염색체)에 있으면 성별에 상관없이 나타납니다.

성별에 상관없이 멘델의 법칙에 따라 우성과 열성으로 설명할 수 있는 형질도 중에는 이마선(V자형이 우성, 일자형이 열성), 눈꺼풀(쌍꺼풀이 우성, 외꺼풀이 열성), 보조개(있으면 우성, 없으면 열성), 혀 말기(되면 우성, 안 되면 열성) 등이 대표적입니다.

PTC라는 용액의 쓴맛을 느끼지 못하는 형질을 미맹이라고 부르는데, 미맹도 열성에 해당합니다. 만약 부모는 미맹이 아닌데, 자녀에게 미맹이 나타난다면 부모의 유전자는 열성 유전자를 하나씩 가지고 있는 잡종이라고 추론할 수 있습니다. 대개 우성을 알파벳 대문자(T)로, 열성을 소문자(t)로 써서 가계도를 그리는데, 이를 통해 쉽게 확인할 수 있습니다. 예를 들어 부모의 유전형이 모두 Tt라면 자식은 TT, Tt, tT, tt 이렇게 4가지 경우 중 하나를 가질 수 있습니다. 이 중 미맹으로 표현되는 형질은 tt 한 가지입니다.

미맹과 달리 색맹의 경우 형질을 결정하는 유전자가 성염색체 위에 있어 남녀에 따라 색맹의 비율이 다르게 나타납니다. 색맹 중에서는 특히 빨강과 초록을 구분하지 못하는 적록 색맹이 가장 많습니다.

이런 형질들은 하나의 유전자만 관여하기 때문에 상대적으로 간단하고 쉽게 이해됩니다. 그런데 키나 피부색을 결정하는 유전 형질은 한 개의 유전자가 아니라 여러 쌍의 유전자가 관여합니다. 그래서 78억 명이 넘는 전 세계 인구의 키와 피부색이 서로 다르게 나타날 수 있지요.

코로나19가 유행하면서 RNA도 많이 들어 보았을 겁니다. 코로나19를 일으키는 바이러스 백신이 mRNA 백신이라고도 하고(화이자는 바이오앤테크, 모더나는 mRNA 백신이며, 'm'은 전달한다는 뜻인 'messenger'를 말합니다), RNA 바이러스라는 이야기도 여러 번 들었을 겁니다.

코로나19를 감염시키는 코로나 바이러스의 정확한 명칭은 사스코로나바이러스-2, 영어로는 SARS-CoV-2입니다. 코로나 바이러스는 바이러스 분류상 RNA 바이러스에 속합니다. 독감을 일으키는 인플루엔자, 에이즈 바이러스도 RNA 바이러스입니다. 이런 바이러스들은 유전 물질로 DNA가 아니라 RNA를 사용해서 RNA 바이러스라고 불립니다. 이와 달리 감기를 일으키는 아데노바이러스는 DNA 바이러스입니다.

DNA를 유전 물질로 삼는 인간 세포에는 RNA가 없을까요? RNA는 DNA처럼 핵산입니다. 우리 몸의 모든 활동은 세포가 DNA의 여러 유전 정보를 이용해 단백질을 만드는 데서 시작됩니다. 그런데 DNA는 세포의 핵 속에 있고, 단백질은 세포질에 있는 소기관인 리보솜에서 합성됩니다. DNA가 핵에서 빠져나와 유전 정보를 전달하는 걸까요?

DNA는 분자 크기로 보면 굉장히 큰 분자입니다. 그래서 핵막을 쉽게 빠져나오지 못합니다. 만에 하나 핵막을 통과한다고 해도 리보솜에서는 수많은 단백질이 동시에 만들어집니다. DNA가 빠져나오는 것만으로는 이 과정이 설명되지 않습니다.

그렇다면 누군가 DNA에 저장된 유전 정보를 리보솜에 전달해야 하죠. RNA가 바로 이 일을 합니다. DNA는 유전 정보를 전달하기 위해 RNA를 사용하는데, 일종의 염기 서열을 복사하는 과정입니다.

앞에서도 말했듯이 염기는 자신과 동일한 염기를 복사하지 않고 서로 상보적으로 결합하는 염기를 복사하는 특징이 있습니다. 이 과정을 생물학 용어로는 '전사'라고 부릅니다. RNA의 염기는 DNA의 A, G, C, T에서 T 대신 U(우리딘)로 이뤄져 있습니다. DNA의 'ACC'라는 염기는 RNA의 'UGG'로 전사됩니다. 이런 과정을 거쳐야 DNA의 유전 정보(염기 서열)가 제대로 복제돼 전달됩니다.

mRNA는 DNA에서 유전 정보를 세포질의 리보솜으로 운반하는 RNA를 말합니다. 화이자-바이오앤테크와 모더나의 백신이 mRNA 백신으로 불리는 이유는 mRNA에 코로나 바이러스의 유전 정보를 실어서 우리 몸의 세포에 전달하기 때문입니다. 면역 세포가 이에 맞설 항체를 생산할 수 있게 하는 방식이죠. 이런 방식의 백신이 개발된 건 인류 역사상 이번이 처음이랍니다.

독감(인플루엔자) 백신을 포함해 우리가 어릴 때 필수로 맞는 백신은 대개 바이러스의 독성을 약화시켜 몸속에 집어넣은 뒤 미리 면역 세포에게 바이러스에 대항할 항체를 만들어 내도록 훈련하는 방식을 썼습니다.

DNA 이중나선 구조

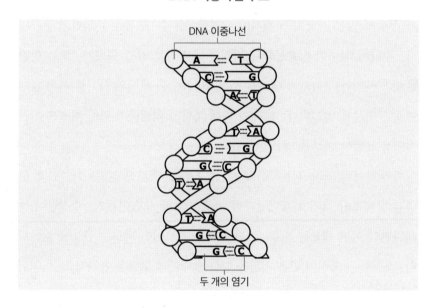

줄기세포는 왜 만능으로 불릴까?

중학교 교과 과정에는 나오지 않지만, 줄기세포에 대해서 간단히 짚고 넘어가겠습니다. 지금 청소년이 대학에서 생명 공학을 전공하거나 이와 관련된 진로를 선택한다면 줄기세포는 꼭 배워야 할 주제입니다. 아마 여러 광고를 통해서 줄기세포라는 용어는 많이 들어 보았을 거예요.

정자와 난자가 만나 수정란이 생겼습니다. 수정란은 처음에 하나의 큰 세포이지만, 세포 분열을 하면서 여러 개의 세포로 증식합니다. 이 과정을 분화(differentiation)라고 부릅니다.

참고로 수학에서는 이 영어 단어가 미분을 뜻합니다. 생물에서는 세포가 무수히 많은 세포로 쪼개지며 수가 늘어나는 과정을 분화라고 부릅니다. 수학에서는 어떤 운동의 순간적인 움직임을 알기 위해서, 또는 어떤 물체의 부피를 구하기 위해 무수히 많이 나눠 둘 사이의 차이를 거의 없게 만드는 미분을 말합니다. 17세기 근대 과학을 정립하며 과학 혁명을 이끈 아이작 뉴턴이 미분을 처음 만들었습니다.

수정란이 분화하면서 증식할 때 한 종류만 생기진 않습니다. 만약 한 종류의 세포만 가지고 태어난다면 아주 기이한 모습이겠죠. 수정란이 분화하면서 어떤 세포는 피부, 어떤 세포는 간, 어떤 세포는 근육을 만듭니다. 세포들은 자신이 맡은 기관을 만들어 태아의 모습을 만들지요. 이처럼 어떤 세포로든 바뀔 수 있는 능력을 가진 세포를 줄기세포라고 부릅니다.

과학자들이 줄기세포에 관심을 가진 이유는 줄기세포를 이용해 난치병이나 희귀병 치료, 손상된 기관 재생 등이 가능하기 때문입니다. 만약 사고로 척추 내에 있는 신경인 척수를 다치면 몸을 마음대로 움직이지 못합니다. 인간의 피부는 상처가 나면 새살이 돋는 재생 능력이 있지만 척수는 재생 능력이 없기 때문이죠. 만약 척수를 만드는 줄기세포를 몸에 집어넣어 척수를 다시 만들 수 있다면 어떻게 될까요? 새로운 척수로 건강한 삶을 살 수 있게 될 겁니다.

줄기세포는 보통 세 종류로 구분합니다. 수정란은 분화 과정에서 2세포기(세포 2개로 증식), 4세포기, 8세포기 등으로 계속 증식 과정을 거칩니다. 수정된 지 4~5일이 지나면 포배기(배반포기)가 되는데, 이렇게 포배기 배아에서 얻은 세포를 배아줄기세포라고 부릅니다.

줄기세포를 꼭 수정란에서만 얻을 수 있는 건 아닙니다. 이미 성숙한 조직과 기관에는 성체 줄기세포가 있는데, 대표적인 성체 줄기세포에는 적혈구와 백혈구를 계속 만들어 내는 조혈 모세포가 있습니다.

유도 만능 줄기세포는 이미 분화가 끝난 세포에 특정한 조작을 가해 다시 줄기세포로 되돌린 것입니다. 2006년 일본 교토대의 야마나카 신야 교수가 쥐의 창자 세포를 유도 만능 줄기세포로 만들어 국제 학술지에 발표했고, 이듬해에는 사람의 피부 세포로 유도 만능 줄기세포를 만들어 전 세계를 떠들썩하게 만들었습니다. 2012년 신야 교수는 이 공로로 노벨 생리의학상을 수상했습니다.

유도 만능 줄기세포가 과학계의 주목을 받은 이유는 배아줄기세포가 가진 근본적인 어려움에 있습니다. 우선 수정란에서 분화한 배아를 채취한다는 점은 기술적으로도 어렵지만 생명 윤리 측면에서 논란이 있습니다. 배아는 곧 태아가 될 텐데 이런 배아를 줄기세포를 얻기 위한 목적으로 파괴한다면 이는 인간의 생명을 빼앗는 것이나 마찬가지라는 것입니다. 유도 만능 줄기세포는 실험실에서 이미 다 자란 세포를 조작해 다시 줄기세포로 되돌리는 것이라 윤리적인 논란에서 자유롭습니다.

국내에서는 2000년대 초 배아줄기세포 앞에 '체세포 복제'라는 말이 붙은 '체세포 복제 배아줄기세포'가 등장했습니다. 수정란 대신 난자의 핵을 제거한 뒤 환자의 체세포 핵을 넣어 얻은 수정란을 배반포 단계까지 키워서 추출하는 방식이었습니다.

이 방식은 서울대 수의대 교수였던 황우석 박사가 처음 개발했는데, 국제 학술지 〈네이처(2004년)〉, 〈사이언스(2005년)〉 등에 연구 논문이 실리면서 전 세계적으로 큰 주목을 받았습니다. 이 연구로 한국의 생명 과학 위상이 크게 높아졌고, 난치병 환자들에게는 꿈과 희망이 되었죠. 황 박사는 최고 과학자 대접을 받기에 부족함이 없었고, 그의 일거수일투족이 거의 매일 기사로 보도될 만큼 대중적으로도 큰 인기를 누렸습니다.

당시 그의 인기를 보여 주는 일례로 황 박사의 연구에는 사람의 난자에서 핵을 빼낼 때 스퀴징(squeezing) 기술이 쓰였는데, 소위 '젓가락 기술'이라고 불렸습니다. 이 기술에서 황 박사팀이 빼어나다는 평가도 받았지요. 이에 대해 가볍고 뭉툭한 나무젓가락을 쓰는 일본이나 중국과 달리 무겁고 가는 쇠젓가락을 쓰는 한국 문화 덕분에 한국이 최첨단 생명 과학 기술에서 앞섰다는 분석이 나오기도 했습니다.

돌이켜보면 과학적으로 전혀 근거가 없는 이야기지만 당시에는 이런 이야기도 웃으며 받아들일 만큼 황 박사에 대한 믿음과 인기는 엄청났습니다. 청소년이 존경하는 위인으로 이순신, 세종대왕 등과 함께 그의 이름이 거론될 정도였고, 대학에서 생명 과학을 전공한 '황우석 키즈'도 대거

나올 정도였으니까요.

하지만 2005년 11월 MBC의 간판 시사 프로그램인 'PD수첩'에서 그의 논문이 조작되었다는 의혹을 제기했습니다. 이후 줄기세포가 처음부터 존재하지 않았다는 서울대 조사위원회의 조사 결과가 나오는 등 그의 연구 부정행위는 사실로 확인되었습니다.

현재 학계에서도 체세포 복제 배아줄기세포는 사실상 거의 연구되지 않고 있습니다. 2013년 미국 오레곤 보건과학대 슈크라트 미탈리포프 교수가 이 기술에 성공했다고 발표했지만 더 이상의 진전은 없습니다.

반면 성체 줄기세포와 유도 만능 줄기세포 연구는 지금도 매우 활발히 진행되고 있습니다. 이것을 이용한 치료제도 속속 상용화되고 있지요. 국내에서는 급성심근경색, 간경변, 신장 질환, 관절염 등을 치료하는 줄기세포 치료제가 개발돼 환자에게 투여되고 있습니다.

일본은 유도 만능 줄기세포 연구에서 세계적으로 가장 앞서 있습니다. 심장 질환, 망막 치료 등에 이 치료제를 주입하는 임상 실험을 진행 중이죠. 2020년 미국에서는 파킨슨병 환자의 피부 세포를 역분화시켜 줄기세포로 만든 뒤 이 줄기세포로 도파민 신경 세포를 만들어 환자의 뇌에 주입해 치료하는 데 성공했습니다.

종과 변이

15

바이러스는 왜 생기는 걸까?

인류는 세균과 바이러스에 항상 노출되어 있다

세균과 바이러스는
완전히 다른 존재다

바이러스는 어떻게 생겼을까요? 바이러스가 사람 몸에 들어오면 어떻게 생존하는 걸까요? 코로나19로 바이러스에 대한 관심이 커졌습니다. 중학교 과정에는 이에 답할 수 있는 생명 과학의 기본적인 개념이 나옵니다. '종' '변이' '진화' 같은 개념들인데, 이 개념을 짚어 가다 보면 자연스럽게 바이러스에 대한 답도 얻게 됩니다.

과학자들은 왜 종을 구분할까?

종(種)은 생명 과학에서 기본이 되는 개념입니다. 300년 전쯤만 해도 과학에서 종의 개념은 매우 중요했습니다. 이 생명체는 어떤 종에 속한다고 분류하는 것이 생명 과학의 기본 중에 기본이었으니까요. 지금은 분류학 자체를 연구하는 과학자가 거의 없지만, 당시에는 새로운 생명체의 발견이 새로운 과학의 발견으로 받아들여졌습니다.

영국과 프랑스는 영토를 늘리기 위해 새로운 땅을 찾아 나섰습니다. 이들은 기후와 환경이 다른 새로운 땅을 찾았고, 그곳에서 신기한 동식물을 많이 발견했습니다. 1859년 《종의 기원》을 펴내며 진화론을 처음 이야기한 영국의 찰스 다윈도 갈라파고스제도에서 부리가 다른 핀치새를 관찰하면서 진화라는 개념에 도달했습니다.

식물이든 동물이든 자연 상태에서 짝짓기를 통해 번식이 가능한 자손을 낳을 수 있으면 그 그룹을 한 종으로 정의합니다. 예를 들어 천연기념물 제53호로 지정된 한국 토종견 진돗개와 영국 토종견인 불도그는 짝짓기로 자손을 낳을 수 있고, 그 자손도 번식 능력을 가지고 있어서 같은 종으로 분류합니다. 반면 코요테는 진돗개나 불도그와 짝짓기를 해도 자손을 낳지 못합니다. 코요테는 이들과 다른 종이라는 뜻이지요.

처음으로 생물을 분류한 과학자는 18세기 스웨덴의 식물학자인 칼 린네입니다. 그는 생물을 생김새에 따라 동물계와 식물계로 분류했습니다. 한동안 린네의 분류법에 따라 모든 생물은 식물과 동물의 두 가지 계로 분류됐지만, 여기에 속하지 않는 종들이 등장했습니다. 세균(박테리아) 같은 생명체였습니다.

지금은 과학자들이 생물을 여섯 개 계로 분류하고 있습니다. 세균계, 고세균계, 식물계, 균계, 동물계, 원생생물계입니다. 생물을 분류하는 단위는 종〈속〈과〈목〈강〈문〈계의 일곱 개 단계로, '계'가 가장 크죠.

이 체계법에서는 '계'가 가장 상위 분류에 속합니다. 그런데 1990년 과학자 칼 워즈는 계보다 더 상위 개념인 역(domain)을 도입해 새로운 분류체계를 만들었습니다. 유전자 분석 자료를 토대로 생물들 사이의 관계를 따져서 거슬러 올라가 보니 계보다 더 큰 총 3개의 역으로 분류해야 한다는 것이었습니다. 이 분류법에 따르면 생물은 세균역(세균계), 고세균역(고세균계), 진핵생물역(균계, 식물계, 동물계, 원생생물계)으로 분류됩니다.

인간은 진핵생물역에서 아래로 계속 내려가다 보면 나옵니다. 다만 현재 과학계에서는 세균계와 고세균계를 원핵생물계로 통합해 5계로 나눈 분류 체계가 더 많이 사용됩니다. 즉 원핵생물계, 균계, 식물계, 동물계, 원생생물계의 5개 계로 나누는 것입니다.

생물의 분류를 설명하면 생명체의 특징에 대해 더 쉽게 이해할 수 있습니다. 세균계부터 봅시다. 오래전 과학자들이 생물이란 무엇인지 정의를 만들면서 긴 논의의 끝에 '생물은 세포로 구성되었다.'라는 기본 원칙을 정했습니다. 세포 내에 유전 물질이 담긴 핵을 독립적으로 감싸는 핵막이 없어 유전 물질이 세포에 퍼져 있는 것을 원핵생물이라고 부릅니다. 세균은 바로 이런 원핵생물로 이루어져 있어서 유전 물질이 세포 전체에 퍼져 있습니다. 그러나 세포막과 세포벽은 있습니다.

고세균계도 원핵생물입니다. 다만 세균과 세포벽의 성분이나 유전자가 확연히 다릅니다. 심해에서 뜨거운 물이 솟구치는 고온 고압의 극한 환경인 열수분출공 주위에 이런 고세균이 많이 삽니다. 우리말로 옛 고(古)를 쓰는데, 이들의 서식 환경이 생명 진화 초기의 지구 환경과 비슷해 원시 세균이라는 의미에서 이름이 붙었습니다. 영어로는 'archaea'라고 쓰는데, 이 역시 '고대 생물(ancient things)'이라는 그리스어에서 가져왔습니다.

진핵생물은 앞의 두 원핵생물과 달리 핵과 세포 소기관을 가진 생명체입니다. 사람도 세포가 핵과 미토콘드리아 등 소기관으로 이뤄져 있어 진핵생물로 분류됩니다. 개미, 모기, 버섯, 플랑크톤, 고양이 등 주변에서 쉽게 눈에 보이는 생명체 대부분이 진핵생물이지요. 과학자들의 연구에 의하면 세포 소기관 중에서도 미토콘드리아가 중요한데, 미토콘드리아의 존재 유무가 진핵생물과 원핵생물을 가르는 결정적인 차이입니다. 미토콘드리아는 생명체가 사용할 수 있는 에너지를 만들어 내는 기관입니다. 이런 미토콘드리아 없이 세포막이 에너지를 만드는 원시적인 상태의 생물이 원핵생물입니다.

진핵생물에 속한 균계는 세균이나 고세균이 아니라 버섯에 해당하는 균류입니다. 버섯이나 곰팡이는 다세포, 효모는 단세포에 해당하는 균계로 분류됩니다. 균류는 진화적으로는 식물보다 동물에 가까운 것으로 알려져 있습니다. 동물과 균류의 조상은 약 10억 년 전에 갈라진 것으로 추측되고요. 진핵생물 중에서도 원생생물계는 동물계, 식물계, 균계로 어디에도 속하지 않은 생물을 전부 모아놨다고 생각하면 됩니다. 김, 미역, 다시마 같은 해조류와 짚신벌레, 아메바, 유글레나 같은 단세포 생물이 원생생물계에 속합니다.

원핵생물과 진핵생물은 핵 또는 핵막의 유무로 나눕니다. 세포벽은 진핵생물 중에서도 동물계에만 있는 유일한 특징이죠. 광합성을 하는 건 진핵생물역에서도 식물계밖에 없고, 운동성은 동물계에만 나타납니다.

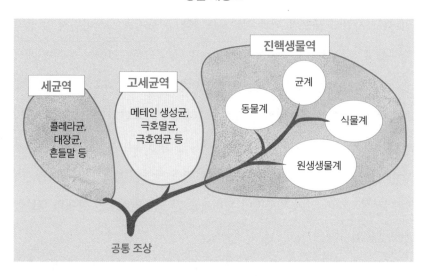

생물 계통도

진핵생물역

세균역

고세균역

균계

동물계

식물계

콜레라균,
대장균,
흔들말 등

메테인 생성균,
극호멸균,
극호염균 등

원생생물계

공통 조상

바이러스는 어느 종에 속할까?

바이러스는 생물의 분류에서 어디에 속할까요? 바이러스는 원핵생물일까요? 아니면 진핵생물일까요? 바로 이 부분이 과학자들을 당황스럽게 하는 점입니다. 바이러스는 현재 생물의 분류 체계에서 그 어디에도 속하지 않습니다.

세균은 영어로 박테리아(bacteria)이고, 우리말에서도 바이러스처럼 비읍(ㅂ)으로 시작합니다. 박테리아와 바이러스가 둘 다 질병을 유발한다는 공통점이 있어서인지 종종 같은 존재로 오해받기도 합니다. 그러나 완전히 다른 존재입니다.

앞에 분류에서도 알 수 있듯이 박테리아, 즉 세균은 생물에서도 세균계라는 독립적인 영역을 구축하고 있습니다. 광고에서 장내 미생물이라는 단어를 많이 봤을 겁니다. 장내 미생물도 세균입니다. 식중독과 같은 질병을 일으키는 유해균이 아니라 우리 몸에 도움을 주는 유익균이라는 차이가 있을 뿐입니다. 인체에는 피부뿐만 아니라 입, 장, 심지어 강한 산이 분비되는 위에도 세균이 살고 있습니다.

반면 바이러스는 현재 생물도 아니고, 그렇다고 생물이 아닌 것도 아닙니다. 흔히 미생물을 세균과 바이러스라고 함께 말하는데, 미생물은 분류학상에는 없는 용어입니다. 눈으로 보이지 않고 현미경을 갖다 대야 보인다는 뜻이지요. 현재 바이러스는 5계의 생물 분류 체계에서 어디에도 속하지 않기 때문에 바이러스만 따로 모아 '볼티모어 분류법'에 따라 분류하고 있습니다.

다른 분야도 그렇지만 과학에서는 처음 발견하거나 처음 만든 사람의 이름을 붙이는 경우가 많습니다. 예를 들어 유전학을 배울 때 가장 먼저 등장하는 유전 법칙인 '멘델의 법칙'도 오스트리아의 그레고어 멘델의 이름을 땄습니다. 어쨌든 바이러스를 분류하는 볼티모어 분류법도 미국 생물학자인 데이비드 볼티모어가 만든 분류 체계여서 그의 이름을 딴 것입니다.

바이러스는 어떻게 생존하길래 생물도 무생물도 아닌 어정쩡한 존재가 됐을까요? 바이러스가 생존하는 방식을 한 단어로 말하자면 '기생'입니다. 다른 세포에 빌붙어서 그 세포의 기관을 이용해 자손을 증식합니다. 이에

비하면 세균은 스스로 증식합니다. 그래서 세균 '번식'이라는 표현을 하지만 바이러스에는 '번식'이라는 단어를 쓰지 않습니다.

바이러스가 빌붙는 세포를 숙주 세포라고 부릅니다. 숙주 세포에 들어가지 않은 상태에서는 바이러스가 살아 있다고 말하기가 애매합니다. 숙주 세포 없이 바이러스가 스스로 자손을 만들 수 없기 때문이죠. 바이러스의 종류에 따라 방법은 다양하지만, 그들의 목표는 딱 하나입니다. 숙주 세포에 침투해서 가능한 많은 숙주 세포를 감염시키고, 이로부터 자신의 자손을 많이 증식하는 것입니다.

코로나 바이러스를 예로 들어 보겠습니다. 코로나 바이러스는 동물과 인간을 모두 숙주로 삼아 침투할 수 있습니다. 코로나 바이러스를 호흡기 바이러스로 부르는데, 코로나 바이러스가 체내에 들어오면 호흡에 관여하는 기관지, 폐 등의 세포에 가장 먼저 가서 들러붙기 때문입니다.

코로나 바이러스처럼 서로 다른 종을 모두 숙주로 삼을 때 '인수 공통'이라고 합니다. 코로나 바이러스가 처음부터 동물과 인간 모두에게 침투할 수 있는 것은 아니었습니다. 코로나 바이러스 중에서도 국내에서 유행한 적이 있는 사스(SARS; 중증급성호흡기증후군)와 메르스(MERS; 중동호흡기증후군)를 일으키는 바이러스는 둘 다 박쥐의 몸에서 기생합니다. 흥미롭게도 이들이 박쥐에 기생할 때는 박쥐에 전혀 문제를 일으키지 않았습니다. 박쥐가 병에 걸리지 않는 것이죠.

그런데 어떤 이유에서인지 이 바이러스가 인간을 감염시킬 수 있게 됐습니다. 바이러스 입장에서는 전파력을 극대화할 수 있으니 생존에 유리해진 것이죠. 문제는 사람의 몸에 들어와서는 질병을 일으킨다는 것입니다.

과학자들은 박쥐 세포에 살던 코로나 바이러스가 인간 세포에도 살 수 있게 된 이유로 유전자 변이를 꼽습니다. 바이러스가 자손 증식을 위해 자신의 유전 정보를 복제할 때 그 과정에서 오류가 나타나 코드 일부가 다르게 나타났고, 그 결과 인간 세포에도 침투할 수 있게 된 겁니다.

2019년 12월 중국 우한에서 처음 보고된 코로나 바이러스도 마찬가지입니다. 박쥐에서 살던 코로나 바이러스가 돌연변이를 일으켰는데, 조사를 해보니 사스나 메르스를 일으키는 바이러스와는 유전 정보가 달랐습니다. 그래서 코로나 바이러스 앞에 '신종'이라는 단어가 붙은 것이죠.

2021년 8월 기준 코로나19를 일으키는 바이러스가 어디에서 기원했는지 아직 확인되지 않았습니다. 박쥐에서 바로 인간에게 옮겨졌는지, 아니면 박쥐에서 또 다른 중간 숙주를 거쳐 인간에게 전파됐는지는 여전히 모릅니다. 또 코로나19 바이러스가 실험실에서 인위적으로 만들어졌을 가능성이 제기되며 미국과 중국 사이의 정치 싸움으로까지 번지기도 했습니다.

덧붙이자면 과학자들은 바이러스가 애초에 어떻게 처음 지구에 나타났는지도 모릅니다. 그저 여러 가지 가설만 있을 뿐입니다. 바이러스가 세포에 기생해서만 살아갈 수 있으니 평범한 세포가 퇴화하면서 차츰 유전 물질을 잃어 결국 바이러스가 됐을 것이라는 가설도 하고, 세포의 유전 물질 일부가 세포에서 탈출해 바이러스가 됐을 것이라는 가설도 있습니다.

처음부터 세포와 상관없이 세포보다 먼저 또는 세포가 지구상에 등장할 때 함께 등장했을 것이라는 가설도 있죠.

코로나 바이러스 계통도

중증 급성 호흡기 증후군을 일으키는 대표적인 코로나 바이러스 3종			
감염병	코로나19	메르스	사스
원인 바이러스	SARS-CoV-2	MERS-CoV	SARS-CoV
기초 감염 재생산비(RO)	2.0~2.5	0.3~0,8	3
치사율	3~4%	34.4%	9.6~11%
잠복기	4~14일	6일	2~7일
지역 전파율	30~40%	4~13%	10~60%
매년 세계 감염자 수	계속 증가	420	989(2003년)

변이는 왜 일어날까?

코로나19가 예상보다 오래 가는 이유도 바이러스의 예측 불가능한 특성 때문입니다. 바이러스의 생존 전략은 간단합니다. 일단 빨리 자손을 복제해서 많이 퍼뜨리는 것이죠. 그래서 복제할 때 종종 유전 정보가 잘못 복제되는 오류가 많이 일어납니다. 이 오류가 과학적으로는 변이

(mutation)입니다.

코로나19 바이러스는 평균 2주일에 한 번씩 변이를 일으키고 있습니다. 생각보다 변이가 정말 자주 일어나죠. 이런 변이를 가진 코로나19 바이러스가 인체에 침투했을 때 대부분은 아무런 영향을 미치지 않습니다. 하지만 2020년 12월 영국에서 처음 확인돼 한국을 포함해 전 세계에서도 잇달아 나타난 변이 바이러스는 인체 침투력이 기존 코로나19 바이러스보다 70%가량 높은 것으로 나타났습니다. 바이러스가 더 빨리 퍼질 수 있다는 뜻입니다.

바이러스 입장에서는 이런 변이가 자신의 생존에 매우 유리합니다. 일부 오류가 나도 일단 복제해서 증식한 뒤 퍼지기만 하면 자신도 계속 살아남을 수 있으니까요. 숙주를 옮겨 다니면서 계속 생존하는 겁니다.

이런 점은 메르스와는 매우 다른 특징입니다. 2015년 메르스가 우리나라에서 유행했는데, 당시 확진자 186명에 사망자가 38명이었습니다. 코로나19와 비교하면 확진자나 사망자 수 모두 절대적으로 작습니다. 그만큼 덜 퍼졌다는 뜻이죠.

메르스는 코로나19처럼 호흡기 질환을 일으키지만, 바이러스의 독성이 너무 강해서 감염되면 환자가 사망할 확률이 높습니다. 숙주가 죽으면 숙주에 기생하던 바이러스도 함께 죽을 수밖에 없고, 결국 감염력은 떨어질 수밖에 없는 거죠. 코로나19 바이러스가 위협적인 이유는 숙주인 인간을 바로 죽이지 않을 만큼 독성은 약하면서 전파력이 크기 때문입니다. 바이러스에게는 생존에 최적의 조건이지만, 인간에게는 최악의 조건인 셈입니다.

바이러스 이외에 다른 생물체에서 변이가 나타난다면 어떤 결과가 나타날까요? 지금은 유전자 변이를 통해서 나타난다는 설정이 낯설지 않게 자연스러운 개념으로 받아들여지고 있습니다.

하지만 1800년대만 하더라도 인간은 신이 창조한 매우 특별한 존재였고, 감히 다른 동물과 비교조차 할 수 없는 우월한 존재였습니다. 그래서 찰스 다윈이 진화론을 발표했을 때 과학자들 사이에서 엄청난 조롱의 대상이 되었죠. 종이 고정된 것이 아니라 변한다는 다윈의 주장을 확대하면 결국 인간도 다른 어떤 존재에서 변화를 통해 현재의 모습이 되었다는 결론이니까요.

지금 인간은 생물 분류 체계에서 진핵생물계에 속하는 한 종일 뿐이며 모든 종들이 뿌리와 가지를 통해 연결된 나무(그래서 이를 '계통수'라고 부릅니다) 모양이지만, 당시 개념으로 생물 분류 체계를 그린다면 인간만 뚝 떨어져 나와 가장 높은 곳에 있어야 하는 거였지요.

종의 변화를 일으키는 요인은 자연 선택입니다. 생명체에 어떤 변이가 일어났는데, 그 변이로 인해 나타난 생명체의 변화가 그 환경에서 생존하기에 매우 적합했고, 그래서 그 종은 계속 살아남아 자손을 통해 변이를 계속 전달하게 된 겁니다. 따지고 보면 지구상에 아주 많은 종이 존재하게 된 것도 이런 과정을 거친 결과 아닐까요?

지구의 생태계는 생물 다양성을 토대로 유지되고 있습니다. 생물 다양성이 훼손되면 무슨 일이 벌어질까요? 생태계의 일원인 인간도 당연히 영향을 받습니다. 인간이 사용할 수 있는 자원이 부족해지거나 맑은 공기, 깨끗한 물 같은 자원의 혜택을 받지 못합니다. 하지만 궁극적으로는 인간도 멸종할 수 있습니다. 생태계의 모든 종은 먹이 그물로 서로 연결돼 있으니까요.

2020년 인도네시아에서는 뎅기열에 의한 사망자를 줄이기 위해 유전자를 조작한 모기를 방사했습니다. 효과는 좋았습니다. 뎅기열 환자 발생률이 77%까지 감소했으니까요. 하지만 이에 대한 찬반 논란도 여전히 존재합니다. 모기가 비록 인간에게 치명적인 질병을 유발하는 '해충'으로 치부되지만 먹이 그물의 관점에서는 유전자를 조작한 모기를 방사하는 게 생태계를 교란시킬 수 있기 때문이죠.

먹이 그물

지각

16

땅이 움직이는 이유

:

지진이나 화산 폭발로 새로운 땅이 생긴다

바닷속 어디까지 들어가 봤니?

지구는 육지와 바다, 대기 등으로 둘러싸여 있습니다. 이 모든 것들이 생태계를 만들며 서로 영향을 끼치죠. 이 과정에서 에너지와 물질이 끊임없이 순환합니다. 지구를 벗어나 태양, 달, 별 등이 있는 우주는 외권에 해당합니다. 지구 바깥의 권역이라는 뜻이지요. 그중에서도 인간의 삶의 터전이 되는 육지를 지권이라고 부릅니다.

대륙은 지금도 움직이고 있을까?

지구의 대륙은 처음부터 아시아와 유럽 대륙이 연결되어 있고, 아메리카 대륙은 떨어져 있는 형태였을까요? 1910년 독일의 알프레드 베게너는 대륙 이동설을 주장했습니다. 지구가 원래는 하나의 초대륙으로 뭉쳐 있다가 서서히 여러 대륙으로 분리되었다는 이론이지요.

베게너는 아프리카 서쪽 해안선과 남아메리카 동쪽 해안선이 거의 일치한다는 사실을 우연히 발견했습니다. 논문에서 두 대륙에서 발견된 동식물 화석이 같다는 내용을 확인한 거예요. 그래서 대륙이 '판게아 (Pangaea)'라는 하나의 초대륙에서 갈라진 뒤 지속적인 지각 운동으로 대륙이 이동했다는 대륙 이동설을 주장했습니다. 하지만 베게너는 대륙 이동이 왜 일어나는지 힘의 근원을 설명하지 못해 학계의 인정을 받지 못하고 외면당했습니다.

1928년 영국의 한 과학자가 베게너가 설명하지 못한 대륙 이동의 힘의 근원이 맨틀의 대류라는 맨틀 대류설을 발표했습니다. 지구 내부의 방사성 원소가 붕괴를 일으키면서 열을 만들어 내고, 이 열이 맨틀의 대류를 유도한다는 것이었죠. 맨틀과 지각 사이에는 마찰이 생기고 이런 작용이 반복되면서 결국 한 개의 대륙이 갈라져 두 개의 대륙이 형성되고 판이 이동한다는 것이었습니다. 하지만 이 이론 역시 당시에는 근거가 부족하다며 학계의 인정을 받지 못했어요. 그러다가 1960년대 초 해저 확장설로 불리는 새로운 이론이 등장합니다.

이 이론은 심해의 해령 중심부에서 맨틀 물질이 상승해 옆으로 퍼져 이동하면서 새로운 해양 지각이 생성되고, 판 경계부인 해구에 도달하면 지하로 침강해 소멸된다는 것이었죠. 대륙 지각은 해양 지각 위에 얹혀 있으니 함께 이동할 수밖에 없습니다.

이 이론에는 몇 가지 근거도 제시되었는데, 해양 지각의 나이를 조사해 보면 해령에서 멀어질수록 나이가 더 오래됐는데, 이는 해령에서 새로운 해양 지각이 생겨나서 양쪽으로 퍼져 이동한다는 증거가 되었습니다. 곧 해저 확장설은 학계에서 빠른 속도로 정설로 자리 잡았습니다.

이후 과학자들은 해령을 넘어 해구 등으로 연구를 확장했고, 이에 따라 지각에서 '판'이라는 개념이 생겼습니다. 지구 표면이 판으로 이뤄져 있다는 판구조론이 자리를 잡은 것이죠. 현재 지구 과학에서 지질학을 연구할 때 판구조론은 핵심적인 개념입니다.

대륙 이동설

판게아 ／ 약 3억 년 전 ／ 약 1억 5000만 년 전 ／ 약 6500만 년 전 ／ 현재

화산은 왜 분화할까?

지권은 지표면에서부터 지구 안쪽으로 들어가면서 지각, 맨틀, 외핵, 내핵의 순서대로 이루어져 있습니다. 인간이 집을 짓고 사는 곳은 지각에 해당하지요. 지구의 가장 바깥 부분이며, 지권을 구성하는 네 부분 중 가장 얇습니다. 얇다고 해도 대륙의 경우 지표면에서 평균 35km, 해양 지각은 평균 5km 정도 됩니다. 하지만 지구의 반지름(깊이)이 6400km쯤 되니 지구 전체와 비교하면 지각은 정말 얇은 셈입니다.

지각을 구성하는 가장 많은 원소는 규소와 산소입니다. 그중에서는 산소가 약 47%로 규소(약 28%)보다 더 많습니다. 결국 지각을 구성하는 원소는 산소가 가장 많은 셈이죠. 산소와 규소 외에 알루미늄, 철, 나트륨, 포타슘, 마그네슘 등이 있습니다.

지각은 산소와 규소가 결합해 규산염 광물이 많은데, 생명체는 산소가 탄소와 결합해 여러 탄소 화합물을 만들어 냅니다. 화학적으로 보면 규소나 탄소가 모두 주기율표에서 14족에 해당하는 원소로 4개의 공유 결합을 할 수 있습니다. 그 결과 다양한 원소와 결합해 여러 물질을 만들 수 있죠.

지각 바로 아래에는 맨틀이 있습니다. 지권에서는 맨틀이 부피가 가장 큽니다. 지권의 약 80%를 차지하죠. 지각 아래에서부터 2900km 깊이까지가 맨틀에 해당합니다. 맨틀은 지각처럼 딱딱한 고체 상태인데, 완전히 굳은 상태가 아니라 용융 상태여서 유동성이 있습니다. 그래서 지각이 맨틀 위에 떠 있다고 표현합니다. 지각이 움직일 수 있는 것도 이 때문이에요.

지구에서 지각판은 10개가 넘습니다. 대략 1년에 4~5cm 움직인다고 해요. 지각판의 움직임을 판구조 운동이라고 부르며 화산과 지진의 원인으로 꼽힙니다. 처음부터 지각판이 움직였던 것은 아니에요. 원시 지구는 펄펄 끓을 만큼 높은 온도 상태였고, 맨틀의 온도가 지금보다 200℃는 더 높았다고 합니다. 그래서 대부분 광물이 마그마 상태로 녹아 있었는데, 이 중 가벼운 물질은 부력이 크니 잘 떠서 땅 위로 쉽게 빠져나갔습니다. 그런데 그렇지 못한 물질들은 뜨지 못하고 지각 밑에 달라붙어 지각을 점점 두껍게 만들었죠. 그래서 처음에는 지각이 맨틀에 비해 밀도가 낮아 맨틀 위에 둥둥 떠 있었던 것으로 추정합니다. 이후 지구의 열이 충분히 식은 뒤에서야 판구조 운동이 생겼습니다.

한반도도 3200만 년 전에는 일본 열도와 한 덩어리였던 것으로 추정됩니다. 그러다가 큰 힘을 받아 지금의 일본 땅인 육지가 떨어져 나갔고, 동해가 점점 확장됐습니다. 한반도와 일본이 지금과 같은 모습을 갖춘 것은 1500만 년 전으로 추정돼요.

맨틀 아래에는 외핵(깊이 약 2900~5100km)과 내핵(깊이 약 5100~6400km)이 있는데, 외핵은 액체 상태이며 내핵은 고체 상태로 추정됩니다. 내핵은 지각과 맨틀을 이루는 물질보다 훨씬 무거운 물질로 이뤄져 있을 것으로 보입니다. 지각에서 시작해 내핵까지 지구 내부로 깊이 들어갈수록 더 무거운 물질로 이뤄지며, 온도와 압력이 증가합니다. 그래서 온도와 밀도는 가장 깊숙한 내핵이 가장 크고, 외핵-맨틀-지각순으로 줄어듭니다. 부피로는 맨틀이 가장 크고, 외핵-내핵-지각순입니다.

지구의 내부 구조

해령과 희토류

해령은 자원의 보고로 불립니다. 해령에서는 새로운 지각 물질이 만들어지는 등 굉장히 역동적인 활동이 나타납니다. 그중에서도 해령 지역에서 발견되는 해저 열수 광상은 자원의 보고로 불립니다. 해저 열수 광상은 주로 해령이 있는 수심 1000~3000m에 있습니다. 해저 마그마에서 분출된 뜨거운 물(열수)이 지하 틈으로 올라오다가(분출) 침전되면서 다양한 광물이 만들어지고, 깊은 바닷속에 광상이 생깁니다. 여기에는 금, 은 같은 귀금속뿐 아니라 구리, 아연, 납 등 유용한 금속들이 많습니다. 현재 통신선은 모두 구리 케이블을 쓰고 있을 만큼 우리의 일상생활에 꼭 필요한 금속이지요. 희토류도 많이 포함되어 있습니다.

희토류는 자연계에 드물게 존재하는 금속, 즉 희귀한 금속이라는 뜻입니다. 주기율표에서는 57번 란타넘(La)부터 71번 루테튬(Lu)까지 원소를 말합니다. 희토류에 속하는 금속들은 전기가 잘 통하는 특성이 있습니다. 그래서 전자 부품 소재로 많이 쓰입니다. 그러다 보니 휴대전화, 디스플레이, 전기 자동차 등 첨단 전자 산업의 핵심 부품인 반도체 등에 없어서는 안 될 중요한 금속으로 꼽힙니다.

우리나라의 경우 희토류뿐 아니라 유용 금속의 매장량이 많지 않습니다. 즉 많은 부분을 수입해서 써야 한다는 뜻이죠. 우리나라는 필요한 희토류의 양의 50%를 중국에서 수입합니다. 이런 자원은 국가 입장에서는 무기가 될 수 있죠.

실제로 미국과 중국의 경우에는 중국이 미국에 희토류 수출을 못 하게 막는 등의 방법으로 패권 다툼을 하고 있습니다. 자원에 관련된 건 아니지만 미국은 우주 분야에서는 미국 과학자들이 중국 과학자들과 협력하면 안 된다고 공식적으로 금지하고 있습니다. 우주 기술은 가장 앞선 첨단 기술이고 이는 곧 국방 기술로 연결되기 때문입니다.

우리나라처럼 자원 매장량이 적은 자원 빈국은 바다에서 해수 열수 광상을 개발해 유용 금속을 캐려는 활동을 합니다. 이미 일본은 오키나와 부근 수심 1600m 해저 광산에서 구리, 아연 등 광석을 캐내 수면 위로 끌어올리는 데 성공했습니다. 덧붙여서 공해상에서 해저 연구와 자원 탐사를 진행하려면 우리 바다가 아니기 때문에 국제해저기구(ISA)와 계약을 체결해야 합니다.

지진은 왜 일어나는 걸까?

지구 내부가 지각, 맨틀, 외핵, 내핵의 구조로 되어 있다는 사실은 어떻게 알았을까요? 인간이 직접 6400km 깊이까지 땅을 파고 들어가서 알아낸 걸까요? 현재 기술로는 눈으로 직접 지구 내부를 관측하는 건 불가능합니다. 지금까지 땅을 뚫고 들어간 최대 깊이가 13km 수준이니까요. 대륙 지각은 가장 밑바닥까지 닿지도 못한 겁니다. 그나마 화산이 폭발하면서 분출되는 분출물의 성분을 조사해 지구 내부 구성을 조금 엿볼 수는 있습니다. 하지만 화산이 폭발해도 외핵과 내핵까지 알 수 없습니다. 그렇다면 어떻게 지구 내부 구조를 알아냈을까요. 바로 지진파입니다.

지진파는 지구 내부에서 지진이 발생할 때 사방으로 전달되는 파동입니다. 지구 내부를 통과하기 때문에 지진파를 분석하면 지구 내부 구조를 추정할 수 있습니다. 지진은 지구가 살아 있다는 증거이기도 합니다. 지구 표면은 여러 개의 크고 작은 지각판으로 구성되어 있는데, 이 지각판은 맨틀의 움직임에 따라 이동합니다. 이를 맨틀 대류라고 부릅니다. 맨틀 대류가 일어나면서 지각판도 움직이는 셈이죠. 그러면 당연히 지각판끼리 충돌하기도 하고 분리되기도 할 겁니다.

지진은 이런 과정에서 나타나는 현상입니다. 판이 충돌할 때 땅에 힘이 가해지고, 이런 힘이 땅에 쌓이고 쌓이다가 더는 견딜 수 없는 임계치에 도달하면 땅이 쪼개집니다. 이게 지진입니다. 판 경계부에서는 땅에 계속 이런 힘이 주기적으로 전해집니다. 그래서 지진이 자주 발생하는 지역이 생기는 겁니다.

'불의 고리(ring of fire)'라는 말을 들어 본 적이 있나요? 한반도와 아메리카 대륙 서부 사이의 태평양 지역에서 지진이 자주 발생하는 지역을 지도 위에 나타내면 마치 원처럼 나타납니다. 이 지역에서는 화산 활동도 많은데, 그래서 불의 고리라는 별명을 갖게 되었습니다.

일본은 불의 고리에 속하는 대표적인 곳입니다. 일본에서 2011년 발생한 동일본 대지진은 리히터 규모 9.1의 그야말로 초대형 지진이었습니다. 이 지역은 600~1300년을 주기로 지진이 주기적으로 발생하는 것으로 조사되었죠. 일본 정부가 후쿠시마 원자력 발전소에서 발생한 방사능 오염수를 바다에 버리기로 결정하면서 우리나라를 포함해 국제 사회의 우려가 큰데, 이런 일이 발생한 최초의 원인도 지진입니다.

2011년 3월 발생한 동일본 대지진 여파로 쓰나미가 생겼고, 쓰나미가 원전을 덮치면서 원전의 냉각 기능이 마비돼 원자로가 녹아내리면서 폭발한 것입니다.

미국의 캘리포니아주 샌안드레아스 단층대는 지진이 주기적으로 발생하는 대표적인 지역입니다. 이 지역 역시 불의 고리에 속하죠. 샌안드레아스 단층은 태평양판과 북미판의 경계에 있고, 이들 두 판이 수평 방향으로 서로 계속 밀면서 지진이 발생합니다. 지진 발생 시기를 볼 때 이 지역은 약 18년을 주기로 지진이 발생할 것으로 예측됩니다. 다만 이런 지진 발생 주기가 꼭 정확히 들어맞는 것은 아니에요.

한반도는 지진에서 안전할까요? 2017년 포항에서 규모 5.4의 지진이 발생하면서 한반도가 더는 지진에서 안전한 지역이 아니라는 우려도 나옵니다. 일부 과학자들은 지열 발전을 위해 땅에 자극을 가하면서 그 결과 지진이 발생했을 수 있다고 주장했습니다. 일반적으로 과학계에서는 인간의 활동이 지진에 영향을 준다고 설명합니다. 광산 개발이나 인공 발파, 인공 호수 조성을 위해 땅에 지속적으로 힘을 가하면 지진이 발생할 가능성이 있다는 거지요.

지진이 발생할지 미리 알 수만 있다면 인명 피해를 줄일 수 있을 거예요. 그런데 지진 예보가 말처럼 쉽지는 않습니다. 지각판에 힘이 얼마나 가해지는지 실시간으로 모니터링하기 쉽지 않기 때문이죠. 인공위성으로 지표의 변화를 관측하고, 동물의 이동도 유심히 살펴보며, 지하수의 수위에 변화는 없는지, 지하에서 라돈 가스의 농도가 변하진 않았는지와 같은 지진이 일어나기 전에 나타나는 전조 증상을 참고합니다. 다만 이런 방식으로도 지진을 정확히 예보하기는 어렵습니다. 그래서 사용하는 방식이 지진파 관측입니다.

지진파는 P파와 S파의 두 종류가 있는데, P파는 아래위로 움직이며 이동해서(종파) 지각을 수평으로 흔들고, S파는 좌우로 움직이며 이동해서(횡파) 지각을 위아래로 흔듭니다. P파가 S파보다 더 빨리 움직여요.

앞에서 지진파를 이용해서 지구 내부 구조를 분석한다고 했는데, P파는 고체든 액체든 상관없이 통과할 수 있지만, S파는 액체나 기체에서는 통과하지 못합니다. 외핵이 액체 상태, 내핵이 고체 상태라고 추정하는 이유도 S파가 외핵에서는 전달되지 못하지만 P파는 전달되기 때문이지요.

'불의 고리'를 둘러싼 지진과 화산 폭발

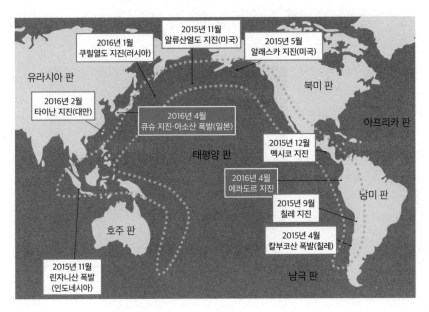

2016년 1월
쿠릴열도 지진(러시아)

2015년 11월
알류산열도 지진(미국)

2015년 5월
알래스카 지진(미국)

유라시아 판

2016년 2월
타이난 지진(대만)

2016년 4월
큐슈 지진·아소산 폭발(일본)

북미 판

아프리카 판

태평양 판

2015년 12월
멕시코 지진

2016년 4월
에콰도르 지진

2015년 9월
칠레 지진

남미 판

호주 판

2015년 4월
칼부코산 폭발(칠레)

2015년 11월
린자니산 폭발
(인도네시아)

남극 판

P파와 S파 비교

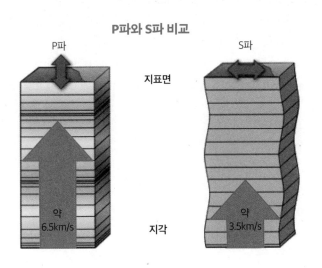

P파

S파

지표면

약
6.5km/s

약
3.5km/s

지각

북한의 핵 실험과 인공 지진

북한이 핵 실험을 했는지 여부 는 지하에서 비밀리에 이뤄지기 때문에 확인하기가 어렵습니다. 1950~1960년대에는 미국과 프랑 스도 군사적인 이유로 공개적으로 핵 실험을 했습니다(물론 바로 알린 것 은 아닙니다). 그러나 핵의 막강한 파 괴력에 놀란 미국과 소련(지금의 러 시아)을 주축으로 국제 사회는 핵무 기 확산 금지 조약을 체결했고, 핵

무기를 개발하거나 실험하지 않기로 했습니다. 여기에 유일하게 참여하지 않은 나라가 북 한이죠.

지진파인 P파와 S파를 이용하면 지하 핵실험이 이뤄졌는지 확인할 수 있습니다. 자연적으로 지진이 발생하면 P파와 S파가 모두 나타납니다. S파가 P파보다 늦게 도착하기 때문에 처음에 P파가 확인된 이후 S파도 확인이 됩니다. P파와 S파가 계속해서 고르게 발생하죠. 그런데 핵 실험처럼 인공적인 폭발로 발생하는 지진파는 P파가 처음에 두드러지게 나타나다가 이후에 는 파형이 단순하게 바뀝니다. 지진파를 분석하면 핵 실험이 이뤄졌는지 알 수 있는 것이죠.

지진 예측 못하면 유죄?

2012년 이탈리아 법원이 지질학자 6명에게 징역형을 선고했습니다. 이유는 수백 명의 사망자를 낸 대지진을 예측하지 못했다는 이유였습니다. 법원은 과학자들이 잘못된 정보를 제공해서 지진 피해가 커졌고, 이들에게 과실 치사 혐의를 적용해 무려 징역 6년을 선고했습니다. 2009년 이탈리아 로마에서 북동쪽으로 95km쯤 떨어진 라퀼라 지역에서 대지진이 발생했는데, 모두가 잠든 새벽에 지진이 발생하여 수천 명의 이재민이 발생했고, 300명이 넘는 사망자가 나왔습니다. 대지진이 발생하기 6개월 전부터 이 지역에는 수백 차례 작은 지진이 지속적으로 감지되었죠.

이탈리아 유명 지질학자들로 구성된 위원회는 계속된 지진을 논의했지만, 이것이 대지진의 전조 증상이라고 판단하지 않았습니다. 대지진이 일어나기 6일 전 열린 회의에서도 대지진으로 이어질 가능성은 낮다고 내다봤으니까요.

법원이 유죄 판결을 내리자 전 세계 과학계는 크게 반발했습니다. 지진 예측을 완벽하게 하기가 불가능한 상황에서 처벌을 내리는 것은 정당하지 않다고 주장한 것이죠. 전 세계 과학자 5200여 명은 이탈리아 정부에 공개 항의서를 보냈습니다. 유죄를 선고받은 이탈리아 지질학자들도 억울함을 토로했습니다. 소신껏 지진이 발생하지 않을 것이라고 예측했을 뿐이라는 거였죠. 결과적으로 이들은 대법원 판결에서 무죄를 선고받았습니다. 재난의 주된 책임은 내진 설계를 강화하지 않았던 도시의 건설 정책에 돌아갔습니다.

영화처럼 백두산 폭발은 가능할까?

　지각은 암석으로 이루어져 있습니다. 암석은 생성 과정에 따라 화성암, 퇴적암, 변성암으로 구분합니다. 지하 깊은 곳의 마그마가 지하에서 식거나 화산 폭발 등으로 지표면으로 나와 굳으면 화성암이 됩니다. 지표에 드러난 화성암은 물, 공기 등과 끊임없이 접촉하면서 풍화 작용을 겪고, 그 과정에서 만들어진 퇴적물이 강물이나 바람을 타고 쌓이고 쌓여 굳으면 퇴적암이 됩니다.

　퇴적암이 다시 지하 깊은 곳에서 열과 압력을 받으면 변성암이 되고, 변성암은 이보다 더 높은 열과 압력을 받으면 녹아서 마그마가 됩니다. 그리고 마그마가 식어서 다시 화성암이 됩니다. 화성암 → 퇴적암 → 변성암 → 화성암 → 퇴적암 → 변성암순으로 암석은 순환하면서 끊임없이 다른 암석으로 변합니다. 그래서 암석을 분석하면 이 암석이 언제 만들어졌는지, 이 시기에 지진이 발생했는지, 화산 활동은 있었는지 등 많은 정보를 얻을 수 있답니다.

　최근 백두산이 분화(보통 폭발이라고 하는데, 정확한 용어는 분화입니다)할 가능성에 관심이 많습니다. 백두산은 판의 경계에서 생성된 게 아니라 판 중앙에서 30km가 넘는 대륙판을 뚫고 솟아올랐습니다. 화산은 대개 판의 경계에서 생기기 마련인데, 백두산은 매우 특이한 경우입니다.

　학자마다 백두산이 언제 분화할지, 그 규모가 얼마나 될지에 대해서는 의견이 다릅니다. 백두산은 더 이상 마그마가 활동하지 않는, 사화산이라고 생각했습니다. 그러다가 30년 전쯤 백두산이 사화산이 아니라는 논의가 시작되었습니다.

2000년대 초에 백두산에서 화산 지진이 처음으로 포착됐습니다. 화산 지진은 마그마가 움직이면서 주변의 암석을 깨뜨릴 때 발생하는 지진이에요. 여기에 백두산이 946년에 분화했을 것이라는 연구 결과까지 나오면서 백두산 분화에 대한 논의가 학계에서도 본격적으로 시작되었습니다.

문제는 이런 이야기가 나오면서 백두산 지역에서 주기적으로 화산 지진이 포착됐다는 사실입니다. 이 때문에 백두산이 분화할 가능성이 제기됐습니다. 영화 '백두산'도 이런 배경에서 제작되었다고 해요.

만약 백두산이 분화한다면 우리나라에도 영향을 미칠까요. 여러 가정으로는 화산 가스 피해가 가장 위협적일 수 있습니다. 백두산 천지 아래에 가라앉아 있는 이산화탄소, 이산화황 등 가스 양이 매우 많기 때문입니다. 최소 10만 명을 질식시킬 수 있을 것이라는 추정도 있으니까요.

백두산 분화를 완벽하게 막을 수는 없겠지만, 분화 규모를 줄여 피해는 축소할 수 있습니다. 천지 속에 화산 가스를 미리 제거한다면 화산 가스에 의한 피해는 줄일 수 있고, 대규모 폭발로 이어지지 않게 할 수도 있을 겁니다. 백두산이 마지막으로 분화한 946년에 화산 폭발 지수는 7로 추정되는데, 이 정도면 화산재가 우리나라를 다 덮을 만큼 분출됐을 것으로 예상됩니다.

해수

17

바닷물을 민물로 만들 수 있을까?

가짜 비도 만들 수 있다

물만큼 다양한 쓰임새가
또 있을까?

우주에서 지구를 촬영한 사진을 보면 파랗습니다. 지구의 많은 부분이 물로
이뤄져 있기 때문이죠. 바다뿐만 아니라 육지에 있는 강과 보이지 않지만 땅
밑을 흐르는 지하수까지 지구의 모든 물을 통틀어 수권이라고 부릅니다. 지
권과 함께 지구를 구성하는 대표적인 요소이자 인간의 삶에 많은 영향을 미
치고 있습니다.

상하수도는 왜 생겨났을까?

지구에서 가장 많은 양을 차지하는 물은 바닷물입니다. 나머지 물은 육
지에 있습니다. 그래서 바닷물은 해수, 육지에 있는 물은 담수라고 부릅
니다. 이 둘의 가장 큰 차이는 바닷물은 짠맛이 있지만 육지에 있는 물은
짠맛이 없다는 점입니다.

강과 호수 등이 담수에 해당합니다. 또 땅속이나 암석 틈 사이에 있는
지하수도 담수입니다. 그리고 남극과 북극 같은 극지나 육지의 높은 산악

지역에 있는 빙하도 물에 포함됩니다. 빙하는 지구를 구성하는 수권 가운데 유일하게 고체 상태입니다.

인간이 주로 쓰는 물은 담수입니다. 정화 과정만 거치면 바로 쓸 수 있기 때문이지요. 하천수와 호수의 물을 정수 시설로 정화해 식수로 쓰고, 부족하면 지하수를 끌어올려 쓰기도 합니다. 상하수도 시설이 갖춰지기 전에는 펌프로 지하수를 퍼 올려 썼죠. 지하수는 지표에 내린 비가 지하로 스며든 뒤 중력에 의해 아래쪽으로 이동하다가 암반 위에 고여 있거나 흐르는 물을 말합니다.

인류의 역사에서 수많은 목숨을 앗아간 전염병 중에는 담수의 정화가 제대로 이뤄지지 않아 발생한 대표적인 사례가 있습니다. 바로 콜레라입니다. 콜레라는 비브리오 콜레라균에 의해 일어나는데, 물을 통해 전염됩니다. 1831년 영국에 콜레라가 퍼지면서 런던에서만 6000~7000명의 사망자가 발생했고, 영국 전역으로 번져 5만 명이 넘는 사망자가 생겼습니다. 프랑스에서도 10만 명이 죽은 것으로 알려져 있습니다.

1850년대에도 콜레라가 유행했는데, 이렇게 많은 사망자가 속출했음에도 계속해서 전염이 되었던 것은 박테리아에 의한 감염병이라는 사실을 몰랐기 때문입니다. 그저 차가운 물을 마시면 안 되고 물은 꼭 끓여 먹어야 한다는 사실을 경험적으로 알았을 뿐 물에 사는 콜레라 균에 의해 전염된다는 것은 몰랐던 거지요. 이 때문에 콜레라에 걸린 사람에게서 나온 배설물은 다시 강이나 호수, 지하수로 들어가 우물을 오염시켰고, 이 물을 마신 사람이 다시 콜레라에 걸리는 악순환이 계속 되었습니다.

1854년 존 스노우라는 런던의 의사가 콜레라가 물에 의해 전염되며, 특히 콜레라 환자의 배설물에 있는 콜레라균(세균) 때문이라는 사실을 알아냈습니다. 그는 당시 런던 시내에서 콜레라가 발생한 집의 위치를 일일이 확인해 이를 지도로 표시했고, 그 결과 그 중심에 우물이 있다는 사실을 확인하면서 이 같은 사실을 밝혔습니다. 그가 콜레라균을 현미경으로 관찰했던 것은 아니었지만 곧 우물을 폐쇄시키자 콜레라는 더 이상 확산되지 않았습니다. 1860년대 프랑스의 파스퇴르가 미생물의 존재를 알아내면서 미생물에 의해 전염병이 돌 수 있다는 것을 알아냈습니다.

콜레라는 인류 역사상 총 7번의 대유행을 일으켰고, 남극 대륙을 제외한 전 세계에 퍼졌습니다. 우리나라는 조선 시대에 퍼졌는데 괴질이라는 이름으로 불리며 수많은 희생자를 냈습니다. 콜레라의 원인이 오염된 물을 통한 것이라는 사실이 알려지면서 지하수 정수의 필요성과 중요성이 논의됐고, 런던과 뉴욕에서는 도시의 상하수도 시스템을 정비했습니다.

지하수 중에는 뜨거운 온도와 각종 무기염류를 포함하고 있는 온천수도 있습니다. 일본은 화산 활동이 활발하여 온천의 나라로 불리는데, 화산의 뜨거운 용암이 지하수를 데워 온천수를 만들죠.

과학자들은 지구가 아닌 화성에서도 이런 온천의 존재를 오랫동안 찾았습니다. 온천과 같은 따뜻한 환경에서 생명이 태동했을 것으로 생각하기 때문이죠. 만약 화성에 온천이 존재했다는 흔적을 발견한다면 생명체가 존재했을 가능성이 높다는 뜻이 됩니다. 미국항공우주국은 이미 화성에 보낸 탐사선으로 화성 곳곳을 정밀하게 촬영했습니다. 그 결과 화산 활동으로 생겨났을 것으로 추정되는 열수 분출공을 찾기도 했습니다.

지구에서 열수 분출공(뜨거운 물이 나오는 구멍이라는 뜻)은 지구의 생명체가 시작됐을 것으로 추정되는 강력한 후보로 꼽힙니다. 지구에는 수천 미터 심해에서 열수 분출공이 여럿 발견되었습니다. 그 주변에서 서식하는 생명체는 빛이 없고 수압이 높은 수백 도의 뜨거운 물이 분출되는 환경에서 생존하고 있었습니다. 과학자들은 이들 생명체가 원시 지구에서 생명체가 탄생한 비밀을 갖고 있을 것으로 생각합니다.

한편 빙하는 고체 상태이기 때문에 물이 부족한 고산 지대에서는 빙하를 녹여 식수로 쓰기도 합니다. '지구의 지붕'으로 불리는 히말라야 고산 지대에도 빙하가 많이 있습니다. 과학자들은 지구 온난화로 히말라야의 빙하가 무너져 내려 인명과 재산 피해를 가져올 수 있다고 경고합니다.

바닷물을 민물로 만들 수 있을까?

지구에서 가장 많이 존재하는 물은 바닷물입니다. 지구 수권의 97% 이상이 바닷물이에요. 나머지 2.5%가량이 강과 호수, 지하수, 빙하가 채우고 있습니다. 안타깝게도 인간이 바로 쓸 수 있는 강과 호수(0.01%)가 담수 중에서도 양이 가장 적고, 그다음이 지하수(0.76%)가 많고, 그나마 가장 많은 게 빙하(1.76%)입니다. 그런데 빙하는 인간이 주로 모여 사는 지역에 있지 않죠.

강과 호수, 지하수의 양이 워낙 적다 보니 가뭄이 길어지면 물 부족에 시달립니다. 이들 물의 원천은 비이기 때문에 한동안 비가 내리지 않으면 강과 호수가 마르고 지하수도 줄어듭니다.

우리나라의 경우 여름에는 장마가, 겨울에는 눈이 내려 강수량을 해결해 주지만, 봄철 가뭄에는 속수무책입니다. 겨울에도 눈이 안 내려 이른 바 겨울 가뭄에 시달리는 해도 있습니다. 선조들이 기우제를 지내며 비를 내려 달라고 빈 것도 이런 이유에서였죠. 인간이 마음대로 비를 내리게 할 수 없으니까요.

댐은 물 자원을 효율적으로 관리하기 위해 등장한 대표적인 시설입니다. 댐은 물을 저장하거나 방류하면서 가뭄뿐 아니라 홍수도 극복하는 역할을 합니다. 홍수 시 물이 빨리 빠져나가게 하고, 가뭄 때는 가둬 두었던 물을 방류해 목마른 땅에 물을 공급합니다.

최근 기후 변화로 극단적인 장마나 가뭄이 발생하는 빈도가 잦아지면서 근본적인 물 관리 대책을 세워야 한다는 주장이 많습니다. 수자원을 활용하는 것은 인간의 생존에 매우 중요합니다. 물은 식수로 사용하는 것 외에도 농작물을 재배하기 위한 농업용수, 공장의 제품 생산 과정에 냉각수로 사용되는 공업용수 등 활용할 수 있는 것이 많습니다. 하지만 앞에서 이야기한 것처럼 우리가 쓸 수 있는 담수의 양은 매우 적고, 원할 때 비가 적당량 내려주는 것도 아닙니다. 그래서 지구에 가장 풍부한 바닷물을 담수로 바꾸는 해수 담수화 기술을 개발하고 있습니다.

이론적으로 가장 간단한 기술은 염전을 생각하면 됩니다. 염전에서 소금을 만들기 위해 바닷물을 가둬 놓고 뜨거운 햇빛을 이용해 물을 자연스럽게 증발시킨 뒤 남아 있는 소금을 얻습니다. 해수 담수화는 바닷물을 가열시켰다가 냉각하면 물만 수증기로 증발하고 냉각 과정에서 다시 액화해서 물이 되기 때문에 소금이 빠진 물을 얻을 수 있습니다.

삼투압을 역으로 이용하는 방법도 있습니다. 삼투압은 농도가 서로 다른 용액이 있을 때 농도가 낮은 쪽에서 높은 쪽으로 이동하는 현상입니다. 식물의 뿌리가 여러 물질을 흡수할 때도 삼투압 원리를 이용하죠. 생선을 구울 때 소금을 뿌리면 삼투압 현상으로 식품 내부에 있던 수분이 밖으로 흘러나옵니다. 또 달걀을 삶을 때 물에 소금을 조금 넣어서 끓이기도 합니다. 맹물에 끓이면 달걀 껍데기 안팎의 액체 농도 차가 커져 껍질에 금이 가고 깨집니다. 소금을 넣으면 달걀 껍데기 안팎의 농도 차를 줄일 수 있죠.

이렇게 달걀 안의 껍질이 삼투압 작용을 조절하듯이 여과막을 하나 설치하고 바닷물에 압력을 가해 이 막을 통과하게 만듭니다. 그런 다음 바닷물에 섞여 있는 불순물을 걸러내는 과정을 거치면 마실 수 있는 깨끗한 물을 얻을 수 있습니다. 이 방식은 열을 가하는 기술보다는 비용이 저렴하고, 가열에 의해 변성이 일어나는 문제를 막을 수 있어 가장 효과적인 기술로 꼽힙니다.

해수 담수화가 가장 필요한 지역은 사우디아라비아와 같은 사막으로 이뤄진 나라들입니다. 또한 빗물을 받아 생활하느라 식수 문제로 고통받는 동남아시아 개발도상국에도 이 기술은 매우 유용합니다.

최근 'ESG'라는 단어가 전 세계 기업계의 화두인데, E는 환경(Environment), S는 사회적 책임(Social), 그리고 G는 지배 구조(Governance)를 말합니다. 즉 기업이 직접 돈을 버는 기술 이외의 요소 중에서 친환경, 사회적 책임 경영, 지배 구조 개선 등이 기업의 가치와 성장에 큰 영향을 미친다는 것입니다. 이런 점에서 해수 담수화 기술은 기업 입장에서는 ESG를 고려한 대표적인 미래 기술로 꼽힙니다.

독도는 이미 해수 담수화 기술이 적용된 지역입니다. 독도는 상수도가 들어갈 수 없고, 섬의 지하수도 부족해 생활용수로 쓸 담수의 양이 절대적으로 부족합니다. 강우량도 많지 않아 늘 물 부족에 시달리죠. 그래서 해수 담수화 기술을 이용해서 바닷물에서 염분을 포함해 녹아 있는 여러 물질을 제거하고 순도 높은 물로 만들어 공급하고 있습니다.

수권의 구성

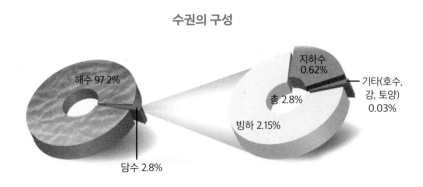

해수 97.2%
담수 2.8%
총 2.8%
빙하 2.15%
지하수 0.62%
기타(호수, 강, 토양) 0.03%

바닷물의 온도가 날씨에 영향을 미칠까?

바다의 역할이 물 자원을 얻기 위해서만 존재하는 것은 아닙니다. 바다의 더 중요한 역할은 지구 전체를 순환하면서 지구의 기후와 기상 현상을 조절한다는 점입니다. 바다가 햇빛을 받아 데워지면 물이 증발하고 그 영향으로 대기 중에는 구름이 형성됩니다. 이 구름에서 비가 내려 육지의 강과 호수, 지하수를 채웁니다. 그리고 강물은 다시 바다로 흘러 들어갑니다. 지구의 물은 돌고 도는데 물의 순환이라고 합니다.

바닷물은 일종의 층 구조를 이루고 있습니다. 물은 다 똑같을 것 같지만 깊이에 따라서 맨 위에서부터 혼합층, 수온 약층, 심해층으로 나뉩니다. 같은 층끼리 움직인다고 생각하면 됩니다.

혼합층은 수심 약 300m 이내를 말합니다. 수면에서 가장 가까운 영역이지요. 여기서는 바람에 의해 물이 섞이기 때문에 깊이에 상관없이 수온이 약 24℃로 일정합니다. 바람이 강하게 불수록 혼합층이 더 두껍게 발달하기 때문에 지구 전체로 보면 중위도 지역에서 혼합층이 가장 두껍습니다.

수온 약층은 혼합층 아래로 수심이 300~700m에 해당합니다. 수심이 깊어질수록 바닷물의 온도는 어떻게 될까요? 햇빛이 도달하는 양이 적어서 온도가 점점 떨어집니다. 수심 300m 부근은 20℃ 정도인데, 수심 600m가 되면 5℃ 정도로 뚝 떨어집니다. 냉장고의 냉장실 온도가 4℃ 정도이니 얼마나 서늘한지 짐작이 될 겁니다. 온도가 낮아서 물의 대류도 잘 일어나지 않습니다. 혼합층과 달리 물살이 고요하고 잠잠합니다. 그래서 잠수함은 혼합층으로 다니지 않고 수온 약층으로 다닙니다.

수심 700m 아래로 내려가면 태양 빛이 거의 도달하지 않아서 캄캄하고 차가운 심해층에 도달합니다. 바닷물은 심해층이 가장 많습니다. 수온은 수온 약층보다 더 낮아 1~3도입니다. 바닷물을 이렇게 수직으로 놓고 보면 층상 구조를 가지지만, 또 일정한 방향으로 떼 지어 흐르는 바닷물도 있습니다. 이를 해류라고 부릅니다.

해류에는 크게 난류와 해류가 있는데, 따뜻한 해류와 차가운 해류라는 뜻입니다. 대개 적도 근처의 저위도에서 고위도로 움직이면 바닷물이 따뜻해 난류가, 반대로 고위도에서 저위도로 흐르면 차가워서 한류가 됩니다.

한반도 주변에도 이런 해류가 여러 개 있습니다. 대부분 난류입니다. 쿠로시오 해류는 쿠로시오 난류라고도 불리는데, 우리나라 주변 난류를 만들어 내는 가장 큰 물줄기입니다. 제주도보다 남쪽에서 올라온 뒤 대부분은 일본의 동쪽 바다로 흘러가지만, 일부는 동해로 흘러가 동한 난류가 되고 서해안으로 흘러간 일부는 황해 난류가 됩니다. 한류는 북한에서 동해안으로 타고 내려오는 북한 한류가 있습니다.

한류와 난류가 만나는 지역을 조경 수역이라고 합니다. 이 지역은 한류와 난류가 만나면서 한류성 어종과 난류성 어종이 모두 모여들어 좋은 어장을 이룹니다. 한반도 주변에는 북한 한류와 동한 난류가 만나는 동해에 조경 수역이 형성됩니다.

'엘니뇨'와 '라니냐'라는 단어를 들어봤나요? 엘니뇨는 적도 부근의 태평양 바닷물의 온도가 평소보다 높은 이상 고온 현상을 말합니다. 엘니뇨가 생기면 태평양 중심부터 동쪽까지 바닷물이 비정상적으로 따뜻해지는데, 이런 현상이 수개월에서 길게는 1년까지 지속되기도 합니다.

엘니뇨가 발생하면 해수면에서 대기 중으로 수증기가 대거 방출되고, 대기 순환에 변화가 생깁니다. 결과적으로 지구 전체의 기상에 영향을 미치죠. 호주, 남아시아, 인도 등에서는 폭염과 가뭄, 산불이 심해지는 반면 페루와 미국 캘리포니아주에서는 홍수 피해를 입을 수 있습니다. 한반도는 엘니뇨의 영향이 덜한 편이지만 간접적으로 영향을 받습니다. 여름철에 엘니뇨가 소멸되면 제트 기류가 약해지면서 엄청난 폭염을 불러올 수 있죠.

라니냐는 엘니뇨와 반대되는 현상으로 동태평양 적도 부근의 해수면 온도가 평년보다 낮아집니다. 라니냐가 발생하면 한반도는 여름철 폭염이 발생할 가능성이 높아집니다. 더운 바닷물이 서태평양으로 모여들어 해수 온도가 예년보다 높아지고, 따뜻해진 바닷물이 북동쪽으로 이동해 우리나라에 영향을 주는 북태평양 고기압에 더 많은 에너지를 공급하기 때문입니다. 그러면 북태평양 고기압은 더 덥고 습해져서 한반도에 강한 영향을 줍니다.

반대로 라니냐는 북미 대륙의 서북쪽에 있는 찬 제트 기류를 동남쪽으로 몰고 갑니다. 멕시코만에서 형성된 찬 제트 기류는 따뜻한 공기와 만나 거대한 소용돌이를 발생시켜 토네이도를 만듭니다. 지금까지 알려진 바로는 엘니뇨와 라니냐는 2~5년 주기로 나타납니다.

조수 간만의 차

서해가 동해, 남해와 구분되는 가장 큰 특징은 조수 간만의 차가 크다는 점입니다. 밀물(바닷물이 밀려옴)로 해수면의 높이가 가장 높아지는 만조와 썰물(바닷물이 빠져나감)로 해수면의 높이가 가장 낮아지는 간조가 뚜렷하게 나타납니다. 이런 만조와 간조는 하루에 약 두 번씩 주기적으로 발생하는데, 이를 조석이라고 합니다. 동해안과 남해안에도 조석이 나타나지만, 서해안은 유독 조차가 커서 간조에 바닷물이 빠지고 나면 조개를 잡기도 합니다.

바닷물에서 만조와 간조가 일어나는 이유는 우선 지구가 자전하면서 바닷물에 원심력이 생기기 때문입니다. 원심력은 지구의 적도 부근이 가장 커서 적도 부근으로 지구의 바닷물이 쏠립니다. 그리고 이 상태에서 지구와 태양, 지구와 달 사이에 서로 잡아당기는 힘, 만유인력이 작용합니다. 그러면 태양-달-지구 또는 태양-지구-달 순서로 늘어설 때 태양과 달이 지구를 끌어당기는 힘이 커져 바닷물이 상승하고 밀물이 나타납니다.

반대로 태양과 달에서 가장 멀리 떨어진 부분의 바닷가에는 썰물이 나타납니다. 태양과 달 중에 지구에 미치는 힘은 달이 훨씬 큽니다. 지구에 훨씬 더 가까이 있기 때문이죠. 그래서 사실상 조수 간만의 차를 만들어 내는 힘은 달의 인력에 의한 것이라고 봐도 무방합니다.

인공위성 전성시대

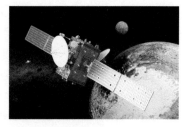

인공위성은 지구에서 가깝게는 수백 킬로미터, 멀게는 3만 6000km 높이에서 지구 주변을 돌고 있습니다. 지구 상공 수백 킬로미터 궤도에 있으면 저궤도 위성이라고 부르고, 지구 상공 3만 6000km 궤도에 있으면 정지 궤도 위성이라고 부릅니다.

'정지'라는 단어가 들어간 이유는 이 높이에서는 지구가 한 바퀴 자전하는 동안 인공위성이 같은 속도로 움직이는데, 지표면에서 인공위성을 보면 마치 한 지점에 그대로 정지해 있는 것처럼 보이기 때문입니다. 데이터를 주고받는 안테나 같은 장치를 움직일 필요가 없는 기상위성, 통신위성, 방송위성 등은 대부분 정지 궤도 위성을 활용합니다.

인공위성 중에는 해양 관측을 목적으로 띄운 위성도 있습니다. 지난해 유럽우주국(ESA)과 미국항공우주국(NASA)은 '센티넬(sentinel) 6A' 위성을 올려 보냈는데, 이 위성은 해류의 변화를 추적하고 해수면 상승을 감시합니다. 2026년에는 자매 위성인 '센티넬 6B' 위성도 이 임무를 같이 수행할 예정입니다.

우주 높은 곳에 있는 위성이 해수면의 변화를 측정하는 원리는 의외로 간단합니다. 레이더를 이용하는 거지요. 위성에는 레이더 고도계가 탑재되어 있는데, 해수면으로 레이더 펄스를 보낸 뒤 돌아오는 데 걸리는 시간을 이용해 해수면의 고도를 계산합니다.

우리나라도 2010년 정지 궤도 위성인 '천리안'을 올려 보냈고, 천리안은 기상과 해양 영상을 매일 전송하면서 한반도 주변의 기상 현상 관측에 큰 도움을 주었습니다. 천리안 위성은 지금은 수명을 다해 퇴역했으며, 천리안 2A호와 천리안 2B호가 임무를 이어받아 해양 관측과 기상 관측, 미세먼지 관측 등을 수행하고 있습니다.

2020년 4월 기준 우주에는 총 2666기의 인공위성이 떠 있으며, 미국은 1308기, 중국이 356기, 러시아가 167기, 영국이 167기, 일본이 78기, 인도가 58기, 캐나다가 39기의 인공위성을 우주에서 운영 중입니다. 2021년 5월 기준으로 일론 머스크는 작은 인공위성 1635기를 띄워 인터넷 서비스를 제공하는 '스타링크'를 시작했습니다. 머스크는 앞으로 스타링크 서비스를 위해 위성을 더 띄울 계획이라고 합니다. 스타링크의 위성까지 포함하면 향후 우주에 떠 있는 인공위성의 수는 기하급수적으로 늘어날 전망입니다.

인공 강우

만약 인간이 마음대로 비를 뿌릴 시간과 양을 조절할 수 있다면 어떨까요? 과학 기술이 발전하면서 실제로 자연의 영역에 속하는 기상 현상을 인간이 조절하기 위한 시도가 이뤄지고 있습니다. 인공 강우도 그런 시도 중 하나인 거죠.

2007년 중국 랴오닝성은 56년 만의 대가뭄에 시달렸습니다. 그러자 중국 정부가 하늘에 일종의 로켓을 발사했습니다. 비를 내리게 하는 로켓이었죠. 그 결과 2억 8300만 톤의 비가 내렸습니다. 가뭄을 해갈하기에는 부족했지만 당연히 비가 안 내리는 것보다는 훨씬 효과가 있었습니다.

이 일을 계기로 중국 정부는 대규모 국제 행사가 있을 때마다 인공 강우를 뿌렸습니다. 2008년 하계 올림픽인 베이징 올림픽을 개최할 때에는 인공 강우를 뿌려 대기 중 미세먼지를 씻어 냈습니다. 베이징의 대기 오염 수준이 워낙 심각해서 대회 기간 선수들의 경기력뿐 아니라 건강에도 악영향을 끼칠 수 있다는 우려가 제기됐기 때문이죠. 인공 강우로 올림픽 기간 베이징 하늘은 맑았습니다.

비는 구름이 있어야 내립니다. 구름은 아주 작은 물방울(수증기)이나 얼음 입자로 이뤄져 있죠. 이 물방울 입자들이 합쳐져 무거워지면 중력을 이기지 못하고 비가 돼 아래로 떨어집니다. 보통 이런 입자 100만 개가 뭉쳐야 1~3mm 빗방울을 만듭니다. 인공 강우는 물방울 입자들이 잘 뭉쳐질 수 있는 입자를 뿌리는 겁니다. 이를 응결핵이라고 합니다.

응결핵으로는 요오드화은이나 드라이아이스를 쓰는데, 이들을 뿌리면 순식간에 주변의 습기를 빨아들여 물방울을 만들고 비를 내립니다. 하지만 전문가들은 응결핵으로 사용되는 요오드화은이 인체에 해롭고 환경 문제를 유발한다는 지적과 함께 인공 강우가 가뭄이나 미세먼지를 근본적으로 해결할 수단은 아니라고 말합니다.

바닷물은 어디에서 왔을까?

지구에 왜 이렇게 많은 바닷물이 만들어졌을까요? 사실 아무도 정확히 모릅니다. 우선 바닷물이 어떻게 생겨났는지 알기 위해서는 지구의 생성 과정부터 알아야 하는데, 현재 과학자들은 우주의 가스와 먼지 소용돌이가 태양을 만들었고, 그 주변 물질이 엉켜 지구가 만들어졌다고 생각합니다. 그리고 원시 지구에는 대기가 있었고, 대기에 포함된 수증기가 비로 내려서 고인 게 바다가 됐을 것으로 추정합니다.

바닷물이 소행성에서 왔을 것이라는 이론도 있습니다. 물이 있는 소행성이 지구에 충돌하면서 지구에 바다가 생겼다는 겁니다. 또 지구에 떨어진 얼음 혜성이 바닷물의 기원이라는 이론도 있습니다. 얼음으로 이뤄진 혜성들이 원시 지구와 부딪치면서 물을 가져와 바다를 이뤘다는 거지요.

바닷물의 기원 외에 또 하나 미스터리가 있습니다. 바닷물은 왜 짠맛이 나는 걸까요? 결과론적으로는 나트륨(Na)과 염소(Cl)가 결합한 염화나트륨(NaCl)의 비율이 높아서 짠맛이 나는 것입니다. 나트륨과 염소는 어디서 온 것일까요? 실제로 바다에는 나트륨과 염소 외에 마그네슘, 칼슘, 칼륨 등 무기염류가 녹아 있습니다. 이들은 바닷물에 일정한 비율로 녹아 있는데, 이역시 정확한 답은 모릅니다. 그저 아주 오래전 여러 물질이 바닷물에 녹아 순환해 섞이면서 지금과 같은 상태가 됐을 것이라는 정도로 짐작할 뿐입니다.

대기

18

대기권에는 뭐가 있을까?

⋮

지구 온난화가 왜 무서울까?

비행기는 왜 우주에
갈 수 없을까?

지구에서 대기는 어느 높이까지를 말하는 것일까요? 지표에서 높이 약 1000km까지를 대기층이라고 부릅니다. 학문적으로는 대기층을 1000km로 정의하지만, 지표에서 100km 높이부터는 지구의 영향력을 벗어난 우주로 봅니다. 이 지점은 지구 대기를 구성하는 공기(질소와 산소가 거의 99%를 차지합니다)가 거의 없고, 지구 중력이 거의 없는 무중력 상태를 느낄 수 있습니다. 그래서 고도 300~400km에서 돌고 있는 국제우주정거장을 제외한 우주관광 상품 대부분이 지상 100km까지 올라간 뒤 여기서 지구를 내려다보고 무중력 상태를 경험하는 프로그램을 제공하고 있습니다.

비행기는 성층권을 날 수 있을까?

고도 1000km까지의 대기층을 기권이라고 부릅니다. 기권은 높이에 따라 크게 4개 영역으로 나뉘는데, 온도 변화를 기준으로 나눈 것입니다. 지표에서 가장 가까운 영역이 대류권입니다. 지표에서 높이 약 11km까지의 영역입니다. 공기 대부분은 대류권에 모여 있고, 눈이나 비 같은 기상 현상도 모두 대류권에서 일어납니다.

바다에서 증발한 수증기가 구름을 만들고 이 구름이 비나 눈이 돼서 지표에 떨어지는 등 날씨 현상에 관련된 모든 현상은 대류권에서 나타납니다. 비행기가 다니는 영역도 대류권입니다. 사실상 인간의 일상생활에 영향을 주는 대부분 현상이 대류권에서 나타나는 셈이죠. 대류권은 높이 올라갈수록 기온이 낮아집니다.

대류권 위에는 성층권이 있습니다. 성층권은 높이 약 11~50km에 해당하죠. 성층권은 대류권과 달리 높이 올라갈수록 기온이 올라갑니다. 공기가 서로 섞이고 움직이는 대류 현상이 나타나지 않아 기온이 높은 공기가 위쪽에 있기 때문이에요. 성층권은 지구의 날씨와 기후에 많은 영향을 미칩니다. 이산화탄소와 오존, 메탄 같은 물질들이 태양 에너지를 흡수하거나 방출해 지구의 기후에 직접적인 영향을 줍니다. 또 대류권과 달리 대류 현상이 없어 기권이 매우 안정적입니다. 그래서 기상 현상을 관측하는 기기를 띄우는 곳이기도 합니다.

대표적으로 라디오존데(radiozonde)라는 기기를 성층권에 띄웁니다. 라디오존데는 기구(풍선)에 기온, 습도, 기압 등을 측정할 수 있는 센서와 신호 처리 장치, 무선 송수신기 등을 달아서 띄운 기상 관측 장비입니다. 공기보다 가벼운 수소나 헬륨 가스를 기구에 채운 뒤 측정 장비를 달아 올려 보내는데, 최고 약 35km까지 올라갈 수 있습니다. 그 이상 올라가면 기압 차이 때문에 기구가 터지죠. 라디오존데의 센서가 관측한 데이터는 송수신기를 통해 지상으로 전달됩니다. 우리나라도 라디오존데를 이용해 대류권 너머 성층권의 고층 대기를 관측하고 있습니다.

중간권은 성층권 위에 높이 약 50~80km 영역입니다. 중간권에서는 성층권과 달리 대류가 일어납니다. 하지만 날씨 같은 기상 현상은 나타나지 않아요. 이 정도 높이가 되면 대기 중에 수증기가 거의 없기 때문입니다. 높이가 높아질수록 온도가 점점 낮아지는데, 중간권에서 가장 높은 고도인 약 80km 부근은 기권에서 기온이 가장 낮습니다.

중간권에서는 유성을 관찰할 수 있습니다. 기권 바깥에서 지구로 들어오던 물질이 대기와 마찰을 일으켜 타면서 빛을 내는 현상이 유성(별똥별)입니다. 유성이 중간권을 통과하면서 타다 남아 성층권과 대류권을 거쳐 지표면까지 떨어지면 운석이라고 부르죠.

2014년 경남 진주에서 운석이 발견되면서 국내에서는 한때 운석을 찾아 돈을 벌겠다는 열풍이 불었고, 이후 매년 수백 건의 운석 발견 신고가 들어왔습니다. 국내에서는 한국지질자원연구원 운석신고센터가 운석 발견 신고를 접수하는데, 2014년 이후 지금까지 국내에서 운석이 발견된 적은 없습니다. 그만큼 운석을 발견하기가 쉽지 않다는 뜻이겠죠.

해외에는 운석을 전문적으로 찾는 사냥꾼도 있습니다. 운석을 찾은 뒤 비싼 값에 팔아서 돈을 버는 것이죠. 그런데 실제로 대부분의 운석은 공기와 부딪치면서 마찰로 깎여 나가기 때문에 형태를 유지하기가 어렵습니다.

중간권 위에는 기권의 마지막 층인 열권이 있습니다. 열권은 높이 약 80km 이상 지점부터를 말합니다. 열권은 중간권과 달리 위로 올라갈수록 기온도 올라갑니다. 공기는 거의 없고, 낮과 밤의 온도차가 몹시 크죠. 열권에서는 오로라가 나타난답니다.

오로라는 태양에서 방출된 전기를 띤 입자들이 지구 대기로 들어오면서 대기권의 입자들과 충돌해 빛을 내는 현상입니다. 바꿔 말하면 우리 눈에는 보이지 않지만 태양에서는 지구를 위협하는 수많은 입자들이 지구를 향해 고속으로 날아오고 있다는 뜻이죠. 이를 막아 주는 역할을 하는 것이 지구 자기장입니다.

지구에서 지구 자기장의 보호를 받지 못하는 지역은 유일하게 남극과 북극인데, 극지에서는 지구 자기장이 지표면과 수직으로 뻗어 나가서 태양의 자기장과 직접 만납니다. 이 때문에 태양 입자들이 극지 상공에 더 쉽게 도달하고 오로라가 극지방에서 자주 나타나게 됩니다.

대기권의 구성

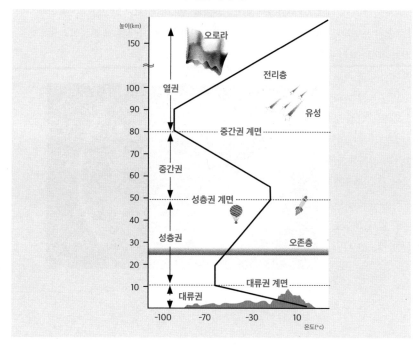

운석과 태양계의 기원

과학자들에게 운석은 매우 중요한 연구 재료입니다. 우주에 직접 나가지 않고도 태양계를 연구할 수 있으니까요. 초기 지구의 모습을 간직하고 있을 뿐 아니라 지표에서 발견하기 어려운 원소도 다량 포함되어 있습니다. 운석을 연구하면 지구를 포함한 태양계의 진화를 알 수 있습니다. 태양계가 어떻게 시작됐는지, 또 운석이 어디에서 왔는지에 따라 태양계 다른 행성에 생명체가 존재하는지도 추정할 수 있으니까요.

과학자들은 대개 남극 대륙에서 운석을 많이 찾습니다. 남극 대륙에 떨어진 운석은 그나마 풍화가 덜 돼 보존 상태가 양호하고, 하얀 얼음으로 덮여 있어 운석의 탄 자국이 눈에 잘 띄기 때문입니다.

1984년 남극 빙하에서 발견된 앨런힐스 운석은 과학자들의 연구 결과 화성에서 온 것이라는 결론을 내렸습니다. 운석의 성분을 조사해 보니 탄산염이 확인됐는데, 탄산염은 보통 물이 있는 장소에서 만들어지기 때문에 화성에서 물이 존재할 수 있다는 단서가 되었습니다. 물이 존재한다는 것은 생명체가 존재할 가능성이 있다는 뜻이기도 합니다. 운석으로 화성의 생명체 존재 가능성까지 확인한 셈이죠.

운석을 연구한 결과 지구의 역사도 많은 부분 밝혀졌습니다. 지구는 아주 오래전 원시 태양이 만들어진 뒤 주변을 떠돌고 있던 성운들이 서로 충돌해 커지면서 작은 천체가 만들어졌는데, 원시 지구도 이때 탄생한 것으로 보입니다.

비가 오면 왜 머리카락이 늘어날까?

대류층에서 나타나는 날씨 현상의 핵심은 수증기입니다. 수증기가 얼마나 있냐에 따라 맑거나 비가 오니까요. 비를 만드는 구름도 수증기가 응결해서 생긴 물방울이 하늘 높이 떠 있는 상태를 말합니다.

습도는 공기에 수증기가 얼마나 들어 있는지 나타낸 것입니다. 특정 온도에서는 일정한 양의 공기에 수증기가 최대한 포함될 수 있는데, 수증기가 최대로 들어 있을 때를 포화 상태라고 부릅니다. 불포화 상태는 아직 수증기가 더 채워질 수 있는 상태를 말하지요.

수증기의 포화, 불포화를 따지는 건 습도를 알기 위해서입니다. 공기 1kg에 들어 있는 수증기량을 그램(g)으로 나타낸 것을 포화 수증기량이라고 부릅니다. 기온이 높을수록 포화 수증기량이 증가합니다. 만약 특정 온도에서 불포화 상태의 공기를 포화 상태로 만들고 싶다면 수증기를 더 공급하면 됩니다. 그게 아니라면 현재 수증기의 양이 포화 수증기량이 될 때까지 온도를 낮춥니다.

날씨에서 습도를 말할 때는 상대 습도를 말합니다. 상대 습도는 현재 기온에서 최대한 들어 있을 수 있는 수증기량(포화 수증기량) 중에 실제로 들어 있는 수증기량의 비율을 구한 것입니다.

맑은 날에는 공기 중에 포함된 수증기량이 거의 일정하여 기온에 영향을 받습니다. 기온이 낮아지면 포화 수증기량도 감소할 것이고, 이에 따라 상대 습도는 증가합니다. 반대로 기온이 올라가면 포화 수증기량도 증가하고, 이에 따라 상대 습도는 감소합니다. 그래서 하루 중 온도가 가장 낮은 새벽 5~6시에 상대 습도가 가장 높고, 기온이 가장 높은 오후 2~3시에 상대 습도가 가장 낮습니다.

비 오는 날은 어떨까요? 공기 중 실제 수증기량이 엄청 많을 겁니다. 거의 포화 수증기량만큼 수증기를 가지고 있을 수도 있습니다. 그래서 상대 습도가 80% 이상 나오기도 합니다. 당연히 맑은 날보다 상대 습도가 높을 수밖에 없겠죠.

비가 오면 머리카락이 축축 처진다는 느낌을 받을 때가 있을 거예요. 머리카락의 주성분은 케라틴이라는 단백질인데, 이 단백질이 습도가 높으면 팽창하는 성질을 가지고 있습니다. 이 때문에 상대 습도가 100%까지 증가하면 머리카락 길이도 최대 2%까지 증가합니다. 그래서 실제로 비가 오는 날 머리가 처진 느낌이 든다면 머리카락이 실제로 살짝 늘어난 겁니다. 실제로 이런 원리를 이용해 만든 습도계도 있습니다.

지구에 대기가 없고 대기에 수증기가 없다면 구름이 없어서 비도 내리지 않을 겁니다. 하지만 공기 중에는 수증기가 있어서 시시때때로 구름이 만들어지죠. 공기가 포화 상태가 되면 그때부터 공기 중 수증기가 물방울로 바뀌는데, 이를 응결이라고 합니다. 맑은 날 새벽에 식물의 잎에 이슬이 맺힌 현상이나 차가운 음료수병 표면에 물방울이 맺히는 것은 모두 응결에 해당합니다.

응결이 시작되는 온도를 특별히 이슬점이라고 부릅니다. 공기 중의 수증기량이 많을수록 응결이 빨리 시작됩니다. 공기 중의 수증기량이 많다는 것은 온도가 높다는 뜻이니 그만큼 이슬점도 높습니다. 수증기만 있다고 응결이 일어나지는 않겠죠. 응결이 일어날 수 있도록 하는 응결핵이 있어야 응결이 더 잘 일어납니다. 공기 중에 미세 먼지 같은 작은 입자들이 응결핵 역할을 합니다.

응결이 하늘 높은 곳에서 일어나면 구름이 생깁니다. 따뜻한 공기 덩어리는 상승하게 되고 이 과정에서 부피가 팽창하여(이를 단열 팽창이라고 부릅니다) 온도는 떨어집니다. 그러다 특정 온도에 이르면 응결이 시작되는 이슬점이 되고, 이때부터 수증기가 응결되기 시작합니다. 곧 구름이 만들어지죠. 물방울이 모이거나 작은 얼음 알갱이가 모일 수도 있습니다.

구름이 만들어지기 위한 첫 번째 조건은 따뜻한 공기 덩어리가 상승해야합니다. 따뜻한 공기와 찬 공기가 만나면 따뜻한 공기가 찬 공기를 타고 위로 상승할 수 있죠. 지표면이 데워지면 그 위의 공기가 따뜻해져서 위로 상승합니다. 높은 산이 있는 경우 공기가 산을 타고 오르면서 공기가 상승하고 이로 인해 구름이 만들어질 수도 있습니다.

구름의 종류는 다양합니다. 공기가 얼마나 어디까지 상승하느냐에 따라 구름 모양이 달라지죠. 세로로 길쭉하게 위로 솟은 구름은 공기가 강하게 상승할 때, 옆으로 넓적한 모양의 층운형 구름은 공기가 약하게 상승할 때 형성됩니다.

구름이 만들어진다고 무조건 비가 내리는 건 아닙니다. 대개 흰색 구름보다 색이 어둡게 변하면 비가 내릴 것 같다고 합니다. 구름이 어둡게 보이는 건 햇빛이 통과하지 못하고 반사되었기 때문인데, 이는 구름 입자가 커졌다는 뜻이기도 합니다. 구름 속의 수증기나 얼음 알갱이가 어느 정도 커지다가 더는 무게를 이기지 못할 만큼 커지면 비가 되어 땅에 떨어집니다.

중위도나 고위도 지역에서는 구름의 중간 부분의 온도가 영하여서 얼음 알갱이가 존재합니다. 아래에서 상승한 수증기가 이 얼음 알갱이에 달라붙고, 얼음 알갱이가 점차 커지다가 무거워지면 비가 되는 거지요. 적도 근처 저위도 지역에서는 구름의 온도가 0℃ 이상입니다. 이 경우에는 물방울끼리 서로 부딪치다가 합쳐지고 그러다가 물방울이 무거워지면 비로 떨어집니다.

빗방울 하나의 지름은 1~2mm이고, 구름 입자의 지름은 0.01mm이니 구름 입자 100만 개 정도가 모여야 빗방울이 될 수 있습니다. 빗방울의 지름이 구름 입자 지름의 100배이고, 부피는 지름의 3승에 비례하니 $(100)^3 = 100 \times 100 \times 100 = 1{,}000{,}000$으로 계산할 수 있습니다.

바닷가에 바람이 세게 부는 까닭은?

바람에 영향을 주는 요소는 기압입니다. 기압은 공기가 단위 면적에 작용하는 힘을 말합니다. 우리는 왜 기압을 느끼지 못하는 걸까요? 기압과 같은 크기의 압력이 몸속에서 바깥으로 작용하기 때문입니다.

대기압을 1기압이라고 하고 이를 수은을 이용해 표현하면 76cmHg입니다. 수은이 등장하는 까닭은 토리첼리라는 과학자가 수은을 이용해서 세계 최초로 대기압을 측정했는데, 수은이 76cm만큼 올라갔기 때문입니다. 지금은 이 단위는 잘 쓰기 않고 헥토파스칼(hPa)을 더 많이 씁니다. 1m² 넓이에 100N의 힘이 작용할 때 1hPa이라고 합니다.

기압은 항상 같을 수가 없습니다. 공기가 끊임없이 움직이기 때문이지요. 그래서 언제 어떤 장소에서 기압을 측정했는지에 따라 바뀝니다. 높은 산에 올라가면 기압이 낮아집니다. 기압은 공기가 누르는 힘인데 높이 올라갈수록 공기의 양이 적어지기 때문에 공기가 누르는 압력도 줄어듭니다.

해발 8848m의 에베레스트의 경우 산소가 부족하고 기압도 낮아져 몸에 각종 이상 증상이 나타납니다. 기압이 떨어지면 혈액 속 헤모글로빈의 산소 포화도가 낮아져 두통, 구토, 현기증 등이 나타납니다. 이를 고산증이라고도 부릅니다. 고산증은 주로 해발 2500m부터 나타난다고 해요.

바람은 기압과 가장 관계가 깊은 날씨 현상입니다. 바람은 공기의 움직임이라고 생각하면 쉽습니다. 기압이 높은 곳에서 낮은 곳으로 공기가 이동하는데, 이것을 바람이라고 부르는 거죠.

기압은 온도와 밀접한 관계가 있습니다. 지표면이 가열되면 그 위의 공기가 따뜻해지면서 위로 상승하고 기압이 낮아집니다. 반대로 지표면의 온도가 떨어지면 공기가 아래로 내려오면서 공기가 많아져 기압이 높아지죠. 이런 식으로 두 지역의 기압 차가 클수록 바람은 세게 붑니다.

바닷가는 바다와 육지가 만나는 곳이기 때문에 바람이 강하게 붑니다.

육지는 바다보다 빨리 뜨거워지고 빨리 식는 반면 바다는 천천히 가열되고 천천히 식습니다. 이 때문에 낮과 밤에 바다와 육지에 온도 차가 생기죠. 낮에는 육지가 바다보다 빨리 가열되니 육지 위쪽의 공기가 상승합니다. 이때 그 자리로 바다 위에 있던 공기가 치고 들어오면서 바다에서 육지로 바람이 붑니다. 이를 해풍이라고 합니다.

반대로 밤에는 육지가 빨리 식고 바다는 천천히 식기 때문에 바다가 육지보다 따뜻해 그 위의 공기가 위로 상승하고 그 빈자리에 육지의 공기가 이동하면서 육지에서 바다로 바람이 붑니다. 이를 육풍이라고 합니다. 바람은 불어오는 방향에 따라 이름을 정합니다. 동풍은 동쪽에서 불어오는 바람(동쪽으로 부는 바람이 아니에요), 북풍은 북쪽에서 불어오는 바람을 말합니다.

일기 예보를 보면 '저기압의 영향으로 비가 오겠다.' '고기압의 영향으로 맑겠다.'와 같은 표현이 나오는데, 저기압은 주변보다 기압이 낮은 곳을, 고기압은 주변보다 기압이 높은 곳을 말합니다.

저기압이 형성된 곳에는 바람이 불어 들어오면서 공기가 상승하고, 이렇게 상승한 공기의 온도가 낮아지면서 수증기가 응결해 구름이 생깁니다. 그래서 흐리거나 비가 내리는 경우가 많습니다. 반대로 고기압이 형성된 곳에는 바람이 불어 나갑니다. 공기가 하강하고, 하강하는 공기의 온도는 높아져서 구름이 사라집니다. 이 때문에 하늘이 맑죠.

기단은 큰 공기 덩어리가 몰려서 다니는 것을 말합니다. 기단은 특정한 곳에서 생기는데 바다나 사람이 없는 광활한 육지 같은 넓은 곳에서 형성됩니다. 여기서 공기 덩어리가 오랫동안 머물면서 지표의 영향을 받아 특정한 기온과 습도를 갖게 됩니다.

우리나라에 영향을 주는 시베리아 기단은 시베리아 지역에서 형성된 공기 덩어리여서 기온과 습도가 낮습니다. 겨울철에 시베리아 기단이 한반도로 종종 내려오는데, 그러면 매우 춥고 건조한 날씨가 나타납니다. 반면 북태평양에서 만들어진 북태평양 기단은 기온과 습도가 높습니다. 우리나라에는 여름에 나타나는데, 그래서 무덥고 습한 날씨가 됩니다.

봄과 가을에는 양쯔강 기단의 영향을 받습니다. 양쯔강 기단은 기온은 높고 습도는 낮아서 온난 건조합니다. 봄과 가을에 따뜻하지만 건조한 날씨가 이어지는 건 양쯔강 기단의 영향을 받아서입니다. 또 초여름에는 오호츠크해에서 형성된 오호츠크해 기단의 영향을 받는데, 차갑고 습한 성질을 갖고 있습니다. 동해안에서 여름에 저온 현상이 나타날 때가 있는데, 바로 오호츠크해 때문입니다.

성질이 다른 두 기단이 만나면 경계면에 전선이 생깁니다. 전선을 경계로 기온과 습도가 크게 다르기 때문에 전선이 통과하는 지역은 날씨가 변합니다. 한랭 전선은 찬 공기가 따뜻한 공기 쪽으로 이동한 뒤 따뜻한 공기 아래쪽을 파고들어 생깁니다. 속도가 빠르고 전선면의 기울기가 급해 구름도 수직으로 솟은 적운형 구름이 만들어집니다. 그래서 좁은 지역에 소나기성 비를 뿌립니다.

온난 전선은 따뜻한 공기가 찬 공기 쪽으로 이동해 찬 공기 위에 올라가면서 만들어진 전선입니다. 속도가 느리고 전선면의 기울기가 완만해

태풍

태풍과 사이클론, 허리케인은 모두 같은 현상입니다. 모두 열대 바다에서 발생한 열대성 저기압을 가리키는 용어이지요. 다만 발생 지역에 따라 명칭을 다르게 쓰고 있습니다. 북태평양 남서부에서 발생하면 태풍으로, 북대서양과 북태평양 중동부에서 발생하면 허리케인으로, 인도양에서 발생하면 사이클론이라고 부릅니다.

우리나라를 포함한 14개 국가는 태풍의 영향권에 들어 태풍이라고 부릅니다. 국내에서 태풍이 발생하는 시기는 4~10월입니다. 태풍의 이름은 우리나라를 포함해 14개 국가에서 10개씩 제출한 이름을 모아서 발생 순서대로 붙입니다.

구름도 옆으로 넓적한 층운형 구름이 생깁니다. 그래서 넓은 지역에 비를 지속으로 뿌립니다.

우리나라는 삼면이 바다로 둘러싸여 있고, 북쪽으로는 대륙에 연결돼 있습니다. 그래서 해양과 대륙의 영향을 동시에 받습니다. 겨울에는 대륙의 영향을 받아 한랭 건조한 날씨가, 여름에는 해양의 영향을 받아 고온 다습한 날씨가 나타납니다.

지구 전체로 보면 우리나라는 중위도 지역에 속합니다. 이 지역에서는 고위도 지역의 차가운 공기와 저위도 지역의 따뜻한 공기가 만나기 때문에 전선이 형성되고(이를 온대 저기압이라고 부릅니다) 이에 따라 날씨가 계속 바뀝니다.

봄에는 대체로 건조하고 황사가 나타나며 꽃샘추위도 있습니다. 여름에는 고온 다습하고 장마가 발생하죠. 최저 기온이 25℃ 이하로 내려가지 않는 열대야나 태풍도 발생합니다. 가을에는 맑고 낮과 밤의 일교차가 큽니다. 겨울에는 한파, 폭설 등 시베리아 기단의 세력이 커지면서 추운 날씨가 이어집니다.

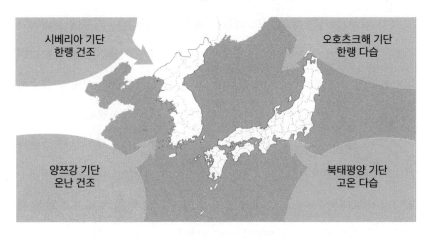

한반도에 영향을 끼치는 4개 기단

시베리아 기단
한랭 건조

오호츠크해 기단
한랭 다습

양쯔강 기단
온난 건조

북태평양 기단
고온 다습

지구 온난화가 왜 문제일까?

태양은 지구에 어떻게 에너지를 보낼까요? 이때 사용되는 에너지 전달 방식이 '복사'입니다. 물체가 어떤 온도에 도달하면 그에 해당하는 만큼의 복사 에너지를 갖는데, 이 에너지를 방출하거나 흡수합니다. 복사 외에 에너지를 전달하는 방식으로 대류와 전도가 있습니다. 복사, 대류, 전도의 차이는 앞 단원을 참고하세요.

태양과 지구는 복사 에너지를 주고받습니다. 물체가 흡수한 복사 에너지의 양과 방출한 복사 에너지의 양이 같으면 물체의 온도가 일정하게 유지되는데, 이 상태를 복사 평형이라고 부릅니다. 태양과 지구는 복사 에너지를 방출합니다. 지구는 흡수한 태양 복사 에너지만큼 지구 복사 에너지를 방출해야 복사 평형을 이룰 수 있습니다.

복사 평형을 이룰 때 대기의 역할이 매우 중요합니다. 지구에는 대기가 존재하는 기권이 있습니다. 태양의 복사 에너지가 지표면에 도달하려면 대기가 있는 기권을 통과해야 합니다. 마찬가지로 지구가 이렇게 흡수한 복사 에너지를 다시 우주로 방출하려면 기권을 통과해야 합니다.

지구가 복사 에너지를 내보낼 때 대기가 이 에너지를 대부분 흡수했다가 일부는 지표로 나머지는 우주로 방출합니다. 대기가 에너지를 머금고 있다가 내보내는 것이죠. 그래서 온도 변화가 심하지 않고 대기가 없을 때보다 높은 온도에서 복사 평형이 이뤄집니다.

달처럼 대기가 없는 경우에는 태양 복사 에너지가 직접 달 표면에 흡수됩니다. 그래서 달은 이 복사 에너지를 그대로 우주로 방출하기 때문에 낮과 밤의 온도 변화가 매우 큽니다. 태양이 내리쬐면 영상 130도까지 올랐다가 태양이 없으면 영하 130도까지 떨어지죠.

태양 복사 에너지가 지구에 들어올 때 30% 정도는 우주로 바로 반사되고 70% 정도가 지구로 흡수되죠. 이 70% 중에서 50%는 지표면에 흡수되고 나머지 20%가 대기층에 흡수됩니다. 이렇게 지구에 흡수된 태양 복사 에너지는 일부만 우주로 다시 방출되고 나머지는 대기에 흡수됐다가 다시 지표와 우주로 방출됩니다.

지구에 기권, 즉 대기가 존재하기 때문에 지표면에서 방출하는 복사 에너지를 대기가 흡수했다가 전부 우주로 보내지 않고 지표로도 방출하는 겁니다. 이 때문에 지구의 평균 기온이 높아지는 온실 효과가 일어납니다.

대기가 있어서 기온이 급격하게 오르내리지 않고 일정 온도로 유지해 주기 때문에 생명체도 살아갈 수 있습니다. 문제는 대기 중에 산소, 질소 외에 이산화탄소, 메테인 같은 기체들이 늘어나면 이들 기체가 지구 복사 에너지를 더 잘 흡수하고 지표면으로 반사하는 복사 에너지가 늘어나면서 온실 효과가 강화된다는 겁니다.

대기 중에 온실 가스가 늘어나면 대기가 흡수하는 지구 복사 에너지 양이 늘어나고, 자동으로 대기가 지표로 방출하는 복사 에너지 양이 증가합니다. 온실 효과가 강화돼 지구 평균 기온이 상승하겠죠.

산업화가 본격화된 1960년 이후 지구의 평균 기온은 서서히 올랐습니다. 산업화에 따라 공장과 자동차 등에서 내뿜는 이산화탄소가 갈수록 늘어났고, 그 결과 지구가 점점 더워졌습니다. 1960년 지구의 평균 기온은 14도 수준이었지만, 지금은 15도까지 올랐습니다. 지난 100년을 기준으로 하면 평균 1.5도가 오른 것이죠.

이 시기 대기 중 이산화탄소 농도도 꾸준히 증가해서 1960년 300ppm 수준의 이산화탄소가 2020년에는 400ppm을 넘어섰습니다. 이산화탄소 같은 온실가스가 지구의 온실 효과를 강화하고 이에 따라 지구 온난화를 일으킨다는 증거입니다.

지구 온난화를 걱정하는 이유는 결국 인간의 생존이 위협받기 때문입니다. 지구의 평균 기온이 올라가면 극지방의 빙하가 녹아 바다로 흘러 들어갈 것이고 바닷물의 양이 늘어나 해수면이 상승하게 됩니다. 해수면이 상승하면 해안가의 저지대는 물에 잠기고 물에 잠기는 지역이 늘어날수록 육지의 면적이 줄어들죠. 극단적인 경우에는 육지의 상당 부분이 물에 잠겨 사람이 살 수 없게 됩니다.

기상 이변이 일어나는 횟수와 강도가 증가합니다. 한 번도 겪어 보지 못했던 초강력 태풍이 몰아치고, 극심한 홍수와 가뭄이 나타나 인류의 목숨을 앗아갈 수 있습니다. 이미 지구 온난화에 의한 기상 이변의 징조는 지구촌 곳곳에서 나타나고 있습니다. 이런 영향이 오랫동안 쌓이면 환경이 변하면서 생태계가 변하게 되고 이는 인간의 생활에 막대한 영향을 미치게 됩니다.

우리나라는 온대 기후로 여름과 겨울이 있습니다. 한반도 남쪽의 제주도에서는 열대와 아열대에서만 자라는 나무가 발견되고, 연평균 기온과 연강수량이 동남아와 같은 아열대 지역과 비슷해지는 등 온난화의 징후가 계속 확인되고 있습니다. 이런 기후 변화를 현실로 받아들인 일부 지역에서는 아예 아열대 작물을 재배하기도 합니다. 충북 영동에서는 중남미가 원산지인 용과를, 충주에서는 브라질이 원산지인 패션 프루트를 재배하고 있으니까요. 남쪽의 전남 여수에서만 자라던 동백꽃이 서울에서 핀 지는 10년이 넘었습니다.

2020년 환경부와 기상청은 한반도의 기온 상승폭이 지구 전체 평균의 2배 수준이어서 2100년이 되면 국내에서 사과와 배를 재배할 수 없을 것이라는 전망을 내놓기도 했습니다. 이대로라면 해수면 온도가 계속 올라

김 양식도 할 수 없고, 열대 과일과 열대 어종이 주력 품종이 될 것입니다. 아열대 기후가 되면 동남아의 풍토병인 뎅기열을 일으키는 흰줄숲모기가 한반도에 정착하기 쉬운데 우리나라에서도 풍토병이 될 수 있다고도 경고했습니다.

오로라와 타이타닉

1912년 세계 최대 초호화 여객선인 타이타닉호가 빙산과 충돌해 북대서양의 깊은 바다에 가라앉았습니다. 당시 1514명이 목숨을 잃었습니다. 타이타닉호는 당시 최고 운항 기술이 탑재되어 있었고, 사고에 의문점을 가진 과학자들은 타이타닉호가 어째서 빙산을 피하지 못하고 충돌했는지 원인을 찾아왔습니다.

2020년 미국 연구진은 당시 태양 표면의 폭발 활동이 활발해 지자기 폭풍이 심하게 발생했고, 이에 따라 타이타닉호의 항해 시스템에 문제가 생긴 게 사고의 원인이라는 연구 결과를 발표했습니다. 태양 활동이 활발해지면 태양 입자 방출이 늘어나 오로라도 자주 관측됩니다. 연구진은 타이타닉호 침몰 당시 하늘에서 오로라가 매우 밝게 빛났다는 사실을 찾아냈습니다. 이는 강한 지자기 폭풍이 발생했다는 뜻으로 타이타닉호에 설치된 나침반이 기능을 상실했을 수 있다고 설명했습니다. 또 지자기 폭풍으로 다른 배들과의 통신도 원활하지 않아 타이타닉호의 구조 요청이 즉시 전달되지 않았을 것이라고 했습니다.

실제로 태양 활동이 활발해져 흑점이 폭발하면 태양에서 방출된 입자들이 무선 통신을 방해합니다. 이 때문에 위성위치항법시스템(GPS)이나 항공기 통신이 교란되는 경우가 생길 수 있습니다.

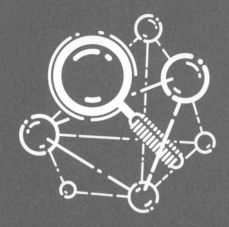

지구와 태양계

19

지동설과 천동설

갈릴레오의 "그래도 지구는 돈다."

인류는 왜
우주를 연구할까?

갈릴레오 갈릴레이는 지동설을 주장했습니다. 그런데 그 당시는 지구가 세상의 중심이라는 세계관이 지배적이었기 때문에 태양도 지구를 중심으로 돈다는 '천동설'을 믿었습니다. 그런데도 갈릴레오가 지동설이 옳다고 믿었던 데는 이유가 있었습니다. 망원경으로 하늘을 관측하면서 달과 목성의 위성들의 움직임은 천동설로는 아무리 대입을 해 봐도 설명이 안 되었기 때문입니다. 관측이 과학의 발전에 얼마나 중요한 영향을 끼치는지 보여 주는 사례입니다.

타이타닉호 사고는 태양
때문이었을까?

태양계의 중심인 태양부터 시작해 보겠습니다. 태양계를 이해할 때 우선 기억해야 할 개념이 있습니다. '행성'과 '항성'입니다. 행성은 쉽게 말해 스스로 빛을 낼 수 없는 천체를 말합니다. 태양계에서는 태양을 제외하고 모두 행성입니다. 수성, 금성, 지구, 화성, 목성, 토성, 천왕성, 해왕성 이렇게 8개 천체(태양에서 가까운 순서예요)가 모두 행성이라는 뜻입니다.

지구는 태양으로부터 빛을 받아서 생명체가 생명을 유지하고 있습니다. 만에 하나 태양이 사라진다면 지구의 생명체는 존재할 수 없죠. 날씨 변화도 나타나지 않을 겁니다. 태양과 날씨의 관계는 나중에 대기를 다룰 때 자세히 이야기하겠습니다. 생각을 거듭하다 보면 아예 지구라는 행성 자체가 존재하지 않을 수도 있다는 결론에 이르게 될 거예요. 태양이 없으면 어떤 일이 벌어질지 상상해 보는 일 자체가 태양의 역할과 지구의 생태계가 어떤 상호 작용을 하는지 이해하는 데 도움이 됩니다.

태양계 행성은 예전에는 9개였습니다. 해왕성 다음으로 태양계의 마지막 행성으로 명왕성이 포함되었죠. 그런데 2006년 국제천문연맹(IAU)에서 명왕성은 태양계 행성이 아니라고 공식적으로 발표하면서 명왕성은 태양계 행성이 아니게 됐습니다. 그래서 지금 과학 교과서에서 명왕성은 태양계 행성에서 빠져 있습니다.

태양계 구성도

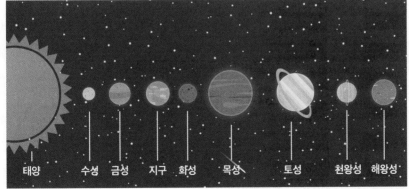

명왕성의 자격이 박탈당한 데는 몇 가지 이유가 있습니다. 태양계 행성이 되려면 일단 태양을 중심으로 공전해야 합니다. 대부분은 원에 가까운 모양을 그리며 돕니다. 그런데 명왕성의 공전 궤도 모양은 길쭉한 타원입니다. 그러다 보니 가끔 해왕성 궤도 안쪽에 들어가는 일도 벌어집니다. 게다가 공전 궤도면도 다른 행성보다 너무 기울어져 있습니다. 그래서 과학자들은 명왕성을 태양계 행성으로 보기는 애매하다는 의견을 냈습니다.

결정적인 사건은 명왕성보다 큰 천체가 태양계에서 발견된 일이었습니다. 따지고 보면 이 또한 관측 기술 발달로 생긴 일입니다. 고성능 천체 망원경이 개발되면서 더 멀리 있는 천체를 찾아낼 수 있게 되었고, 그러면서 '제나'를 포함해 명왕성보다 큰 천체가 3개나 발견됐습니다. 결국 명왕성은 행성의 지위를 잃고 '왜소 행성'으로 강등됐습니다.

항성은 행성과 달리 스스로 빛을 내는 천체입니다. 태양이 대표적이죠. 태양이 빛을 내는 원리는 핵융합입니다. 원자력 발전소가 핵분열을 이용해서 전기 에너지를 만들어 낸다면, 태양은 핵융합을 이용해서 빛 에너지를 만들고 이는 지구 생명체가 생명을 유지하는 원천이 됩니다. 핵융합과 핵분열의 차이는 고등학교 과학 교과 과정에 나오니 잠깐 그 차이를 설명하겠습니다.

핵융합은 핵이 서로 합쳐지는(융합) 반응이 일어나면서 생기는 에너지입니다. 가벼운 원자가 결합하면서 무거운 원자가 되는데, 이 과정에서 에너지를 내는 것이죠. 태양에서는 수소(H) 원자 4개가 헬륨(He) 원자 1개와 중성자 1개로 바뀌는 핵융합 반응이 일어나는 데 이때 엄청난 에너지를 만듭니다.

핵융합 반응이 일어나려면 어마어마하게 높은 온도가 필요한데, 태양은 중심부 온도가 1500만 도를 넘을 만큼 매우 뜨겁고 압력도 높아 외부에서 뭘 더 해주지 않아도 자연스럽게 핵융합 반응이 일어납니다.

핵융합 반응으로 얻는 에너지는 청정 에너지에 해당합니다. 반응 과정에서 온실가스 같은 부산물이 나오지 않기 때문입니다. 그래서 인류는 지구에서도 핵융합 에너지를 얻으려고 실험을 거듭하고 있습니다. ITER(보통 '이터'로 읽습니다)라는 국제 핵융합 실험로가 프랑스 남부에 지어지고 있는데, 우리나라도 여기에 참여해 중요한 역할을 하고 있습니다.

대전에 있는 한국 핵융합 에너지 연구원은 KSTAR('케이스타'라고 읽습니다)라는 초전도 핵융합 연구 장치를 만들어서 핵융합 에너지를 만들어 쓰는 게 가능한지 시험하고 있습니다. 태양처럼 고온 고압 조건을 만들어 주기 때문에 '인공 태양'이라고도 불립니다. 온도는 1억 도 이상 올려야 해서 결코 쉬운 기술은 아닙니다. 하지만 과학자들은 핵융합 에너지를 이용해 전기를 얻을 수 있는 핵융합 발전이 인류와 지구의 미래를 위해 필요하다고 생각하고 있습니다.

지구에 사는 인류가 언제까지 문명을 유지할지는 알 수 없지만, 태양에 남아 있는 수소의 양을 계산해 보면 앞으로 약 50억 년은 태양이 계속 핵융합 반응을 일으키며 살아 있을 것이라고 합니다.

핵분열은 핵융합과 반대로 무거운 원소가 쪼개지면서(분열) 가벼운 원소로 바뀌고 이 과정에서 에너지를 방출합니다. 핵분열에 사용되는 원소는 우라늄이 대표적입니다. 핵분열에서 생긴 에너지를 이용해 전기로 바꾸는 게 원자력 발전소입니다. 석탄을 때는 화력 발전보다 효율이 훨씬 높죠. 핵분열 반응이 연쇄적으로 계속 일어나기 때문에 많은 에너지가 만들어집니다.

원전에 대한 우려도 있습니다. 핵분열 반응을 일으키고 나오는 부산물을 핵 폐기물이라고도 하는데, 여기에 방사성 원소가 들어 있습니다. 만약 인체가 이런 방사성 원소에 노출될 경우 문제가 나타날 수 있습니다. 그래서 발전에 사용하는 핵 연료봉을 다 쓰고 난 뒤에는 방사성 원소가 외부로 누출되지 못하도록 매우 깊은 물속에 넣어서 보관합니다.

참고로 원전은 주로 물을 끌어다 쓰기 좋은 바닷가에 많이 짓습니다. 핵분열이 일어날 때 열이 많이 발생하는데, 이 열을 제거하는 데 물을 쓰기 때문입니다. 우리나라 원전은 동해안(월성원전, 한울원전, 고리원전)과 서해안(한빛원전)에 있습니다.

다시 태양 얘기로 돌아오겠습니다. 태양은 끊임없이 핵융합 반응을 일으키며 한시도 쉬지 않고 활동합니다. 태양 표면의 평균 온도는 약 6000℃에 이른다고 합니다. 이보다 상대적으로 온도가 낮아 어둡게 보이는 부분이 있는데, 이를 흑점이라고 하죠. 태양 표면과 닿은 대기에서는 표면에서 솟아오른 불꽃이나 고리 모양의 홍염도 나타나고, 흑점이 폭발해서 순간적으로 매우 밝아지는 플레어도 보입니다. 태양에서는 고온의 입자가 매우 빠른 속도로 우주 공간으로 방출되는데, 이를 태양풍이라고 합니다.

태양의 이런 활동은 지구의 날씨와 관련이 많습니다. 극지방에서 볼 수 있는 초록색의 오로라는 아름답게 보이지만, 사실 태양에서 날아온 입자들이 지구 대기에 부딪쳐 만든 현상입니다. 오로라가 화려하고 자주 나타날수록 태양풍이 강하다는 뜻이고, 이는 태양 활동이 활발하다는 증거입니다.

태양 활동은 지구에 피해를 입히기도 합니다. 태양풍이 강해지면 태양 폭풍으로 불리는데, 태양 폭풍은 무선 전파 통신에 장애를 일으키거나 인공위성을 고장 낼 수도 있습니다. 이 경우 비행기나 선박의 통신이 끊어져 큰 사고로 이어질 수 있죠. 송전 시설에 영향을 주면 대규모 정전이 일어나기도 합니다. 태양은 흑점의 개수로 활동 강도를 예상하는데, 대개 11년을 주기로 흑점 수가 많아졌다 줄어들기를 반복하고 있습니다.

세계 각국은 태양의 활동에 따른 우주 날씨를 예보하고 있고, 우리나라도 국립전파연구원 우주전파센터에서 우주 날씨를 예보하고 있습니다. 2018년에 미국항공우주국(NASA)은 태양 대기를 뚫고 들어가 태양을 관측하는 탐사선 '파커(Parker)'를 발사했지요. 파커는 현재 태양의 뜨거운 열기를 견디며 태양 주변을 돌며 탐사를 진행하고 있습니다. 파커는 태양에 타지 않기 위해 첨단 냉각 시스템을 갖추고 있습니다.

지구의 크기는 어떻게 잴까?

지구는 태양을 중심으로 일 년에 한 바퀴씩 도는 공전 운동을 하지만, 하루에 한 바퀴씩 스스로 회전하는 자전 운동도 합니다. 지구가 자전한다는 증거는 하늘에서도 찾을 수 있죠. 북두칠성을 관측하면 북극성을 중심으로 원을 그리며 운동합니다. 이를 '일주 운동'이라고 부릅니다. 지구가 자전하지 않는다면 일주 운동은 일어날 수 없죠.

지구가 서쪽에서 동쪽으로 움직이고, 이에 따라 북두칠성도 원을 그리며 도는 것처럼 보입니다. 만약 지구가 자전하지 않고 가만히 있다면 북두칠성도 계속 같은 자리에 있는 것으로 보일 겁니다. 일주 운동의 방향은 어느 방향에 있는 천체를 보는지에 따라 달라집니다. 북쪽 하늘을 보면 북극성이 반시계 방향으로 도는 것처럼 보입니다. 그런데 남쪽 하늘을 보면 동쪽에서 서쪽으로 움직이는 것처럼 보이죠.

지구가 공전하는 증거도 하늘에서 찾을 수 있습니다. 지구는 일 년에 한 바퀴씩 서쪽에서 동쪽으로 공전합니다. 지구의 자전도, 공전도 모두 서쪽에서 동쪽 방향으로 일어납니다. 자전과 마찬가지로 북두칠성을 생각해 보겠습니다. 지구가 공전하기 때문에 일 년 뒤에 이 별은 처음에 있던 자리에 그대로 되돌아 올 겁니다. 이를 '연주 운동'이라고 합니다.

계절에 따라 보이는 별자리가 다른 것도 지구가 공전하기 때문입니다. 지구와 태양의 위치에 따라서 지구-태양-별의 순서로 놓이면 별은 지구에서 보이지 않습니다. 별-지구-태양 순서로 놓여야 별을 볼 수 있습니다.

과학자들은 태양이 지나가는 가상의 길을 '황도'라고 부르고 황도에 놓인 별자리를 황도 12궁이라고 부르는데, 1월은 궁수자리, 2월은 염소자리, 3월은 물병자리 등을 태양이 지나갑니다. 별자리 운세를 볼 때 월과 별자리를 짝지은 것도 이렇게 나왔습니다. 황도 12궁은 외우기보다는 몇월에 어떤 별자리가 보이는지 그림을 보고 말할 수 있으면 됩니다. 9월에 사자자리는 태양 쪽에 있어서 보이지 않지만, 그 반대편에 있는 물병자리는 한밤중에 볼 수 있습니다.

지구의 자전과 공전 외에 지구의 크기를 측정하는 법을 이해하고 있으면 도움이 됩니다. 지금은 우주에 인공위성을 쏘는 시대이니 얼마든지 우주에서 지구의 크기를 확인할 수 있습니다. 하지만 지구 둘레를 처음으로 잰 것은 기원전입니다. 고대 그리스의 에라토스테네스가 나무 막대기 하나로 아주 쉽게 지구 둘레를 측정했습니다.

원리는 생각보다 간단합니다. 일단 지구 둘레를 측정하기 전에 지구 모양부터 따져 봅니다. 당시 사람들은 지구가 어떤 모양이라고 생각했을까요? 전체 모양은 본 적도 없고 보는 것도 불가능했으니 여러 가지 현상으로 지구 모양을 추정할 수밖에 없었습니다. 지구가 둥근 공 모양이라고 생각한 최초의 인물은 피타고라스였다고 합니다.

에라토스테네스는 지구가 둥글고 지구 표면에 들어오는 햇빛이 평행하다고 가정한 뒤 하짓날 정오 알렉산드리아에서 햇빛이 비치는 각도와 시에네라는 도시까지 거리를 측정했습니다. 그리고 원에서 부채꼴의 중심각의 크기(θ)가 호의 길이(l)에 정비례한다는 원리를 이용해 식을 만들었습니다. 비례식을 이용해 〈360°:지구의 둘레(2πR)＝ :1〉로 세운 것입니다.

에라토스테네스는 알렉산드리아에서 시에네까지는 낙타로 50일 걸리고, 낙타는 하루 평균 100스타디아(stadia)*를 움직인다고 계산한 것으로 알려져 있습니다. 여담이지만, 이런 이유로 과학사학자들 중에는 에라토스테네스가 지구 둘레를 직접 측정했다는 점에 석연치 않은 구석이 많다고 주장합니다.

지구와 함께 태양계 8개 행성은 각각 특징이 있습니다. 일단 수성은 태양에서 가장 가깝습니다. 8개 행성 중 크기는 가장 작죠. 금성은 크기와 질량이 지구와 비슷합니다. 태양에 가까워 생명체가 살 가능성은 희박하지요.

생명체 존재 가능성이 거론되는 곳은 '붉은 행성'으로 불리는 화성입니다. 미국, 중국, 러시아 등이 화성 탐사에 나서는 이유도 물이 흘렀을 가능성과 이에 따른 생명체 존재 가능성을 찾기 위해섭니다. 지구에서 인류가 살 수 없고 다른 행성으로 옮겨가야 한다면 화성이 첫 번째 후보지입니다. 기회가 된다면 영화로도 제작된 소설 《마션》을 읽어 보길 추천합니다. 화성에서 인간이 살 수 있을지 매우 생생하게 다루고 있어요.

목성은 태양계 행성 가운데 가장 큽니다. 위성도 많이 있는데, 갈릴레

● 고대 국가에서 사용한 거리 단위

오도 목성의 위성을 4개나 발견했습니다. '대적점'이라고 불리는 형태가 나타나는데, 대기의 소용돌이 때문에 만들어졌습니다.

토성은 익히 알려진 대로 유일하게 고리가 있는 행성입니다. 이 고리는 암석 조각과 얼음 알갱이로 이뤄져 있습니다. 천왕성은 헬륨과 메테인이 있어서 청록색으로 보입니다. 해왕성도 천왕성처럼 파란색으로 보입니다.

인류가 이런 사실들을 알아낼 수 있었던 것은 '보이저 1호'와 '보이저 2호' 덕분입니다. 행성은 너무 멀리 있어서 지상의 천체 망원경으로는 관측하는 것에 한계가 있었습니다. 우주에 띄운 우주 망원경도 마찬가지였죠. 보이저 1, 2호는 쌍둥이 탐사선으로 1977년 태양계 행성을 탐사하기 위해 미국항공우주국이 우주로 보냈고, 이후 목성과 토성, 천왕성, 해왕성 등을 차례로 지나며 많은 자료와 사진을 지구로 보냈습니다. 이들 두 탐사선은 현재 태양계를 벗어나 성간 우주를 비행하고 있습니다.

에라토스테네스의 지구 크기 측정법

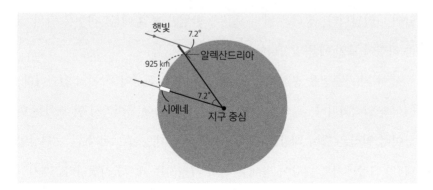

인류는 왜 달에 가는 걸까?

달은 지구와 가장 가까이 있는 천체이자 인류가 태양계에서 지구 이외에 밟아 본 첫 땅이기도 합니다. 달 표면이 울퉁불퉁하다는 사실은 갈릴레오가 처음 확인했습니다. 망원경을 손에 넣은 갈릴레오는 8~9배 배율의 망원경을 직접 만들었고, 종탑에 올라가서 이곳저곳을 관측했습니다. 갈릴레오는 달을 시작으로 목성의 위성, 금성의 상변화 등을 관측했습니다.

달은 지구를 중심으로 약 한 달에 한 바퀴 공전합니다. 그래서 달의 모양이 한 달을 주기로 일정하게 바뀝니다. 달도 스스로 빛을 낼 수 없기 때문에 우리가 보는 달의 모습은 태양에서 받은 빛이 반사되어 보이는 겁니다.

달의 모양은 삭, 망, 상현, 하현으로 구분하는데, 이를 달의 위상이라고 부릅니다. 달의 위상이 삭일 때는 달이 보이지 않습니다. 달이 지구와 태양 사이에 있어서(지구–달–태양) 달 그림자가 보이지 않죠.

반대로 망일 때는 달이 태양의 반대편에 있어서(달-지구-태양) 둥근 보름달이 나타납니다. 상현은 달의 오른쪽 반원만 보일 때를, 하현은 달의 왼쪽 하현이 보일 때를 말합니다.

달이 지구 주변을 공전하기 때문에 나타나는 현상이 두 가지 있습니다. 월식과 일식입니다. 월식은 달이 지구 그림자 속에 들어가서 안 보이는 현상이며 일식은 달이 태양을 가려서 지구에서 태양이 보이지 않는 현상입니다. 그중에서도 태양이 달에 완전히 가려지는 개기일식입니다. 개기일식은 갑자기 하늘이 어두컴컴해지면서 한순간에 세상의 풍경이 바뀌는 만큼 한 번 경험하면 평생 잊을 수 없을 만큼 멋지다고 합니다.

개기일식은 약 18개월마다 한 번씩 나타나기긴 하지만, 실제로 이렇게 자주 관측할 수 없습니다. 개기일식을 관측할 수 있는 지역이 매번 다르기 때문입니다. 2021년 12월에도 개기일식이 나타나지만 호주 최남단이나 남극에 가야 관측할 수 있습니다.

달은 인류에게 매우 특별한 천체입니다. 1969년 미국의 우주인들은 인류 역사상 처음으로 달에 도착했고, 이는 정치적, 사회적, 경제적, 철학적으로도 엄청난 변화의 계기가 됐습니다. 당시 미국과 옛 소련은 서로의 국력을 과시하는 수단으로 우주 개발에 힘을 기울였습니다. 이런 냉전 시대(cold war)의 성과가 인류의 최초 달 착륙이었습니다.

미국이 이런 엄청난 목표를 세운 배경은 1957년 소련이 인류 역사상 처음으로 인공위성인 '스푸트니크'를 쏘아 올렸기 때문입니다. 소련을 앞지르기 위해 인류를 달에 보내겠다는 목표를 세웠고, 결국 성공합니다. 참고로 러시아는 자국이 만든 코로나19 백신 이름도 이 스푸트니크의 이름을 따서 '스푸트니크 V'로 붙였습니다. 그만큼 스푸트니크는 러시아 과학기술의 상징이자 자존심 같은 존재입니다.

우주의 탄생

20

우주에 끝이 있을까?

$\vdots$

태양계는 어떻게 이뤄져 있을까?

끝도 없이
팽창하는 우주

우주는 어떻게 생겼을까요? 우리가 사는 지구는 언제, 어떻게 만들어졌을까요? 인간은 언제 출현했을까요? 과학자들은 이에 대한 대답을 찾기 위해 지금도 탐구를 이어가고 있습니다. 현재는 빅뱅 이론이 우주의 탄생을 설명하는 가장 설득력 있는 이론으로 받아들여지고 있습니다.

태양계의 주인은 누구일까?

지구는 태양계에 속해 있습니다. 태양계는 태양을 중심으로 공전하는 천체들이 모여 있는 지역을 말합니다. 모두 타원형 궤도로 돌고 있지만, 긴 축과 짧은 축의 길이(타원의 모양), 타원형 궤도가 태양과 얼마나 기울어져(궤도각) 있는지는 저마다 다릅니다.

태양계의 대표적인 구성 요소는 지구와 같은 행성입니다. 태양에서부터 가까운 순서대로 수성, 금성, 지구, 화성, 목성, 토성, 천왕성, 해왕성

빅뱅

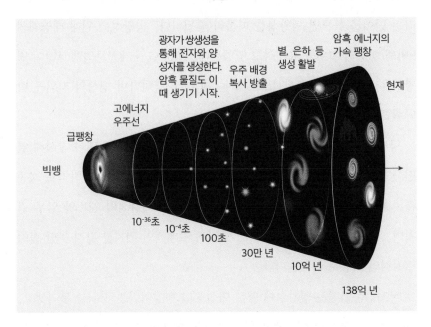

이렇게 8개 행성이 태양을 중심으로 돌고 있습니다. 수성과 금성은 지구보다 안쪽 궤도를 돌아서 내행성이라고 하고, 화성, 목성, 토성, 천왕성, 해왕성처럼 지구 바깥 궤도를 도는 외행성으로 구분합니다.

태양계 8개 행성은 특성에 따라 구분하기도 합니다. 목성형 행성으로 불리는 목성, 토성, 천왕성, 해왕성은 지구 질량의 10배 이상에 지름도 4배 이상으로 커서 크고 무거운 행성이라고 생각하면 됩니다. 나머지 수성, 금성, 지구, 화성은 지구형 행성으로 분류됩니다. 목성형 행성과 달리 질량이 작고 밀도가 큽니다.

왜소행성(Dwarf Planet)이라고 불리는 행성보다 지위가 한 단계 낮은 천체도 있습니다. 얼핏 행성처럼 보이지만 행성보다 작습니다. 왜소행성이라는 단어를 들으면 명왕성을 떠올리면 됩니다. 명왕성은 원래 태양계의 9번째 행성의 지위를 유지하고 있었는데, 2006년 국제천문연맹(IAU)이 명왕성은 행성보다 왜소행성으로 보는 게 더 타당하다며 행성의 지위를 박탈했습니다.

당시 국제천문연맹 총회에는 전 세계 천문학자 2500여 명이 참석해 열띤 공개 토론을 벌였고, 결국 명왕성을 태양계 행성에서 퇴출하기로 최종 결론 내렸습니다. 질량(무게)이 충분치 못하고, 해왕성의 궤도와 일부 겹치며, 주변에 비슷한 크기의 천체가 있어 지배적인 위치를 갖지 못한 점이 결정적인 이유로 꼽혔습니다.

국제천문연맹은 명왕성에 행성 대신 왜소행성이라는 지위를 부여했고, 그러면서 그때까지 행성에 끼워 주기에는 애매하지만 그렇다고 소행성도 아닌 다른 천체들까지 왜소행성에 포함시켰습니다.

왜소행성은 태양을 공전하고, 자체 중력이 있어 행성처럼 구형을 가질 수 있을 만큼의 질량을 가져야 합니다. 또한 다른 행성의 위성이어도 안 됩니다. 지금까지 국제천문연맹이 왜소행성으로 인정한 천체는 명왕성을 포함해 세레스, 에리스, 마케마케, 하우메아 등 총 5개입니다. 2007년 미국항공우주국(NASA)은 탐사선 '돈(Dawn)'을 왜소행성인 세레스로 보냈습니다.

태양계에는 위성도 있습니다. 태양계 행성 8개 가운데 수성과 금성을 제외한 6개 행성은 모두 위성을 가지고 있습니다. 지구의 위성은 달입니다. **화성**(포보스, 데이모스), **목성**(이오, 유로파, 가니메데, 칼리스토), **토성**(미마스, 엔셀라두스, 테티스, 디오네, 레아, 타이탄, 히페리온, 이아페투스, 포에베), **천왕성**(퍽, 미란다, 아리엘, 움브리엘, 티타니아, 오베론), **해왕성**(트리톤, 네레이드), **명왕성**(카론)도 모두 위성을 가지고 있습니다. 여기 나열한 위성은 대표적인 것만 나열한 것이고 지금도 위성은 계속 발견되고 있습니다. 태양계 위성을 모두 합치면 100개가 넘을 것으로 예상됩니다.

태양계에는 행성, 왜소행성, 행성의 위성 외에도 소행성이 있습니다. 화성과 목성 궤도 사이에는 소행들이 잔뜩 모여 있는데, 이 지역을 '소행성대'로 부릅니다. 소행성은 구형으로 생기지 않고 대부분 찌그러진 감자 모양으로 생겼는데, 이런 소행성들 중에는 지구 궤도를 가로지르는 것들이 있습니다. 그래서 지구와 충돌하지 않도록 소행성을 감시해야 하죠.

한때 지구를 지배한 공룡을 사라지게 한 가장 직접적인 원인이 소행성 충돌이라는 주장도 있습니다. 그간 공룡이 멸종한 이유가 소행성 충돌이나 화산 폭발 때문이었을 것이라는 주장이 팽팽히 맞서 왔는데, 최근 과학자들은 소행성 충돌이 더 가능성이 크다고 보고 있습니다. 소행성이 충돌하면서 지구에 급격한 환경 변화가 일어났고 이로 인해 대멸종이 일어났다는 거죠.

혜성도 태양계를 구성하는 일원입니다. 혜성은 고체 성분으로 이뤄진 상대적으로 작은 천체입니다. 혜성은 다른 천체와 달리 꼬리를 가진 구조여서 '꼬리별'이라고 불리는데, 동서양을 막론하고 오래전부터 혜성은 재앙의 조짐을 가져다주는 존재로 여겨졌습니다. 하늘에서 혜성이 관측되면 안 좋은 일이 생긴다는 거죠. 가장 유명한 핼리 혜성은 76년마다 지구에서 관측할 수 있는데 1910년에 이어 1986년에 나타났으니 다음번 관측 시기는 2062년입니다.

사실 태양계의 주인은 이름에서도 짐작하듯이 태양입니다. 태양계 질량의 약 99.85%를 태양이 차지하고 있죠. 행성 8개를 다 합쳐도 약 0.135%입니다. 그리고 나머지를 위성, 소행성, 혜성 등이 차지하고 있습니다.

태양계 끝 너머엔 뭐가 있을까?

이제 지구에서 우주선을 타고 출발해 태양계 끝까지 여행한다고 상상해 봅시다. 태양계 끝 너머에는 뭐가 있을까요? 지구가 속한 태양계는 수천억 개의 별이 모여 있는 거대한 집단입니다. 태양계가 속한 은하를 '우리은하'라고 부르는데, 우리은하를 계속 여행하는 셈입니다.

우리은하는 막대 나선 모양을 이루고 있습니다. 중심부에는 별들이 모여서 막대 모양을 이루고 있고, 막대 끝에는 소용돌이치는 나선 모양의 팔이 있습니다. 태양계는 우리은하 중심부에 있지 않고 바깥쪽으로 떨어진 지점에 있습니다. 하늘을 자세히 보면 뿌옇게 보이는 부분이 있는데 바로 은하수입니다. 은하수는 지구에서 본 우리은하의 일부입니다. 우리은하의 기준에서 보면 지구는 정말 작은 하나의 구성 요소라는 생각이 듭니다.

우리은하는 별, 성간 물질, 성단, 성운으로 이뤄져 있습니다. 단어의 한자 뜻을 생각하면 기억하기 쉽습니다. 성간 물질은 별과 별 사이에 존재하는 가스나 먼지입니다.

성단은 수많은 별이 모여 집단을 이루고 있는 것을 말합니다. 별들이 빽빽하게 모여 있다 보니 지구에서 관측하면 공 모양처럼 별이 몰려 있습니다. 이런 성단을 구상 성단이라고 부릅니다. 반대로 듬성듬성 별이 엉성하게 흩어진 성단도 있습니다. 이런 성단은 산개 성단이라고 하죠.

산개 성단은 우리은하의 나선팔 영역에 있는데, 구상 성단은 우리은하의 중심부에도 있고 여기저기 넓은 구역에 있습니다. 지구에서 관측할 때 은하수 주변에 별이 모여 있는 경우는 대부분 구상 성단입니다.

성운은 성간 물질이 모여서 마치 구름처럼 보이는 것을 가리킵니다. 성운은 주변의 별빛을 흡수해 스스로 빛을 내거나(방출 성운) 주변 별빛을 반사해 밝게 보이는 것도 있고(반사 성운), 반대로 뒤쪽 별빛을 가로막아 어둡게 보이는 것도 있습니다(암흑 성운). 천체 사진 공모전에 당선된 작품들 가운데 말머리 모양을 한 사진을 본 적이 있다면 암흑 성운으로 기억해 주세요. 이 성운의 이름은 말머리 성운입니다.

성운은 성간 물질과 함께 우리은하의 나선팔에 많이 분포합니다. 나선팔에 위치한 지구에서 은하수를 보면 군데군데 검은 부분이나 구름이 낀 것처럼 보이는 경우가 많습니다.

우주는 왜 계속 팽창하는 걸까?

우주선을 타고 우리은하 끝까지 간다고 상상해 봅시다. 여기가 우주의 끝이라고 할 수 있을까요? 전혀 그렇지 않을 겁니다. 우리은하 밖에는 외부 은하가 있습니다. 사실 우리은하가 우주의 유일한 은하가 아니며 외부 은하가 있다는 사실이 확인된 것도 100년 정도밖에 안 됐습니다. 그러면 다시 외부 은하까지 우주선을 타고 갔다고 해 볼게요. 그러면 우주 끝에 도착한 걸까요?

우주는 계속 팽창하고 있습니다. 계속 커지고 있다는 뜻입니다. 풍선에 바람을 넣어 불면 표면이 팽창하면서 풍선이 계속 커지는 것처럼 우주도 계속 커지고 있죠. 아무리 우주선을 타고 날아가도 우주 끝에 닿는 건 불가능합니다.

우주가 팽창하고 있다는 사실을 처음 알아낸 사람은 미국의 천문학자인 에드윈 허블입니다. 1929년 허블은 은하가 서로 멀어지고 있으며, 은하의 거리가 멀수록 더 빨리 멀어진다는 사실을 확인했습니다. 이후 '허블의 법칙'을 발표했는데, 이는 우주 팽창의 결정적 증거가 되었습니다. 당시에는 우주가 시작도 끝도 없으며 시간에 따라서 변하지 않는다는 개념을 지지하는 과학자들이 많았습니다. 이를 '정상 우주론'이라고 합니다. 정상 우주론이 맞다면 우주의 밀도는 어느 곳에서든 항상 같아야 합니다.

아인슈타인도 정상 우주론을 지지했습니다. 자신이 1915년에 만든 일반 상대성 이론으로 정상 우주론을 설명하려고 했습니다. 하지만 설명이 안 되자 우주 상수를 도입해 특별한 경우에 정적인 우주가 가능하다고 주장하기도 했습니다. 정상 우주론은 1950년대에도 지지를 얻었지만, 관측 결과와 어긋나는 점이 너무 많아 결국 폐기됐습니다. 우주가 계속 팽창한다는 허블이 이긴 셈이지요.

우주가 계속 팽창하고 있다면 어디서 시작해서 어디로 팽창하는 걸까요? 사실 팽창하는 우주에는 중심이 없습니다. 그렇다면 우주는 언제 어떻게 탄생한 걸까요? 현재 우주의 탄생을 설명하는 가장 그럴듯한 이론이 '빅뱅 이론'입니다.

1927년 벨기에의 천문학자 조르주 르메트르가 우주가 커지고 있다고 주장했고, 허블의 발견까지 더해져 빅뱅 이론이 태어났습니다. 빅뱅 이론은 우주가 어느 한순간 말 그대로 대폭발로 생겼고, 이후 급속히 팽창해 지금과 같은 우주를 만들어 냈다는 이론입니다.

빅뱅이 일어난 시점은 약 138억 년 전입니다. 138억 년 전 대폭발로 우주가 생겨났고, 빛보다 빠른 속도로 급팽창을 시작해 약 3분 만에 수소와 헬륨, 리튬 등 현재 지구에서도 볼 수 있는 입자들이 만들어졌습니다. 우주를 구성하는 물질의 99% 이상이 빅뱅이 일어난 지 3분이 되기 전에 생겨난 거죠. 시점으로는 빅뱅 이후 30만 년 정도 흐른 뒤입니다.

이때는 빛도 없었습니다. 지금까지 확인된 바로는 최초의 빛은 빅뱅이 일어나고 38만 년 뒤에 생겼습니다. 이전까지는 우주의 밀도가 너무 높고 뜨거워 빛이 그 사이를 뚫고 나올 수가 없었죠. 우주가 충분히 식고 밀도가 낮아지면서 빛 입자인 광자가 비로소 직진 운동을 시작했습니다. 이때 최초의 빛이 우주에서 깨어난 겁니다.

과학자들은 이렇게 오래된 과거의 사건을 어떻게 찾아냈을까요? 빛의 흔적으로 불리는 우주 배경 복사를 통해 알아냈습니다. 빅뱅 직후 우주는 몹시 뜨거웠지만, 계속 팽창하면서 온도가 내려가기 시작했고 약 3000도에 도달했을 때부터 빛이 나오기 시작했습니다. 현재 우주 공간은 바로 이 빛으로 가득 차 있습니다. 이 빛을 우주 배경 복사라고 부릅니다. 우주 배경 복사를 찾으면 우주 생성 초기 흔적을 찾게 되는 것입니다.

우주 배경 복사는 1960년대 처음 관측되었고, 이후 이를 정확히 관측하기 위해 미국항공우주국이 우주에 위성을 보내 확인했습니다(1989년). 2006년 노벨 물리학상은 이 위성 관측을 설계하고 지휘해 우주 배경 복사를 확인한 과학자들에게 돌아갔습니다.

빅뱅 우주론이 받아들여진 건 얼마 되지 않았습니다. 그래서 기독교 단체와 갈등도 있었습니다. 1999년 미국 캔자스주 교육위원회는 빅뱅 우주론을 표준 교육 지침에서 제외하기로 했는데, 기독교 신자들의 반발이 너무 거셌기 때문입니다. 성경에서는 빛이 우주 생성 초기부터 있었던 것으로 표현하고, 우주가 수천 년의 역사를 가졌다고 봅니다.

이런 관점에서는 진화론도 마찬가지입니다. 당시 캔자스주 교육위원회는 진화론도 표준 교육 지침에서 제외했습니다. 미국에서는 2002년부터 2004년까지 '지적설계론'으로 불리는 창조론을 둘러싼 소송도 진행됐습니다. 지적설계론은 진화론이 인간과 같은 복잡한 유기체를 설명할 수 없기 때문에 신의 설계를 도입해야 한다는 겁니다. 펜실베이니아의 도버시 교육청장이 학교에서 이런 교육을 추진하려다 소송에 휘말린 게 창조론과 진화론의 논쟁으로 번지게 된 계기입니다.

국내에서도 2012년 창조론을 옹호하는 일부 기독교 단체가 고등학교 과학 교과서에서 시조새와 말의 진화에 관한 내용을 삭제해 달라고 요청했습니다. 창조론과 진화론의 대한 사회적 논쟁이 벌어지기도 했는데, 진화론은 생명체를 만들었다는 신의 역할을 정면으로 부인하는 것이기 때문에 오랫동안 과학과 갈등을 빚어 왔습니다.

학자들은 과학과 종교가 대립 관계가 아니라고 말합니다. 과학과 종교는 모두 인류의 복지를 위해 존재하며 과학의 발전이 종교적 삶을 방해하지 않는다는 것이죠. 종교의 진정한 역할은 영혼을 치유하는 것이지 과학적 사실을 밝혀내는 게 아니라는 겁니다. 여러분도 한 번쯤 과학과 종교의 관계를 생각해 보길 바랍니다.

태양계는 언제 나타났을까?

다시 우주의 진화 과정으로 돌아와 보겠습니다. 태양계는 언제 생겼을까요? 빅뱅 이후 3억 년쯤 흐르자 별이 생겼고, 10억 년쯤 뒤에는 원시 은하가 생겼습니다. 태양계는 약 46억 년 전에 형성되었다고 합니다.

태양계 형성을 설명하는 이론은 여러 개가 있습니다. 대표적으로는 성운설이 있습니다. 우리은하의 나선팔에서 먼지와 가스로 이뤄진 구름이 붕괴하면서 수축을 일으켰고, 수축이 진행되면서 회전 속도가 빨라져 원반 모양의 구름이 된 겁니다. 그러다 일정 상태에 도달하면 중심부의 온도와 밀도가 높아져 핵융합 반응이 일어나 수축된 질량의 대부분이 태양을 형성했고, 나머지에서 행성, 위성, 소행성 등이 생겼다는 이론입니다.

태양계를 지탱하는 태양은 영원히 빛을 내며 타오를 수 있을까요? 태양에서 핵융합을 일으키는 수소를 다 쓰고 나면 생의 마지막을 향해 죽어 가는 적색 거성이 되고, 이후 바깥층은 떨어져 나가고 중심부는 수축해 생의 마지막 단계인 백색 왜성이 됩니다.

백색 왜성이 되면 태양은 더 이상 행성들을 잡아둘 힘이 없고, 결국 태양계에는 태양만 남게 됩니다. 하지만 너무 걱정하지 마세요. 태양의 수명은 100억 년 정도인데, 46억 년 전에 생겨났다고 해도 아직 50억 년 이상은 계속 핵융합 반응을 일으키며 태양계에 에너지를 공급할 수 있습니다. 지구도 태양이 죽음에 이르지 않는 한 태양 에너지를 계속 받을 수 있다는 뜻이에요. 지구는 약 46억 년 전에 생겨났는데 지층이 만들어진 시기부터 인류가 등장한 약 1만 년 전까지를 지질 시대라고 부릅니다.

천문학 단위 AU

태양계에서 우리은하까지 가는 길은 정말 멀고도 멉니다. 그래서 천문학에서는 거리 단위로 km와 같은 미터법 대신 다른 단위를 사용합니다. 태양계에서는 주로 'AU'를 사용합니다. 지구에서 태양까지의 거리를 1AU라고 약속하고, 이 거리를 기준으로 태양계 행성 사이의 거리를 나타냅니다. km로 나타내면 숫자가 너무 커져서 불편하기 때문이죠.

파섹(pc)도 사용합니다. 천문학에서 가장 널리 사용되는 단위가 pc입니다. 지구와 태양 사이의 거리가 1AU, 연주시차(p)가 1각초인 거리를 말합니다. 사실 연주시차는 아주 멀리 떨어진 천체의 거리를 측정해야 하는데, 지구가 어느 위치에 있느냐에 따라서 천체의 위치가 다르게 보인다는 사실을 이용해 거리를 구한 데서 등장한 개념입니다.

종종 광년도 사용됩니다. 1광년은 빛이 1년간 이동한 거리입니다. 빛이 이동한다는 개념 때문에 광년을 시간이나 속도로 착각하는 경우가 종종 있는데, 광년은 거리 개념이라는 점을 기억하면 됩니다.

인류는 왜 우주에 나가려는 것일까?

우주의 탄생과 태양계의 기원을 밝혀 낸 것은 20세기 과학 기술의 결과물이라고 할 수 있습니다. 과학자들은 우주 탐사를 통해 태양계의 기원, 지구의 생성 과정 등 지구와 우주를 더 잘 이해하기 위해 노력하고 있습니다.

스위스와 프랑스 국경 지대에는 둘레가 27km나 되는 어마어마하게 큰 원형 입자 충돌기가 있는데, 이 입자 충돌기가 '빅뱅 머신'으로 불립니다. 빅뱅 직후 우주가 급격히 팽창하면서 이 시기에 수소, 헬륨 같은 입자가 생겼다고 이야기했죠? 당시 빅뱅 직후의 우주 환경을 입자 충돌기를 통해 재현해 낼 수 있습니다.

양성자 2개를 빛의 속도에 가깝게 서로 반대 방향으로 회전시킨 뒤 정면으로 충돌시키고, 이때 생성되는 무수히 많은 입자들을 검출해 빅뱅 직후 우주를 확인하는 거죠.

이 실험은 지상에서 이뤄지지만 직접 우주에서 탐사를 하는 경우도 점점 늘고 있습니다. 인간이 직접 우주를 탐사하는 대표적인 경우는 국제우주정거장에서 이루어지는 활동입니다. 지구 상공 300~400km 궤도에는 국제우주정거장이 돌고 있는데, 미국과 러시아 등은 이곳에 정기적으로 우주인을 보내 각종 탐사를 진행하고 있습니다. 2008년 우리나라에서도 이소연 씨가 처음으로 우주 과학 실험 등을 수행했습니다.

인간이 우주를 탐사하기 시작하고 나서 처음으로 발을 내딛은 곳은 달입니다. 직접 우주에 간 최초의 사례죠. 1969년 미국이 '아폴로 11호' 탐사선에 우주인 3명을 실어 달에 보냈고, 닐 암스트롱이 인류 역사상 최초로 달 표면에 발을 디디며 인간이 우주를 직접 탐사할 수 있음을 입증했습니다. 그 후로도 미국은 아폴로 17호까지 6차례나 달에 우주인을 보냈습니다. 중간에 고장 나서 돌아온 아폴로 13호만 빼고 말입니다. 이 내용은 영화 톰 행크스 주연의 영화 〈아폴로 13〉으로 만들어지기도 했으니 관심이 있으면 한번 보길 바랍니다.

인류의 달 착륙 성공은 당시 미국과 소련(현재 러시아)의 패권 다툼에서 시작된 정치적 산물이었습니다. 소련이 1957년 인류 역사상 처음으로 인공위성인 '스푸트니크'를 보내며 기술력을 과시하자 미국은 인간을 달에 보내 소련보다 미국이 기술력이 더 앞서 있음을 보여 주고자 했습니다. 과학 기술력은 곧 군 기술력을 의미하는 시대였으니까요.

우주 탐사를 통한 과학 기술의 발전은 현재 우리의 생활에 많은 혜택을 주고 있습니다. 미국이 달에 가기 위해 아폴로 계획을 진행하면서 우주인의 식수 문제를 해결하기 위해 정수기를 개발했고, 우주에서 전력을 효율적으로 공급하기 위해 태양 전지를 개발했습니다. 또 우주인의 관절을 보호하기 위해 개발된 기술은 에어쿠션 운동화에 적용됐습니다. 진공청소기는 먼지를 빗자루로 쓸어 담기 어려운 우주의 무중력 상태에서 사용하기 위해 개발됐고, 치아 교정기는 아폴로 11호의 안테나에 사용된 형상 기억

합금에서 나왔습니다.

지금도 인간이 우주를 탐사하기 위해 직접 우주로 나가고 있습니다. 미국과 러시아, 유럽, 일본 등은 지구 상공 300~400km 궤도에서 돌고 있는 국제우주정거장에 정기적으로 우주인을 보내고 있습니다. 국제우주정거장은 미국, 러시아, 일본, 유럽연합, 캐나다가 합작해 건설한 것으로 모듈을 하나씩 쏘아 올려 우주 공간에서 이들을 조립해 우주인이 거주할 수 있는 공간으로 만들었습니다.

국제우주정거장에 우주인이 장기 거주하기 시작한 것은 2000년부터입니다. 지금도 인류가 유일하게 우주에서 활동할 때 기지로 삼을 수 있는 공간이지요. 2021년 4월 기준 64번째 임무가 진행 중이며, 지금까지 국제우주정거장에서 임무를 수행하기 위해 장기간 머문 크루(crew)들과 한국의 이소연 씨처럼 한 차례라도 다녀온 사람은 총 346명입니다.

인류가 직접 갈 수 없는 곳은 우주 로봇을 보냅니다. 달과 화성이 대표적이죠. 달에는 궤도선과 착륙선을 보내 달 표면과 내부 구조를 밝히고 있습니다. 달에 헬륨-3 등 미래 에너지 자원이 풍부하다는 사실이 밝혀졌고, 얼음 상태의 물도 발견했습니다.

현재 미국을 중심으로 인류는 2024년 달에 다시 인간을 보낼 계획을 세우고 있습니다. 달에 인간이 거주할 기지를 지으면 얼음 상태의 물에 들어 있는 수소와 산소는 로켓의 연료가 될 수 있고, 달의 에너지 자원을 기지 연료로 사용할 수도 있습니다.

화성에도 궤도선과 착륙선을 꾸준히 보내고 있습니다. 화성에 가는 경로를 가장 효율적으로 설계하려면 지구에서 발사할 수 있는 주기가 2년에 한 번 정도로 돌아옵니다. 가장 최근에는 2020년 7월이 바로 발사 적기였고, 미국, 중국과 함께 아랍에미리트(UAE)도 화성 상공을 도는 탐사선을 보냈습니다. 2021년 모두 무사히 화성에 도착했지요. 지금까지 화성 표면에 탐사 로봇을 보낸 나라는 미국이 유일합니다. 러시아도 시도했지만, 착륙 과정에서 모두 실패했답니다.

많은 나라들은 인공위성을 다양한 이유로 쏘아 올리고 있습니다. 통신 신호를 주고받는 통신 위성부터 지구 환경을 관측할 과학 위성, 우리가 흔히 내비게이션으로 부르는 위성 위치 확인 시스템(GPS)용 인공위성 등 많은 위성이 지구 상공을 돌고 있습니다. 미국의 스페이스X는 우주에 인공위성 1만 2000여 기를 쏘아 올려 인터넷 서비스를 제공하겠다고 선언했습니다.

우주에 망원경을 띄워 놓고 우리은하뿐만 아니라 그 너머의 외부 은하를 자세히 관측하는 탐사도 진행되고 있습니다. 하와이, 칠레, 남극 등 전 세계 곳곳에는 대형 망원경이 설치되어 있습니다. 가능한 대기 영향을 덜 받는 곳에 설치되어 있긴 하지만 우주에서 직접 관측하는 우주 망원경의 도움이 절실합니다.

허블 우주 망원경은 1990년 발사되어 벌써 30년 넘게 우주의 비밀을 밝혀냈습니다. 2021년에는 허블 우주 망원경의 뒤를 이어 차세대 우주 망원경인 '제임스 웹 우주 망원경'도 발사할 예정입니다. 거울 18개를 벌집 모양으로 이어 붙인 모양이고, 발사할 때는 3등분으로 접었다가 우주에 올라간 뒤에 거울을 펼치도록 만들었습니다.

중학교 1~3학년
핵심 개념 20개

※ 순서는 물·화·생·지로 구분해 놓은 것입니다.

힘과 운동	시공간과 운동 힘	물체의 운동 변화는 뉴턴 운동 법칙으로 설명할 수 있다. 물체 사이에는 여러 가지 힘이 작용한다.	• 등속 운동 • 자유 낙하 운동 • 중력 • 마찰력 • 탄성력 • 부력	힘
	역학적 에너지	마찰이 없는 계에서 역학적 에너지는 보존된다.	• 중력에 의한 위치 에너지 • 운동 에너지 • 역학적 에너지 보존	에너지
전기와 자기	전기, 자기	두 전하 사이에는 전기력이 작용한다. 전기회로에서는 기전력에 의해 전류가 형성된다. 전류는 자기장을 형성한다. 물질은 자기적 성질에 따라 자성체와 비자성체로 구분한다.	• 전기 회로 • 전압 • 전류 • 저항 • 자기장 • 전동기 • 발전	전자기
열과 에너지	열평형 열역학 법칙 에너지 전환	온도가 다른 물체가 접촉하면 온도가 같아진다. 물질의 종류에 따라 열적 성질이 다르다. 에너지는 전환되는 과정에서 소모되거나 생성되지 않는다. 에너지는 다양한 형태로 존재하며, 다른 형태로 전환될 수 있다.	• 온도 • 열의 이동 방식 • 열평형 • 비열 • 열팽창 • 소비 전력 • 일 • 에너지 전환	열역학 법칙

파동	파동의 종류	음파는 매질을 통해 전달되는 파동이다. 빛을 비롯한 전자기파는 전자기 진동이 공간으로 퍼져나가는 파동이다.	• 횡파, 종파 • 진폭 • 진동수 • 파형	**파동과 입자**
	파동의 성질	파동은 반사, 굴절, 간섭, 회절의 성질을 가진다.	• 빛의 합성 • 빛의 삼원색 • 평면거울의 상	**빛**
물질의 구조	물질의 구성 입자	물질은 입자로 구성되어 있다.	• 원소 • 원자 • 분자 • 원소 기호 • 이온 • 이온식	**원소**
물질의 성질	물리적 성질과 화학적 성질	물질은 고유한 성질을 가지고 있다. 혼합물은 여러 가지 순물질로 구성되어 있다. 물질의 고유한 성질을 이용하여 혼합물을 분리할 수 있다.	• 밀도 • 용해도 • 녹는점 • 어는점 • 끓는점 • 순물질과 혼합물 • 증류, 밀도 차를 이용한 분리 • 재결정 • 크로마토그래피	**화합물 혼합물**
	물질의 상태	물질은 여러 가지 상태로 존재한다. 물질은 상태에 따라 물리적 성질이 달라진다. 물질의 상태는 구성하는 입자의 운동에 따라 달라진다. 물질은 온도와 압력에 따라 상태가 변화한다. 물질은 상태 변화 시 에너지 출입이 있다.	• 입자의 운동 • 기체의 압력 • 기체의 압력과 부피의 관계 • 기체의 온도와 부피의 관계 • 세 가지 상태와 입자 배열 • 상태 변화 • 상태 변화와 열 에너지 출입	**기체**
	화학 반응 에너지 출입	물질은 화학 반응을 통해 다른 물질로 변한다. 화학 반응에서 규칙성이 발견된다. 화학과 우리 생활이 밀접한 관련이 있다. 물질의 변화에는 에너지 출입이 수반된다.	• 물리 변화 • 화학 변화 • 화학 반응식 • 질량 보존 법칙 • 일정 성분비 법칙 • 기체 반응 법칙 • 화학 반응에서의 에너지 출입	**화학 법칙**

생물의 구조와 에너지	생명의 구성 단위, 동물의 구조와 기능	생명 공학 기술은 질병 치료, 식량 생산 등 인간의 삶에 기여한다. 생명체는 세포로 구성되어 있다. 세포는 세포막으로 둘러싸여 있고 세포 소기관을 가진다. 뼈와 근육은 몸을 지탱하거나 움직이는 기능을 한다. 소화 기관을 통해 영양소를 흡수하고 배설 기관을 통해 노폐물을 배출한다. 호흡 기관과 순환 기관을 통해 산소와 이산화탄소를 교환한다.	• 생물의 구성 단계 • 영양소 • 소화 효소 • 소화계, 배설계의 구조와 기능 • 순환계, 호흡계의 구조와 기능 • 소화, 순환, 호흡, 배설의 관계	소화
	식물의 구조와 기능	식물은 뿌리, 줄기, 잎으로 구성되어 있다. 뿌리에서 흡수된 물은 줄기를 통해 잎으로 이동한다. 잎에서 만들어진 양분은 줄기를 통해 식물체의 각 부분으로 이동하고 저장된다. 광합성을 통해 빛 에너지가 화학 에너지로 전환된다. 호흡을 통해 생명 활동에 필요한 에너지를 얻는다.	• 물의 이동과 증산 작용 • 광합성 산물의 생성, 저장, 사용 과정 • 광합성에 필요한 물질 • 광합성 산물 • 광합성에 영향을 미치는 요인 • 식물의 호흡과 광합성의 관계	광합성
항상성과 몸의 조절	자극과 반응	감각 기관과 신경계의 작용으로 다양한 자극에 반응한다. 내분비계와 신경계의 작용으로 항상성을 유지한다.	• 눈, 귀, 코, 혀의 구조와 기능 • 피부 감각과 감각점 • 뉴런과 신경계의 구조와 기능 • 중추 신경계와 말초 신경계 • 자극에서 반응하기까지의 경로 • 자극에 대한 반응에 관여하는 호르몬의 역할	뉴런과 호르몬
생명의 연속성	생식	생물은 유성 생식 또는 무성 생식을 통해 종족을 유지한다. 다세포 생물은 배우자를 생성하고 수정과 발생 과정을 거쳐 개체를 만든다. 생물의 형질은 유전 원리에 의해 자손에게 전달된다. 생물의 형질은 유전자에 저장된 정보가 발현되어 나타난다.	• 생식 • 염색체 • 체세포 분열 • 생식 세포 형성 과정 • 동물의 발생 과정 • 멘델 유전 실험의 의의 • 멘델 유전 원리 • 사람의 유전 형질 • 가계도 조사 방법	유전
	진화와 다양성	생물은 환경 변화에 적응하여 진화한다. 진화를 통해 다양한 생물이 출현한다. 다양한 생물은 분류 체계에 따라 분류한다. 생태계의 구성 요소는 서로 밀접한 관계를 맺고 있으며 서로 영향을 주고받는다. 생태계 내에서 물질은 순환하고, 에너지는 흐른다.	• 생물 다양성의 중요성 • 변이 • 생물 분류 목적과 방법 • 종의 개념과 분류 체계	변이

고체 지구	지구계와 역장	지구계는 지권, 수권, 기권, 생물권, 외권으로 구성되고, 각 권은 상호 작용한다. 지구 내부의 구조와 상태는 지진파, 중력, 자기장 연구를 통해 알아낸다. 지구의 표면은 여러 개의 판으로 구성되어 있고 판의 경계에서 화산과 지진 등 다양한 지각 변동이 발생한다. 지각은 다양한 광물과 암석으로 구성되어 있고, 이 중 일부는 자원으로 활용된다. 지구의 역사는 지층의 기록을 통해 연구한다. 지질 시대를 통해 지구의 환경과 생물은 끊임없이 변해왔다.	• 지구계의 구성 요소 • 지권의 층상 구조 • 지각 • 맨틀 • 핵 • 지진대 • 화산대 • 진도와 규모 • 판 • 베게너의 대륙이동설 • 광물 • 암석 • 암석의 순환 • 풍화 작용 • 토양	지각
대기와 해양	해수의 성질과 순환	수권은 해수와 담수로 구성되며, 수온과 염분 등에 따라 해수의 성질이 달라진다. 해수는 바람, 밀도의 차 등 다양한 요인들에 의해 운동하고 순환한다.	• 수권 • 해수의 층상 구조 • 염분비 일정 법칙 • 우리나라 주변 해류 • 조석 현상	해수
	대기의 운동과 순환	기권은 성층구조를 이루고 있으며, 위도에 따른 열수지 차이로 인해 대기의 순환이 일어난다. 대기의 온도, 습도, 기압 차 등에 의해 다양한 기상 현상이 나타난다.	• 기권의 층상 구조 • 복사 평형 • 온실 효과 • 지구 온난화 • 상대 습도 • 단열 팽창 • 강수 과정 • 기압과 바람 • 기단과 전선 • 저기압과 고기압 • 일기도	대기
우주	태양계의 구성과 운동	태양계는 태양, 행성, 위성 등 다양한 천체로 구성되어 있다. 태양계 천체들의 운동으로 인해 다양한 현상이 나타난다.	• 지구와 달의 크기 • 지구형 행성과 목성형 행성 • 태양 활동 • 지구의 자전과 공전 • 달의 위상 변화 • 일식과 월식	태양계
	우주의 구조와 진화	우주에는 수많은 별이 존재하며, 표면 온도, 밝기 등과 같은 물리량에 따라 분류된다. 우리은하는 별, 성간 물질 등으로 구성된다. 우주는 다양한 은하로 구성되며 팽창하고 있다.	• 연주 시차 • 별의 등급 • 별의 표면 온도 • 우리은하의 모양과 구성 천체 • 우주 팽창 • 우주 탐사 성과와 의의	우주

교과서가 쉬워지는

자신만만 과학 이야기

한 권으로 끝내는 중학 과학

ⓒ 이현경, 2021

초판 2쇄 발행 2022년 10월 25일

지은이 이현경
펴낸이 이성림
펴낸곳 성림북스
책임편집 이양이
디자인 이유진

출판등록 2014년 9월 3일 제25100-2014-000054호
주소 서울시 은평구 연서로3길 12-8, 502
대표전화 02-356-5762 **팩스** 02-356-5769
이메일 sunglimonebooks@naver.com

ISBN 979-11-88762-23-1 (43400)